KMS 항공우주산업시리즈

Principles of Flight Theory

알기 쉬운
비행 원리

안영태 · 장동관 · 안기준 지음

KM 경문사

머리말

Preface

이 책을 통하여 비행을 시작하거나 항공운항을 전공하는 학생들에게 비행의 기본 원리에 대한 이해를 도모하고 이론적인 체계를 정립하는 데 미력하나마 도움이 되고자 집필을 과감히 결정하였습니다. 기본적으로 항공기에 작용하는 힘에 대해서는 여러 가지 이론이 적용될 수 있으며 본 책자에서는 가장 보편적인 이론을 바탕으로 보다 구체적인 실례와 더불어 이해가 쉽게 될 수 있도록 다양한 그림들을 게시하였습니다.

제1장에서는 항공기에 작용하는 힘에 대하여 4가지 기본적인 힘과 지면효과 등에 대하여 언급하였으며, 제2장에서는 항공기의 안정성에 대하여 조종성과 실속 등을, 제3장에서는 항공기의 기동성에 대하여 비행상황별 속도와의 관계를, 제4장에서는 항공기의 성능에 대하여 외형의 변화에 따른 조건들과 이륙 및 착륙 성능을 함께 언급하였으며 그리고 제5장에서는 대기의 특성에 대하여 비행에 미치는 영향과 기상 현상을 함께 제시하였습니다.

모든 것이 그렇듯이 기초가 튼튼해야 제기능을 발휘하며 주어진 역할과 미래의 발전이 이뤄진다고 봅니다. 이 교재를 통하여 여러분들이 항공에 대한 많은 꿈을 구체적으로 실현해가며 이론적 정립을 하여 항공에 입문한 보람을 쌓아가기를 바라는 마음에서 그간의 연구와 강의 및 비행 경험들을 바탕으로 집필하였습니다.

아울러 이 책의 편집 과정에서 많은 협조를 해준 연구원들에게 감사의 마음을 표하며, 본 교재를 발간할 수 있도록 지원하고 협조해주신 경문사 편집부 관계자 여러분에게 감사드립니다.

2024년 8월

대표저자 안 영 태

차례

Contents

CHAPTER 01 항공기에 작용하는 힘

CHAPTER 02 항공기의 안정성

CHAPTER 03 항공기의 기동성

CHAPTER 04 항공기의 성능

CHAPTER 05 대기의 특성

CHAPTER

01

항공기에 작용하는 힘

모든 물체가 그러하듯, 비행기에도 지구 중심을 향해 수직으로 작용하는 힘인 중량(Weight)이 있다. 비행기가 지상에 있는 동안 중량은 비행기의 바퀴를 통해 지상 반력(Reaction Force)과 균형을 이루고 있다.

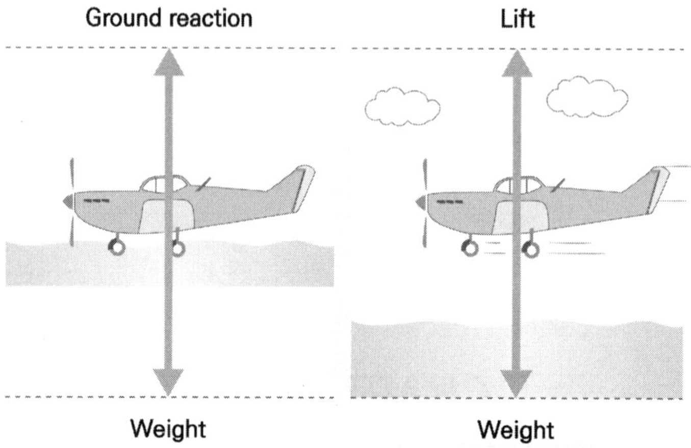

그림 1-1 지상과 공중에서 항공기에 작용하는 힘

수평비행(Level Flight)을 하는 동안 비행기의 중량(Weight)은 날개 주위 공기 흐름에 의해 항공역학적으로 생성된 양력(Lift)과 평형을 이루고 있다. 또한 비행기는 공기 중에서 움직일 때 움직임을 방해하는 힘인 항력(Drag)에 의해 앞으로 나아가려는 힘인 추력(Thrust)과 균형을 이루거나 감속되거나 한다.

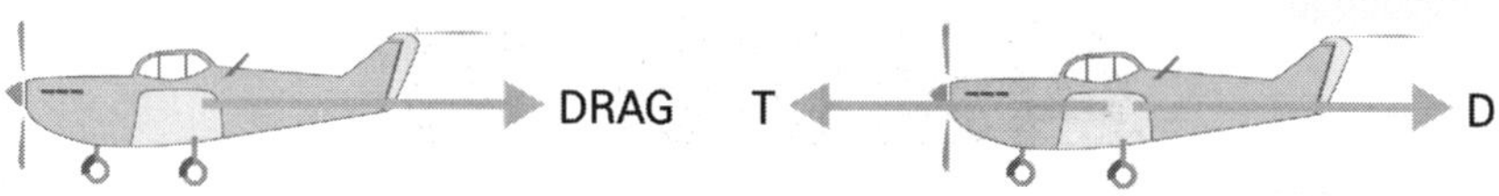

그림 1-2 추력과 항력의 관계

등속 직진 수평 비행에서 항력(Drag)은 엔진-프로펠러에서 만들어지는 추력(Thrust)과 균형을 이루고 있다.

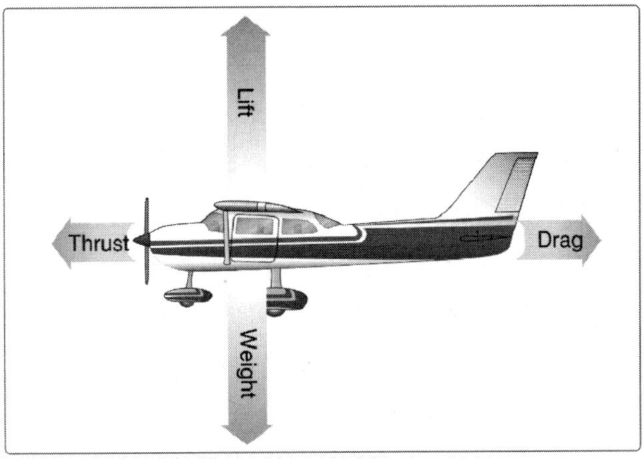

그림 1-3 4가지 힘의 균형

위 그림처럼 비행기에 작용하는 4가지 종류의 힘들은 서로 평형을 이루고 있으며, 따라서 비행기에 작용하는 합력은 '0'이 되고, 이 상태에서 비행기는 가속이나 감속되지 않을 것이다. 이런 경우 그 비행기는 평형(Equilibrium)상태에 있다고 하고, 등속 직진 수평 비행 상태에서 다음과 같이 정의한다.

중량은 양력과 평형을 이루고 있다.
항력은 추력과 평형을 이루고 있다.

만일 조종사나 돌풍이 같은 속도와 같은 방향인 이 상황을 바꿔 놓지 않는다면, 이러한 상태에서 비행기는 같은 속도로 계속하여 날게 될 것이다. 순항 중 양력의 크기는 항력의 대략 10배쯤 된다. 이 양력과 항력의 관계는 매우 중요하며 양항비(Lift/Drag Ratio)와 관련이 있다. 중량과 평형을 이룬 양력이 추력과 평형을 이룬 항력보다 10배가 큰 경우 양항비는 10대1이다. 앞으로 아래의 네 가지 기본적인 힘에 대해 차례대로 살펴보게 될 것이다.

중량(Weight)　양력(Lift)　항력(Drag)　추력(Thrust)

비행기는 비행 중이건 지상에 있건 항상 중량으로부터 벗어날 수 없다. 등속 직진 수평 비행은 아주 간단한 상황이지만, 가속(Accelerating), 감속(Decelerating), 상승(Climbing), 강하(Descending), 활공(Gliding), 선회(Turning), 실속(Stalling), 이륙(Taking-off) 및 착륙(Landing)과 같은 기동비행(Maneuvering Flight) 단계들은 좀 더 복잡해서 확실한 이해가 필요하다.

1.1 중량(Weight)

중력(Gravity)은 지구 중심을 향하여 수직으로 동체를 아래쪽으로 끌어당기는 힘이다. 중량(Weight)은 중력의 힘을 말하고, 비행 원리의 연구 목적상 비행기에 실린 전체 중량을 뜻한다. 이 중량(Weight)은 비행기의 중력중심(Center of Gravity, CG)을 통해 작용하는 힘으로 간주한다.

중력중심(CG)은 비행기의 균형점이고, 그 위치는 비행기 중량, 비행기의 각각의 부품의 위치, 그리고 비행기가 싣고 있는 짐의 위치에 따라 달라진다. 만약 그림처럼 비행기의 중력중심(CG)을 통하는 밧줄을 이용해 매달 수 있다면 이 비행기는 균형을 이룰 것이다.

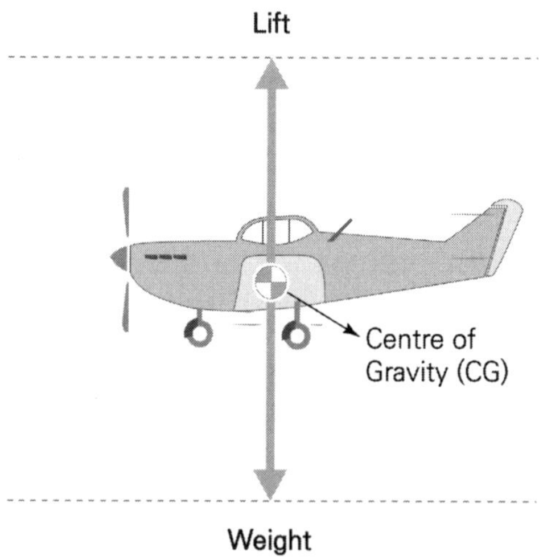

그림 1-4 중력중심에 작용하는 중량과 양력

무게(Weight)의 크기는 매우 중요하며 한계가 정해져 있는데, 예를 들면, 최대 이륙 중량(Maximum Take-off Weight, MTOW)과 같은 것이다. 중량제한(Weight Limitation)은 비행기를 구성하는 구성품의 구조적인 강도와 비행기를 설계할 때 그 비행기에 부합되는 운항 조건 및 성능에 따라 달라진다. 중력중심(CG)은 비행 시 비행기의 안정성(Stability)과 성능(Performance)에 영향을 미치기 때문에 매우 중요하다. 중력중심은 비행에서의 모든 단계에 따라 지정된 제한 범위 내에 반드시 위치해야 한다.

중력중심(CG)의 위치는 비행기 자체의 중량과 비행기에 실린 짐의 위치에 따라 결정된다. 비행기 내 짐의 분배가 달라진다면 당연히 중력중심도 바뀐다. 예를 들면 승객의 배치나 연료의 사용량에 따라, 또는 한쪽 탱크에서 다른 쪽의 탱크에 있는 연료로 교체할 경우에도 중력중심의 위치는 바뀌며, 비행이 계속되면서 연료 사용 등의 이유로 중량이 줄어듦에 따라 또한 변한다.

조종사는 비행 전에 중량과 균형(Weight and Balance)에 대하여 충분히 검토해야 한다. 만약 비행의 어느 단계라도 중량제한을 초과한다면 비행기의 안전은 위태롭게 될 것이다. 수평비행을 유지하면서 날개로부터의 양력이 비행기의 전체 중량을 지지할 때, 날개에 걸리는 하중을 설명하는 것으로써 날개하중(Wing Loading)이라는 개념이 있는데 이것은 날개 면적당 지지되는 비행기 중량을 말한다.

날개하중(Wing Loading) = 항공기 중량(Weight) / 날개면적(Wing Area)

예제

비행기의 최대 허용 중량이 1,220kg이고 이 비행기의 날개 면적이 20m^{2}라면 날개하중(Wing Loading)은 얼마인가?

풀이

날개하중(Wing Loading) = 중량 / 날개 면적
= 1,220 / 20 = 61kg/m^2

1.2 에어포일(Airfoil)과 양력(Lift)

1.2.1 압력분포와 에어포일 주변에서의 공기 흐름(Airflow)

에어포일(Airfoil)은 공기 흐름을 이용하여 비행기를 뜨게 하고, 조종하게 하고, 추진되도록 설계된 표면이다. 이러한 에어포일 형상을 구성하는 것에는 날개(Wing), 수평안정판(Horizontal Stabilizer), 수직안정판(Vertical Stabilizer), 프로펠러 날개(Blade) 등이 있다.

보조익(Aileron), 승강타(Elevator) 및 방향타(Rudder)와 같은 조종면(Control Surface)은 다양한 에어포일의 한 부분이라고 할 수 있다. 조종사는 이러한 조종면을 움직여서 에어포일의 모양(Shape)을 변경시킬 수 있고, 또한 에어포일 위를 지나는 공기 흐름(Airflow)에 의해 생성된 힘을 변화시킬 수 있는 것이다. 이렇게 함으로써 조종사는 비행기를 기동(Maneuver)하거나 조종(Control)할 수 있다.

또한 날개(Wing)의 모양은 플랩(Flap)을 올리거나 내려서 변경시킬 수 있는데, 플랩은 이착륙 시 저속 특성을 더 향상시키기 위해 사용된다. 에어포일(Airfoil)에 의한 양력 발생은 베르누이(Bernoulli) 법칙을 이용해서 설명할 수 있는데, '속도가 빠르면 정압은 감소하고, 속도가 느리면 정압은 증가한다'라는 이론으로서 통상 "벤츄리 효과(Venturi Effect)"라고도 한다.

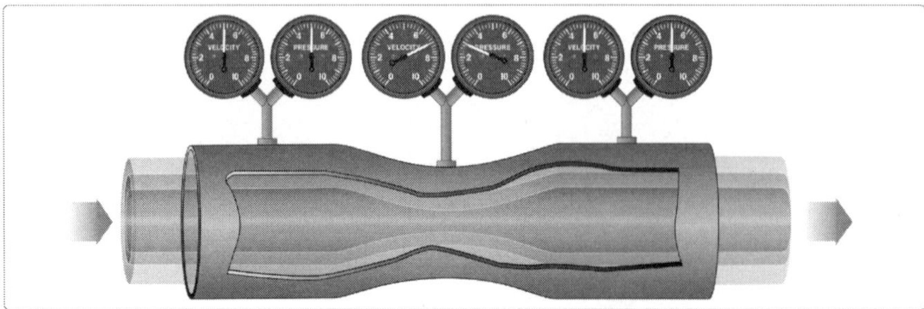

그림 1-5 벤츄리(Venturi), 저기압에서의 고속(Fast) 유체 흐름

> **NOTE**
>
> 베르누이(Bernoulli) 법칙은 공기의 압축성(Compressibility)을 배제한 상태에서의 이론으로, 고속으로 비행하는 경우에서는 이 압축성을 고려해야 한다.

1.2.2 비행기 주변에서의 공기 흐름(Airflow)

비행기를 지나는 공기 흐름(Airflow)의 패턴은 자유로운 공기 흐름(Stream Airflow)에 대한 비행기의 모양과 자세에 따라 달라진다. 그것은 비행기가 공기 속을 움직이든지, 공기가 비행기를 통과해 가든지 간에 비행기와 공기 흐름(Airflow) 간의 상대적인 속도에 달려있다.

비행기에서 가장 중요한 부분은 날개의 에어포일(Airfoil)이다. 주익(Main Wing)을 지나가는 공기 흐름(Airflow)은 비행기가 날 수 있도록 하는 양력을 만들어낸다. 에어포일 주위를 흐르는 공기 흐름은 벤츄리(Venturi)를 통과하는 공기 흐름에 비유할 수 있다.

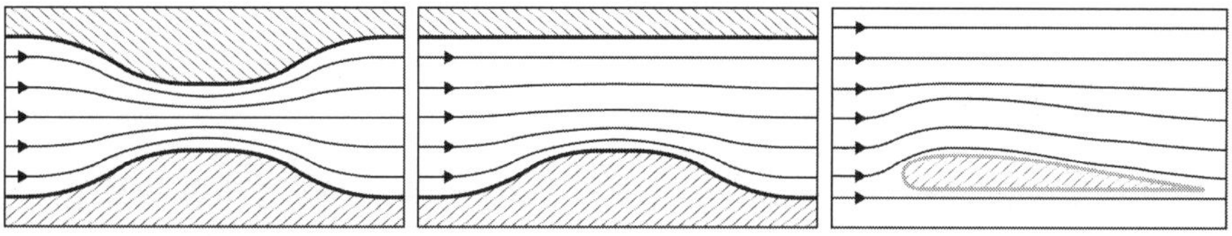

그림 1-6 벤츄리(Venturi)와 유사한 에어포일(Airfoil) 주변에서의 공기 흐름

에어포일(Airfoil)을 통과하는 공기의 속도만이 아닌 다른 요소(Factor)들도 공기 흐름의 특성을 결정하는 역할을 하는데, 여기에는 비행기 크기, 날개 모양, 공기의 밀도(Density)와 점성(Viscosity) 등이 있다.

또한 날개 표면 가까이 흐르는 공기 흐름의 경계층(Boundary Layer) 특성을 아는 것도 매우 중요하다.

1.2.3 층류(Streamline Flow)

유체의 흐름에서 유체 입자가 일정한 경로를 따라 흐르는 것을 층류(Streamline Flow)라고 한다. 이 경우는 흐름이 흐트러지거나 뒤섞이지 않고 일정한 선(Line)을 따라 흐른다.

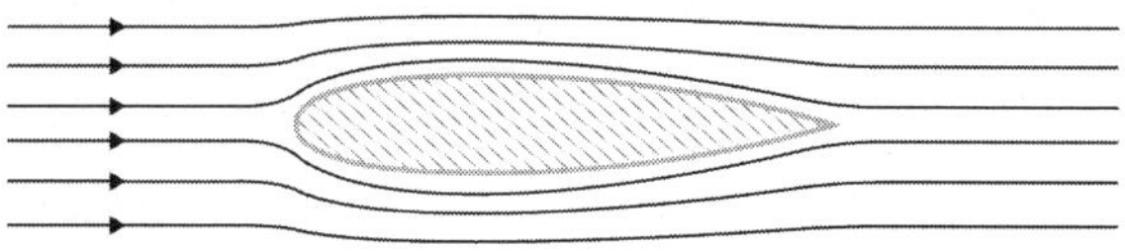

그림 1-7 층류(Streamline Flow)

층류에서는 유체 입자들이 특정 지점을 지날 때 유속과 정압값은 다르지만 정해진 지점에서의 유속과 정압의 합은 일정하다고 할 수 있다. 지점마다 유속과 정압이 다르다는 것은 유관의 면적이 좁은 곳에서는 유속이 빠르고, 반대로 유관의 면적이 넓은 곳에서는 유속이 느리다는 것을 말한다.

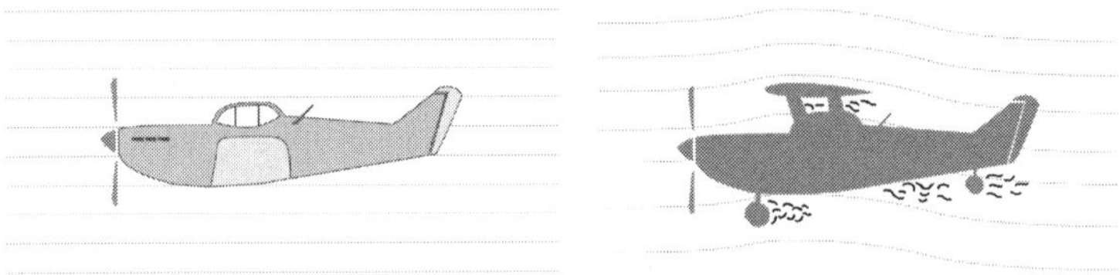

그림 1-8 항공기 주변에서 층류(Streamline Flow)의 필요성

1.2.4 난류(Turbulent Flow)

난류(Turbulent Flow)는 층류처럼 유체의 입자가 일정하게 정해진 경로를 따라 흐르는 것이 아니고 흐름이 흐트러져서 불연속(Unsteady) 흐름이 되고 소용돌이(Eddying) 현상이 생겨 모든 비행 단계에서 바람직스럽지 못한 현상이다.

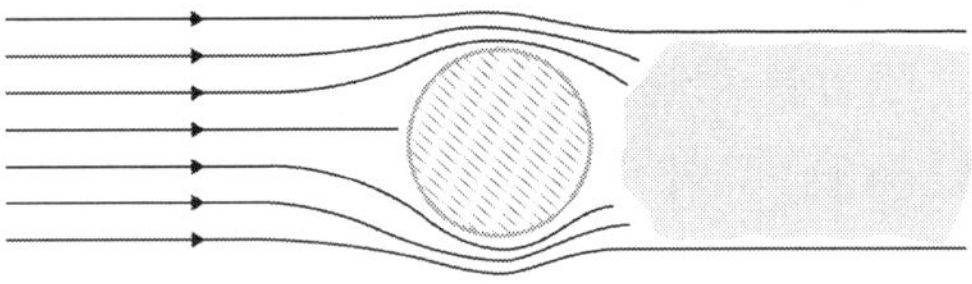

그림 1-9 난류(Turbulent Flow)

결론적으로 층류(Streamline Flow)는 비행에서 바람직한 역할을 하는 반면에 난류(Turbulent Flow)는 가능한 한 피해야 될 공기 흐름(Flow)이라고 할 수 있다.

1.2.5 베르누이 정리(Bernoulli's Principle)

일정한 운동을 하는 유체는 정압(Static Pressure) 에너지와 동압(Dynamic Pressure) 에너지를 갖는다. 만약 공기가 비압축성 이상 유체라고 한다면, 연속적 층류(Streamline Flow)에서 전체 에너지(Total Energy) 양은 항상 일정하며, 따라서 둘 중의 하나가 변하면 다른 한쪽도 상대적으로 변한다는 것이다. 유체 내 어떤 지점에서의 정압은 모든 방향에서 일정하다. [그림 1-10]처럼 공기 중에 손을 내밀었을 때 손이 받는 정압은 어느 방향에서나 일정하다.

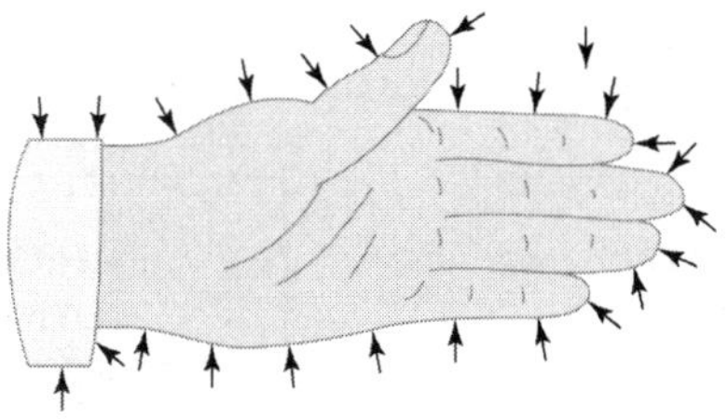

그림 1-10 모든 방향에서 작용하는 정압(Static Pressure)

운동 에너지(Kinetic Energy)는 다음과 같이 표시할 수 있다

$$K.E = \frac{1}{2} m v^2$$

어떤 물체에 대한 상대적인 공기의 움직임은 그 물체에 힘을 가하게 되고, 그 물체의 단위 면적당으로 계산한 이 힘을 동압(Dynamic Pressure)이라고 한다. 동압은 공기의 밀도를 포함하며, 공기의 밀도는 단위 체적당 공기의 질량을 말한다. 강한 바람이 불 때 손을 들어보거나, 또는 달리는 차창 밖으로 손을 내밀었을 때, 손에 부딪치는 바람의 압력을 동압이라 한다. 동압이 어느 정도 강한가는 다음 두 가지 방법으로 느낄 수 있다.

1) 공기에 대한 물체의 상대적인 운동 속도

차가 얼마나 빨리 달리는가, 또는 얼마나 강한 바람이 불어오는가에 따라서 손이 느끼는 동압은 다르다. 이것은 초당 부딪치는 공기 입자의 수가 다르기 때문이다.

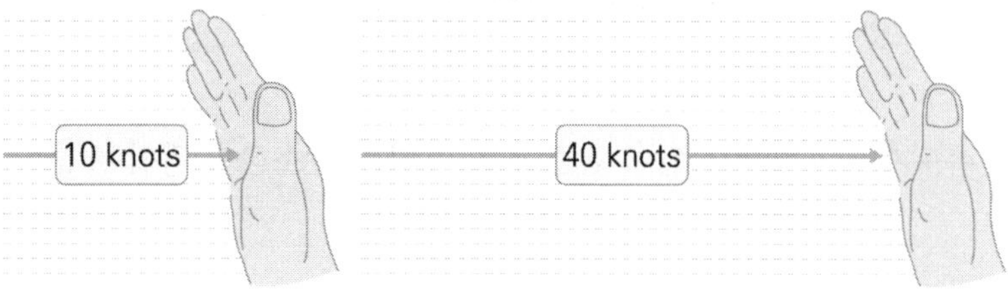

그림 1-11 속도에 비례해서 증가하는 동압

2) 공기밀도

같은 속도에서 공기의 밀도가 높으면 초당 손에 부딪히는 공기 입자는 많아지고, 따라서 동압도 커진다.

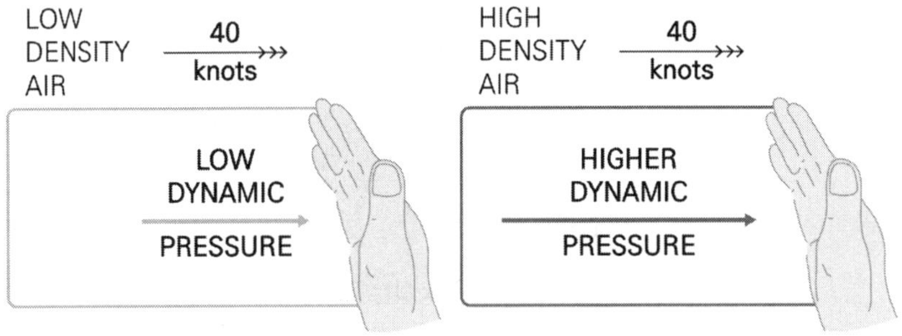

그림 1-12 공기밀도에 비례해서 증가하는 동압

즉, 동압인 ($\frac{1}{2}\rho v^2$)은 속도 V가 커지면 커지고, 밀도 ρ가 커져도 커지며, 다음 식으로 쓸 수 있다.

Static Pressure + Dynamic Pressure = Constant Total Pressure
(P) ($\frac{1}{2}\rho v^2$)

식 $\frac{1}{2}\rho v^2$은 항공역학에서 가장 중요한 의미를 갖는 공식 중의 하나로서 이는 에어포일(Airfoil)이 양력(Lift)을 생성케 하는 요소이며, 항력(Drag)이나 지시대기속도(IAS)를 거론할 때도 역시 중요한 의미를 갖는다. 만약 공기 흐름(Airflow)의 속도가 증가하면 동압이 증가하고, 동압이 증가하면 정압은 감소한다. 이를 베르누이 정리라 한다.

속도의 증가는 정압의 감소를 의미한다.

반대로, 속도가 감소하면 동압이 감소하고, 동압이 감소하면 정압은 증가한다.

속도의 감소는 정압의 증가를 의미한다.

1.2.6 에어포일(Airfoil)과 베르누이 정리(Bernoulli's Principle)

비행기의 모든 부분(Part)이 양력(Lift)과 항력(Drag)에 영향을 미치지만, 비행기가 뜰 수 있는 힘을 발생시키는 역할을 하는 것이 바로 에어포일(Airfoil) 또는 날개(Wing)이다. 베르누이 정리를 이용하여 에어포일 주변의 유속과 정압 관계를 거론하는 것은 에어포일에서 양력과 항력 발생을 이해하는 가장 쉬운 방법이다.

만약 그림처럼 평평한 평판을 유선(Streamline)에 평행하게 놓으면 아무런 변화나 반응을 일으키지 않을 것이다. 하지만 그 평판을 공기 흐름(Airflow)에 대해 약간의 받음각(AOA)을 만들어 놓으면 반응(양력과 항력)을 나타내는데 이는 차를 타고 손을 밖으로 내밀었을 때 나타나는 현상과 같다. 얼마만큼의 반응이 나타나는가 하는 것은 상대풍(Relative Airflow)의 속도와 평판에 대한 받음각(AOA)의 관계에 달려있다.

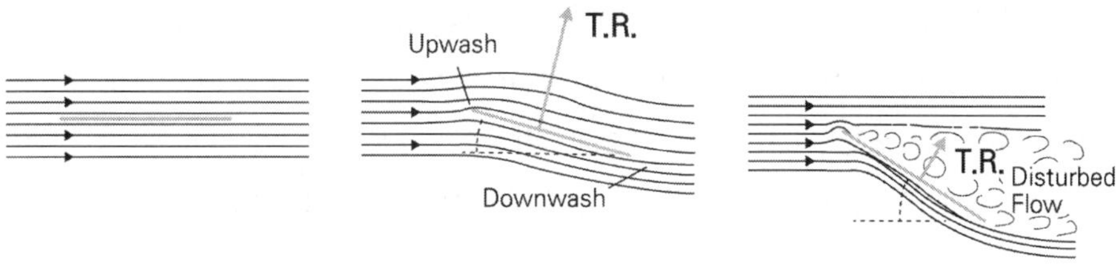

그림 1-13 평판을 들어올릴 수 있는 공기의 흐름

평판의 받음각(AOA) 때문에 직선 형태의 유선은 방해를 받게 된다. 이는 마치 평판 위에 눈에는 보이지 않지만 벤츄리(Venturi)가 있는 것으로 간주할 때 평판 전면 윗부분은 좁은 구역으로 되고, 약간의 업워시(Upwash) 흐름이 생기며 이 흐름이 좁은 구역을 통과할 때는 속도가 빨라지게 된다. 베르누이 정리에 의해서 평판 아래의 정압에 비해 평판 위의 정압은 낮아져서 평판은 위로 밀려 올라가려는 반작용을 받게 된다.

속도의 증가는 정압의 감소를 의미한다.

흐름이 평판을 지난 뒤에는 공기 흐름은 다운워시(Downwash)가 생기게 된다. 평판에서 만들어지는 총 반력(Total Reaction)은 두 가지 벡터(Vector) 성분으로 나눌 수 있는데, 상대풍(Relative Airflow)의 직각 성분인 양력(Lift)과 평행한 성분인 항력(Drag)이 그것이다.

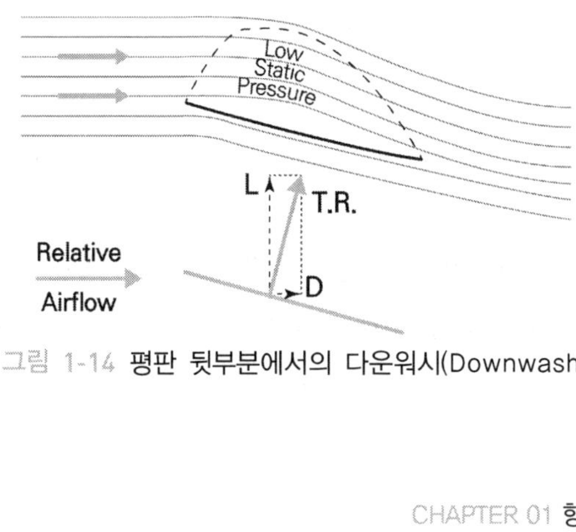

그림 1-14 평판 뒷부분에서의 다운워시(Downwash)

1.2.7 에어포일 모양(Airfoil Shapes)

대부분의 비행기는 평판을 날개로 사용하지 않는데, 이는 평판이 여러 가지 이유로 날개로서 적합지 않기 때문이다. 한 가지 이유로 층류(Streamline Airflow)가 쉽게 소용돌이 또는 난류(Turbulent Flow)로 바뀌고, 이로 인해 항력(Drag)을 많이 발생시킨다는 점이 있다. 반면에 곡률을 가진 날개 표면는 평평한 날개에 비해 양력(Lift)은 많이 발생시키는 대신 항력(Drag)은 적게 발생시킨다.

에어포일(Airfoil)은 여러 형태로 설계될 수 있는데, 비행기 설계자는 용도에 맞게끔 그 비행기의 항공역학적 특성을 갖는 형상(Shape)을 선택하게 된다. 비록 대부분의 저속 비행기의 에어포일(Airfoil)은 비슷한 형상을 가지고는 있으나 각 절단면(Cross Section)은 각기 특정한 항공역학적 특성에 맞게끔 설계되어 있다.

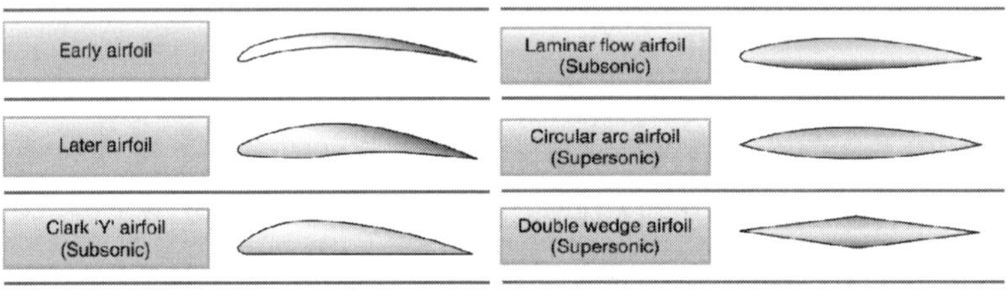

그림 1-15 다양한 모양의 날개 절단면(Airfoil)

1.2.8 캠버(Camber)

캠버(Camber)는 곡률, 즉 구부린 것을 말한다. 에어포일(Airfoil) 상면의 캠버를 증가시키면 같은 받음각(AOA)에서도 그 상면을 흐르는 공기의 유속을 증가시키고 따라서 많은 양력을 발생시킨다. 유속이 빨라지면 그만큼 정압은 낮아지기 때문이다.

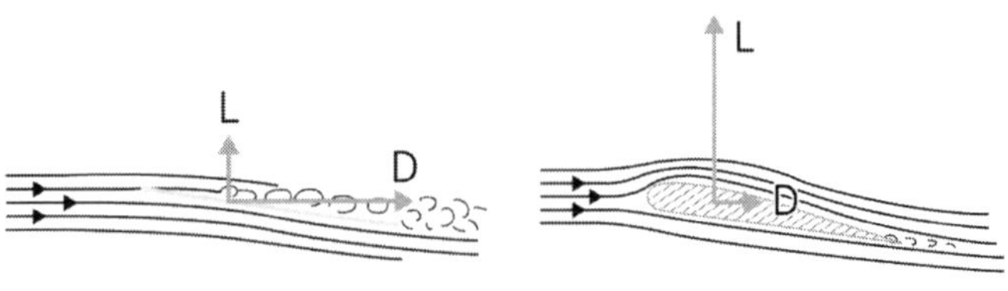

그림 1-16 캠버(Camber)가 클수록 증대되는 양력

캠버(Camber)가 큰 날개는 양력을 많이 발생시키기 때문에 저속 비행을 하면서 많은 적재(Load)가 필요한 운송용 비행기에 주로 적용된다. 통상 캠버가 가장 큰 부분은 날개

앞전(Leading Edge)으로부터 약 30% 정도인 지점이다.

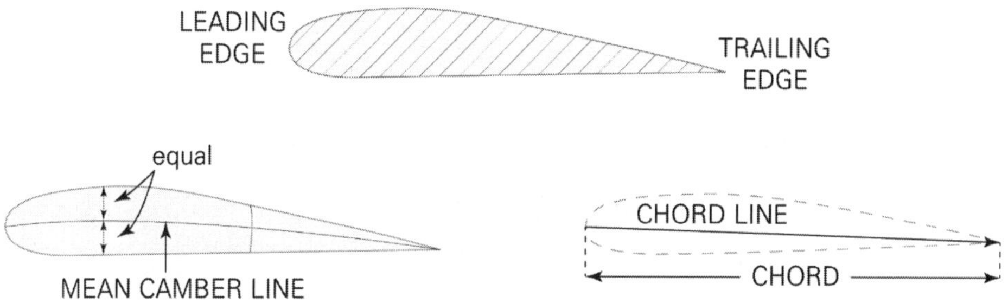

그림 1-17 평균 캠버선(Mean Camber Line)과 시위선(Chord Line)

평균 캠버선(Mean Camber Line)은
날개의 윗면과 아랫면의 중간을 연결한 선이다.

평균 캠버선(Mean Camber Line)은 에어포일(Airfoil)에 내접(內接)하는 원의 중심선을 연결한 선이다. 시위선(Chord Line)은 에어포일(Airfoil)의 앞전(Leading Edge)에서 뒷전(Trailing Edge)까지를 연결한 직선이다.

시위선(Chord Line)은 평균 캠버선의 양 끝단을 연결한 직선이다.

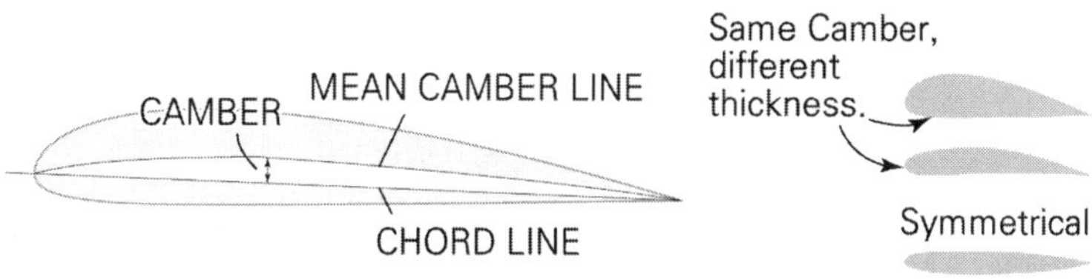

그림 1-18 캠버는 평균 캠버 라인(Mean Camber Line)과 시위(Chord) 사이의 거리

날개 두께는 날개 윗부분과 아랫부분 사이의 최대거리로 정의한다.

그림 1-19 두께(Thickness)

날개의 상단 표면이 양호한 캠버형으로 되어있는 두꺼운(Thick) 날개는 저속에서도 많은 양력을 발생한다. 예를 들면 수직이착륙기(STOL)인 경우가 이에 속한다고 볼 수 있다.

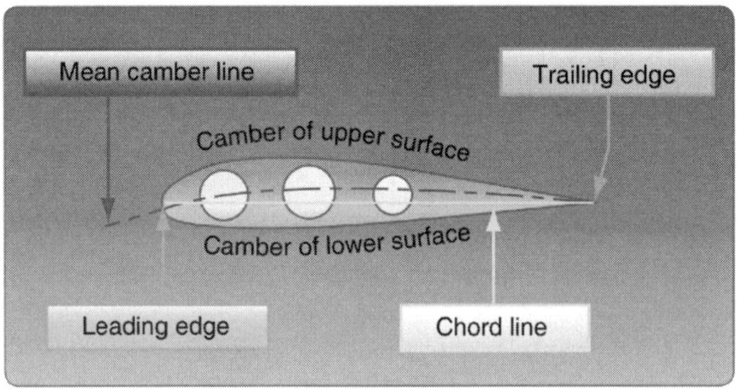

그림 1-20 에어포일(Airfoil) 용어 정리

1.2.9 전형적인 저속에서의 양호한 캠버형(WELL-CAMBERED) 날개

양호한 캠버형(Well-Cambered) 날개의 상·하면의 압력차는 그리 크지 않다. 즉 날개 하면의 정압이 상면보다 약간 클 뿐이다. 받음각(Angle of attack)을 적게 유지하는 일반적인 비행의 경우에는 날개의 중량(Weight)이 CG를 기준점으로 하여 작용하듯이 날개 상하면의 압력차에 총 반력(Total Reaction)은 공력중심(Center of Pressure, CP)에서 작용한다. 공력중심(CP)은 공기역학의 힘(Aerodynamic Force)의 합력점이라 할 수 있다.

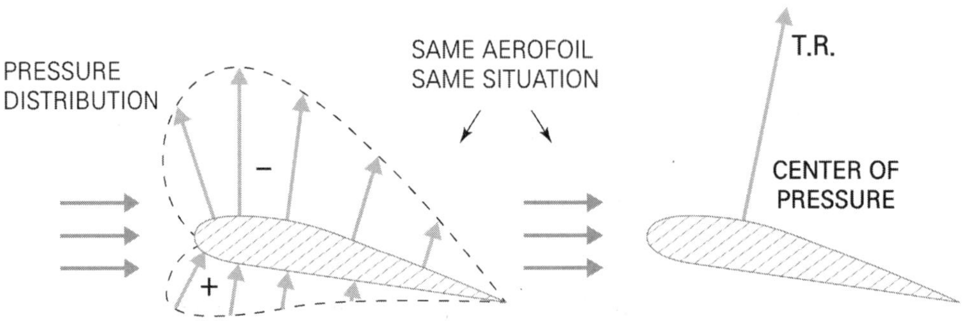

그림 1-21 공력중심(Center of Pressure)을 통해 작용하는 총 합력

즉 총 반력(Total Reaction)은 양력(Lift)과 항력(Drag)의 벡터(Vector) 합으로 볼 수 있다.

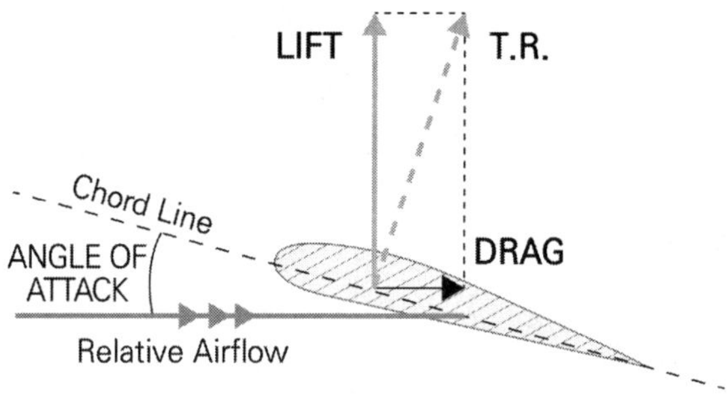

그림 1-22 상대풍(Relative Airflow)

받음각(AOA)이란 날개의 시위선(Chord Line)과 상대풍(Relative Airflow)이 이루는 각을 말한다.

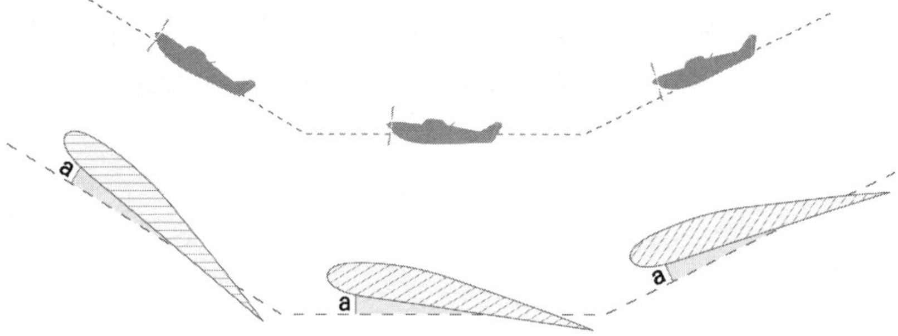

그림 1-23 같은 받음각(AOA)에서 서로 다른 피치각(Pitch Angle)

항공기 자세의 피치각(Pitch Angle)은 수평선에 대한 각이며, 받음각(AOA)은 공기 흐름(Airflow)에 대한 각이므로 이 두 가지를 혼동하여서는 안 된다.

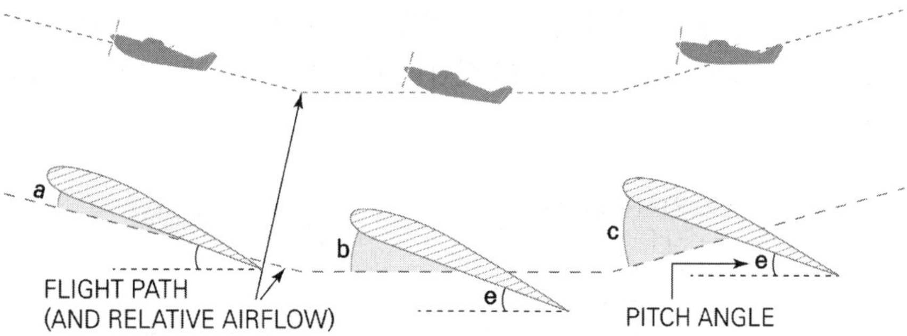

그림 1-24 같은 피치 각(Pitch Angle)에서 서로 다른 받음각(AOA)

또한 받음각(AOA)과 붙임각(Angle of Incidence)을 혼동해서도 안 되는데, 붙임각은 날개의 시위선(Chord Line)이 동체의 세로축(Longitudinal Axis)과 만나는 각으로써 받음각(AOA)은 비행 시 변하는 데 반해 붙임각은 고정된 각을 말한다.

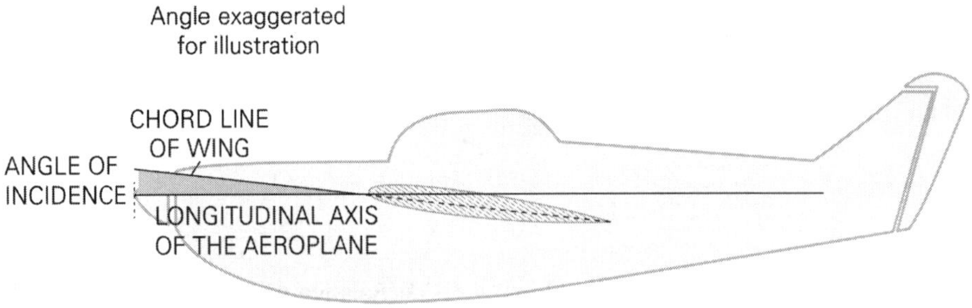

그림 1-25 붙임각(Angle of Incidence)은 비행기 설계 시에 결정된다.

베르누이 정리는 '속도가 증가하면 정압은 감소한다'라는 것이다. 에어포일(Airfoil)의 모양(Shape)과 받음각(AOA)에 따라 날개 표면 주위의 속도와 정압 분포가 달라진다.

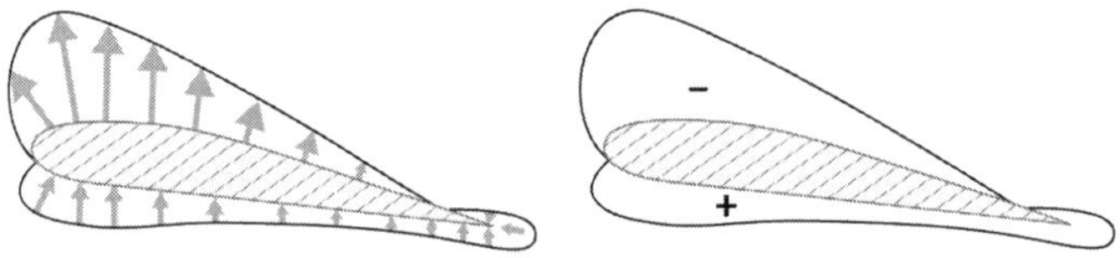

그림 1-26 날개 주변에서의 정압 분배

에어포일(Airfoil) 주변의 압력분포를 표시하는 방법으로서 표면에서 바깥쪽으로 표시되어 있는 부분은 정압이 자유로운 공기 흐름(Free Air Stream)의 압력보다 낮음을 의미하고 Negative(-)로 표시하며, 반대로 화살표가 표면 쪽으로 표시된 부분은 자유 공기 흐름의 압력보다 높음을 의미하고 Positive(+)로 표시한다.

공기 흐름(Airflow)이 날개와 만나는 순간 앞전(Leading Edge, L.E.)에서 공기 흐름(Airflow)은 순간적으로 정지하는데 이 지점을 앞전 정체점(L.E. Stagnation Point)이라고 한다.

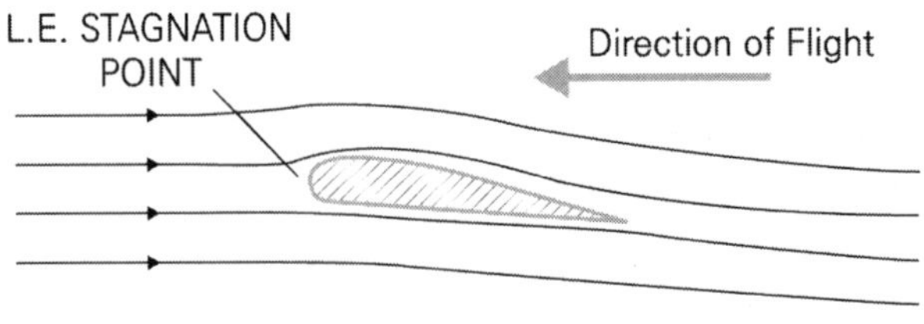

그림 1-27 앞전 정체점(Leading Edge Stagnation Point)

앞전 정체점에서 공기 흐름(Airflow)은 에어포일(Airfoil)의 위아래로 나누어진다. 양(Positive)의 받음각(AOA)을 주었을 때 베르누이 정리에 의하면 에어포일 상면으로 흐르는 공기 흐름(Airflow)은 속도가 증가되고, 정압은 감소한다. 증속이 계속될수록 정압도 계속 감소된다. 하지만 상대적으로 캠버(Camber)가 완만한 다른 지점에서는 정압 감소 영역도 줄어들 것이다.

1.2.10 받음각(AOA) 변화에 따른 압력분포(Pressure Distribution)

어떤 특정한 에어포일(Airfoil)에서 받음각(AOA)이 변함에 따라 정압 분포가 어떻게 달라지는지를 살펴보자. 일반적인 비행에서 앞전(Leading Edge) 상면으로 흘러간 공기 흐름(Airflow)은 가속이 된다. 그 가속률은 받음각(AOA)이 커짐에 따라 커진다. 가속이 최고로 될 때 정압은 최저로 낮아진다.

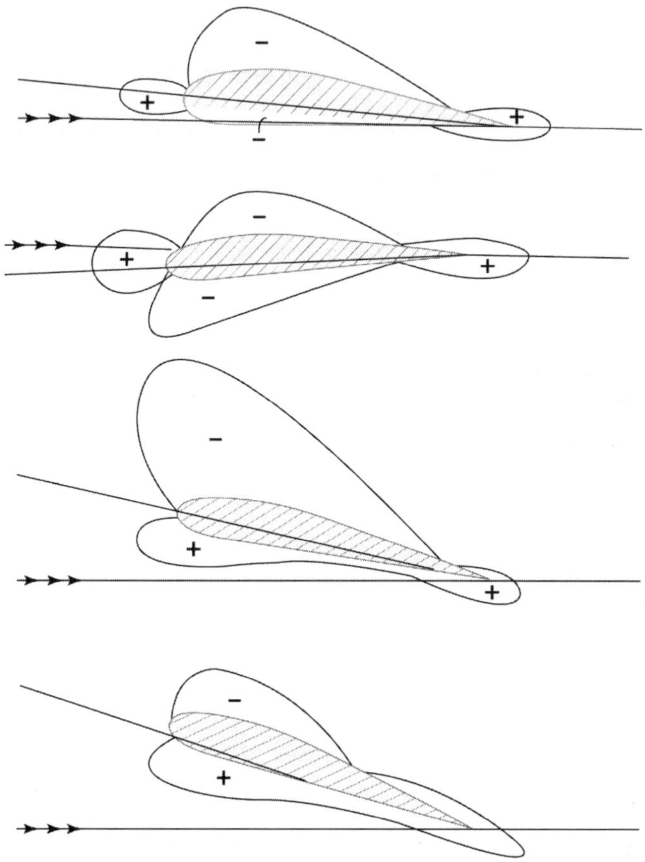

그림 1-28 다양한 크기의 받음각에서의 정압 분포

하부 쪽으로 흘러간 공기 흐름(Airflow)은 상부 쪽으로 흘러간 공기 흐름(Airflow)에 비해 덜 가속되고 따라서 정압 감소율도 떨어진다. 경우에 따라서는 받음각(AOA)에 따라 정압은 자유로운 공기 흐름(Free Air stream)의 압력보다 작을 수도 있고 클 수도 있다. 작은 받음각(AOA)에서는 에어포일(Airfoil) 상하 양면 모두에서 정압 감소가 일어난다. 이 경우 [그림 1-28]에서 보듯이 상부에서의 정압 감소 정도가 하부에 비해 더 크다고 할 수 있기 때문에 상하면의 압력차에 의해 생기는 양력도 적게 발생한다.

[그림 1-28]과 같이 작은 크기의 음(-)의 받음각(AOA)에서는 정압 감소 정도가 날개 위아래에서 비슷하고 따라서 양력도 발생하지 않는다. 큰 받음각의 경우, 날개 상면에서는 정압이 큰 폭으로 감소하는 반면 하부에서는 오히려 정압이 증가함에 따라 양력도 많이 발생한다. 실속/임계 받음각(Stalling/Critical AOA)을 넘어가면 상면의 층류는 감소하며 소용돌이 흐름(Eddy Flow)이 형성됨에 따라 저압 부분이 급격하게 줄어들게 된다.

1.2.11 공력중심(The Center Of Pressure)

날개 상·하면의 압력차에 의해 생기는 항공역학적 힘인 반력(Total Reaction)은 에어포일(Airfoil)의 시위선(Chord Line)의 어느 한 점에서 작용한다고 할 수 있는데, 그 점이 바로 공력중심(Center of Pressure, CP)이다.

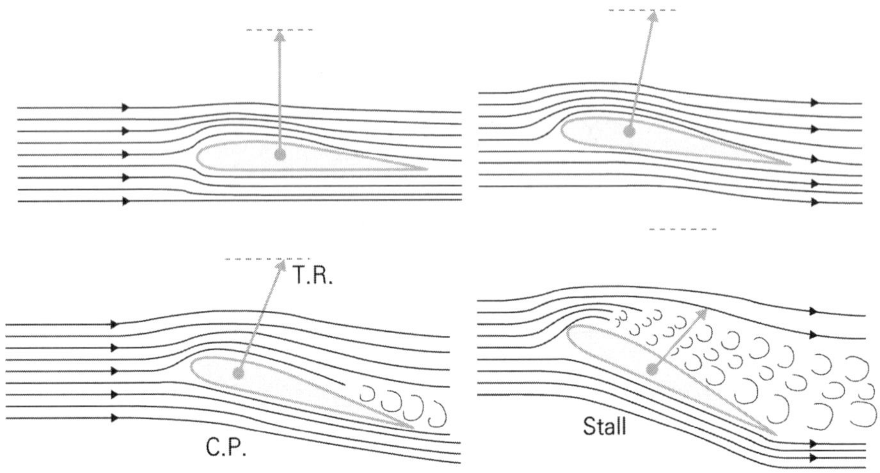

그림 1-29 다양한 크기의 받음각에서 양력의 방향 및 크기의 변화

일반적인 비행에서 받음각(AOA)이 증가됨에 따라 두 가지 중요한 현상이 생기는데, 받음각(AOA)이 증가하면 날개의 양력(Lift)이 증가되고, 이 경우 저속에서도 많은 양력

을 발생케 할 수 있다. 받음각(AOA)이 증가하면 공력중심(CP)이 앞으로 이동된다.

일반 순항속도인 약 4° 받음각(AOA)에서 공력중심(CP)은 날개 중심 쪽에 위치한다. 받음각(AOA)이 증가하고 속도가 감소되면 공력중심(CP)은 앞쪽으로 이동한다. 가장 앞쪽으로 이동하는 경우는 앞전(Leading Edge)에서 1/5, 즉 20% 정도까지 이동한다.

실속 받음각(약 16° AOA)을 지나면 날개 상면에서의 유선(Streamline)은 깨어져서 정압 감소 정도도 크지 않다. 따라서 양력도 감소되고 공력중심(CP)도 뒤쪽으로 이동한다.

1.2.12 전형적인 날개의 양력(Lift From a Typical Wing)

양력은 상대풍에 직각으로 작용한다. 총 반력(Total Reaction)은 두 개의 구성요소(Component)로 나눌 수 있는데 하나는 항력으로서 상대풍(Relative Airflow)에 평행하고 비행기 진행 방향과 반대로 작용하며, 또 하나는 양력으로서 이는 상대풍(또는 비행경로)에 수직으로 작용하는 힘이다. 즉 양력은 다음의 여러 가지 요소에 달려있다.

- 날개 모양(Wing Shape)
- 받음각(AOA)
- 공기밀도(Air Density: ρ)
- 공기의 속도(Free Stream Velocity: V^2)
- 날개의 표면적(Wing Surface Area: S)

여기에서 ρ와 V는 동압과 관련된 요소로서, $\frac{1}{2}\rho v^2$은 동압(Dynamic Pressure)이다. 여기에 날개 면적 S를 추가하면,

$$\text{양력(Lift)} = \text{(Some Factor)} \times \frac{1}{2} \rho v^2 S$$

여기에서 일부 요소에는 날개 모양(Wing Shape)과 받음각(AOA)이 포함되며, 이들이 양력(Lift)을 결정 짓는 요소로서 양력계수(C_L)로 표시한다.

따라서, 양력은

$$Lift = C_L \frac{1}{2} \rho v^2 S$$

날개 모양(Wing Shape)은 설계자에 의해 이미 결정되어 있으므로 사실상 부양능력(Lifting Ability)을 결정하는 것은 받음각(AOA)이다. 양력계수(C_L)가 크다는 것은 주어진 받음각(AOA)으로 저속에서도 얼마만큼의 중량(Weight)을 지탱할 수 있는 양력을 발생시킬 수 있는가 하는 것이다. 따라서 받음각(AOA), 양력계수(C_L)와 속도(Speed)의 상관관계를 안다는 것은 조종사에게 매우 중요한 일이다.

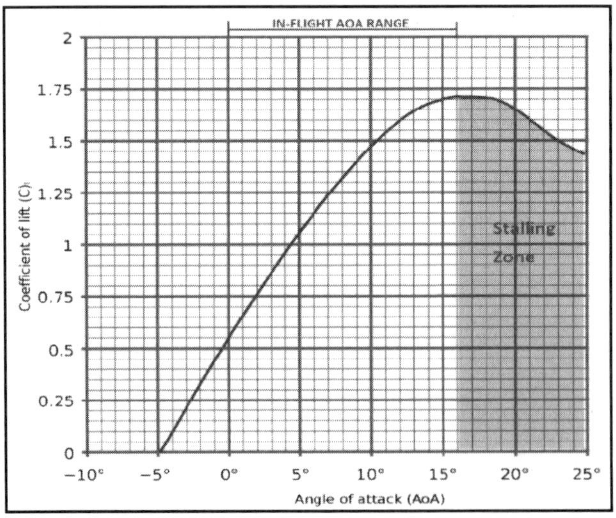

그림 1-30 양력계수(Coefficient of Lift) 곡선

어떤 날개에서 받음각(AOA)은 날개 주위의 정압 분포를 결정하는 주요한 요소이다. 이는 또한 양력 발생을 결정하는 요소이다. 양력계수(C_L)값은 받음각(AOA)에 따라 달라진다.

최대 양력계수(Maximum C_L)값은 실속(Stall) 직전에 얻어진다. 양력(Lift)은 공력중심(CP)에서 작용한다. 약 4° 받음각(AOA)에서 공력중심(CP) 위치는 앞전(LE)으로부터 약 40% 지점에 위치하다가 받음각(AOA)이 증가하면 20% 정도까지 앞으로 이동한다. 실속받음각(Stalling AOA)에서 공력중심(CP)은 가장 전방으로 이동하고, 이 받음각

(AOA)을 지나면 공력중심(CP)은 뒤로 이동한다.

양력(Lift) 크기와 공력중심(CP) 위치가 변하면 비행기에는 중력중심(CG)과 공력중심(CP) 간의 모멘트(Moment)와 암(Arm)이 변하여 중력중심(CG)을 중심으로 한 피칭-회전모멘트(Pitching-Turning Moment)가 생긴다. 조종사는 이러한 기수를 올리거나(Nose-up) 내리는(Nose-down) 모멘트(Moment)를 승강타(Elevator)를 적절하게 사용해 조종(Control)할 수 있어야 할 것이다.

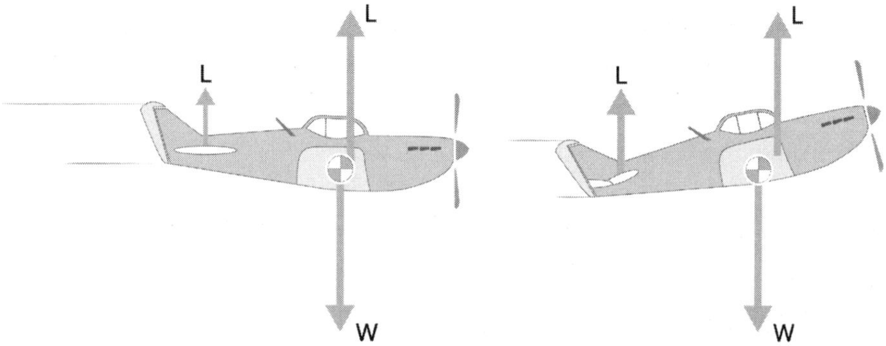

그림 1-31 비행기의 균형(Balance)을 유지하는 승강타(Elevator)

1.2.13 대칭 날개(Symmetrical Airfoil)에서의 양력

대표적인 대칭(Symmetrical) 에어포일로 만들어진 것에는 방향타(Rudder)와 수평꼬리날개(Tailplane)가 있다. 이러한 대칭익은 평균 캠버선(Mean Camber Line)과 시위선(Chord line)이 일치한다. 대칭익에서 양력곡선(Lift Curve)은 0° 받음각(AOA)에서 0을 지시한다.

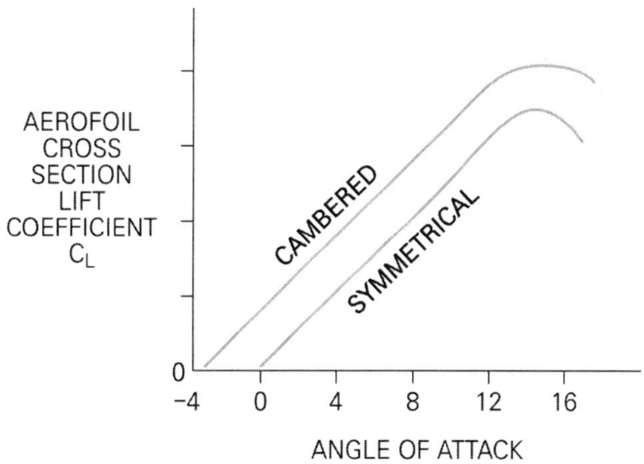

그림 1-32 캠버익(Cambered Wing)과 대칭익의 양력계수 비교 곡선

1.2.14 층류가 흐르는 날개(The Laminar Flow Wing)

적게 굽어진 날개(Low Curvature Wing)는 날개표면(Wing Surface)을 흐르는 공기 흐름이 층류(Laminar-Streamline Flow)상태를 유지토록 한다. 이러한 날개에서의 최대 두께(Maximum Thickness)는 통상 날개 앞전으로부터 50% 정도에 있다.

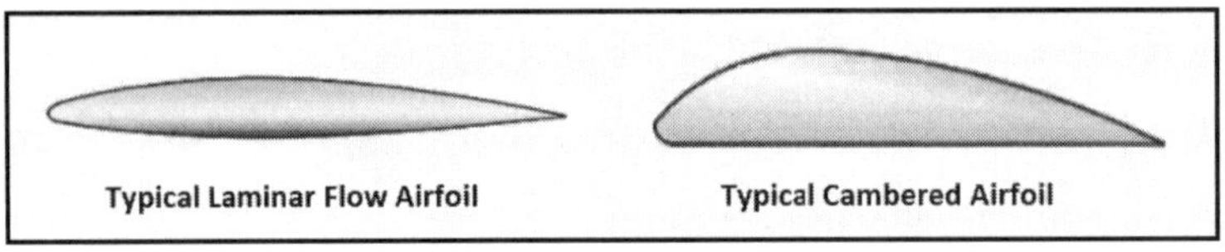

그림 1-33 날개 단면 비교

적게 굽어진 날개는 두꺼운 날개에 비해서 순항속도에서 적은 항력(Drag)으로 같은 양력을 발생하며, 따라서 주로 전투기와 같은 고속 비행기나 일부 훈련기(Piper Warrior)에 이용된다. 또한 이러한 날개를 가진 비행기들은 단점도 있는데, 실속(Stall) 근처에서 일반적인 날개에 비해 급작스럽게 실속에 들어간다거나, 양력계수(C_L)값이 작기 때문에 실속 속도가 크다는 것이다.

일반적인 날개에서 최대의 양력(Lift)은 실속 각도(Stall Angle) 근처에서 얻어지는데 이러한 날개에서의 양력계수(C_L)값은 양호한 캠버형 날개(Well-Cambered Wing)에 비해 더 작다.

1.3 항력(Drag)

비행 중에는 공기 흐름(Airflow)에 노출되어 있는 항공기의 모든 부분이 공기역학적 힘을 만들어낸다. 예를 들면, 비행에 도움이 되는 양력(Lift), 그리고 비행에 저항이 되는 항력(Drag) 등이 있다.

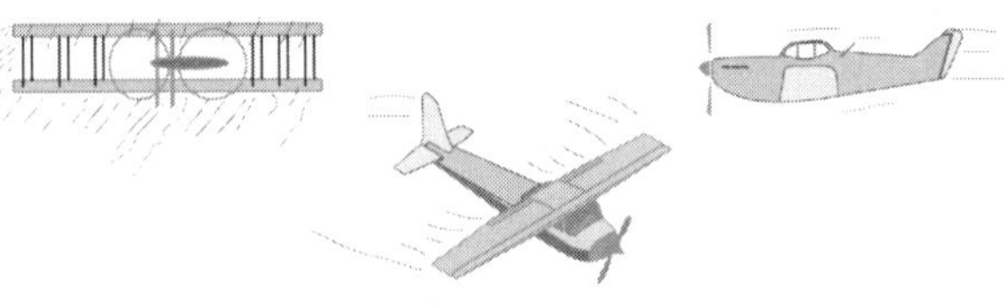

그림 1-34 비행기에 작용하는 항력

항력이란 공기 중을 이동하는 비행기가 받게 되는 공기저항을 말한다. 항력은 비행기의 이동 방향과 반대 방향으로 작용한다. 다시 말해서, 항력은 항공기 진행 방향과 반대로 작용하며, 상대풍(Relative Airflow)과 같은 방향으로 평행하게 작용한다.

항력은 고속비행을 어렵게 한다. 이런 이유로 많은 항공기 디자인을 유선형으로 하고, 말끔한 리베팅 처리를 하거나, 표면을 매끄럽게 처리하는 것 등은 항력을 줄이는 효과가 있다. 엔진(동력원)의 주 기능은 항력을 극복하기 위한 추력(Thrust)을 만드는 데 있다.

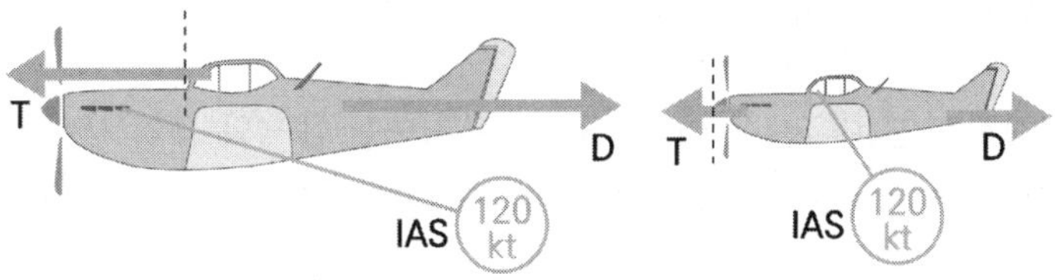

그림 1-35 항력이 작을수록 항력을 극복하기 위한 추력도 적게 요구

1.3.1 전체 항력(Total Drag)

전체 항력(Total Drag)은 항공기 진행 방향에 평행하고, 반대 방향으로 작용하는 공기역학적 힘을 통칭한다. 즉, 전체 항력은 공기 중의 항공기 움직임에 대한 전체 저항(Total Resistance)이다.

> **NOTE**
>
> 비행 방향과 반대 방향으로 작용한다는 것은 상대풍(Relative Airflow) 방향과 일치한다는 것을 의미한다.

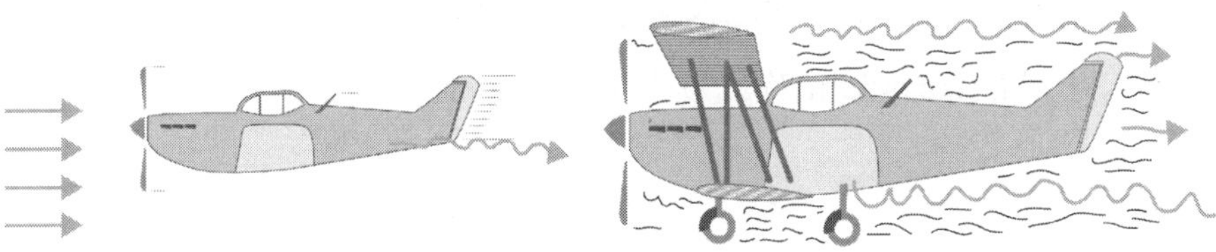

그림 1-36 전체 항력은 움직임에 대한 전체 저항

전체 항력은 항공기에 작용하는 여러 가지 종류의 항력 총합으로 크게 두 가지로 나눌 수 있는데, 유도항력(Induced Drag)과 유해항력(Parasite Drag)이다.

1) 유도항력(Induced Drag)

양력의 발생과 관련된 항력으로 날개에서의 양력 발생 시 날개의 뒷전(Trailing Edge), 특히 날개 끝부분(Wingtip)에서의 와류(Vortex)에 의해 유도된 항력이다.

2) 유해항력(Parasite Drag)

양력의 발생과 관련이 없는 항력으로 여기에는 형상항력(Form Drag), 표면마찰항력(Skin Friction Drag), 간섭항력(Interference Drag)이 속한다. 형상항력과 표면마찰항력을 합쳐서 단면항력(Profile Drag)이라고도 한다.

(1) 표면마찰항력(Skin Friction Drag)은 움직이는 물체와 공기 사이에 존재하는 마찰력에서 발생한다. 항공기 표면의 모든 부분은 비행 중에 마찰력이 생긴다.

① 항공기 표면에서의 경계층의 공기 흐름(Boundary Layer Airflow)의 상태를 말한다. 경계층의 공기 흐름이 난류(Turbulent)의 경우 더 많은 항력이 발생한다.

② 표면의 거친 정도도 표면마찰항력을 증가시킨다. 표면이 거칠면 층류(Laminar Flow)에서 난류(Turbulent Flow)로의 전환도 빠르다. 표면을 말끔하게 리베팅 처리하고 다듬는 것은 표면마찰항력을 줄이는 효과가 있다. 날개에 발생하는 착빙(Iceing)도 표면마찰항력에 속한다.

③ 속도가 증가하면 표면마찰항력이 증가한다.

④ 에어포일(Airfoil)이 두꺼울수록 날개의 표면마찰항력이 커진다.

⑤ 받음각이 커지면 마찰력도 커진다.

(2) 형상항력(Form Drag)

① 형상항력(Form Drag)은 표면에서의 공기 흐름이 박리(Separate)될 때, 소용돌이가 생길 때, 그리고 층류(Streamline Flow)가 교란될 때 나타나며, 이때 형성된 난류(Turbulent Wake)가 항력을 증가시킨다.

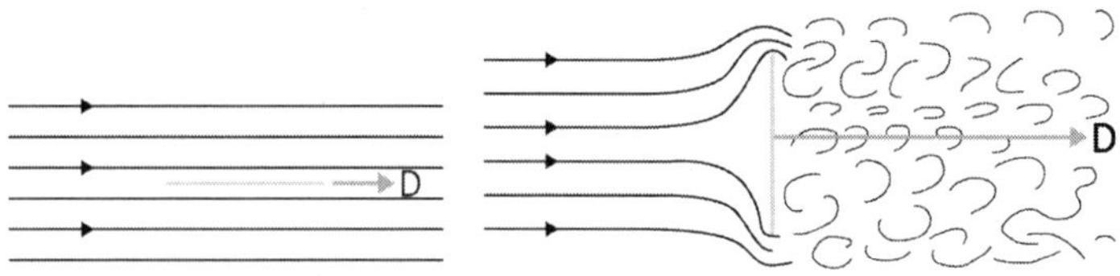

그림 1-37 표면마찰항력과 형상항력

② 형상항력과 표면마찰항력을 구분하는 가장 쉬운 방법은 납작한 평판을 위의 그림처럼 각기 다른 형태로 공기 흐름 속에 놓아보는 것이다. 받음각이 0°일 때 모든 항력은 표면 마찰 항력이다. 그러나, 공기 흐름에 수직으로 평판을 위치시키면, 모든 항력은 형상항력이 된다.

③ 층류가 표면으로부터 분리되어 난류로 되는 지점을 박리점(Separation point)이라고 한다. 이 박리점 뒤의 날개표면 상단을 지나는 공기 흐름은 방향을 바꿔 박리점으로 향한다. 다시 말해, 박리점을 지나면서 공기 흐름은 와류현상이 나타난다.

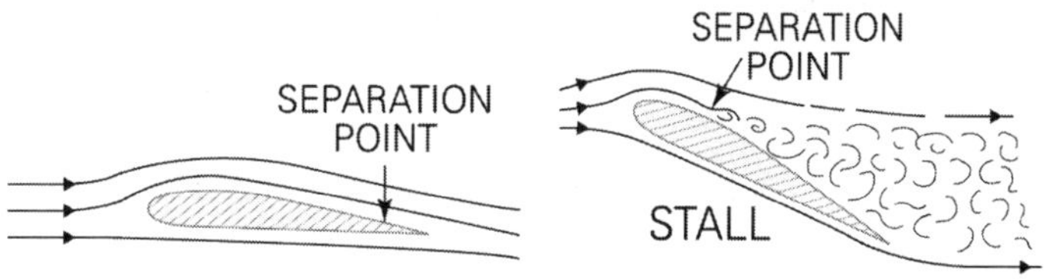

그림 1-38 실속된 날개에서 급속히 증가하는 형상항력

④ 와류현상은 날개 또는 항공기 전체의 뒤쪽에서 발생한다. 와류현상의 크기는 형상항력의 크기를 결정하는 요소이다. 이 형상항력은 전체 항력에서 큰 비중을 차지할 수 있으며, 디자인에 의해 이 항력을 줄일 수 있다.

⑤ 공기 흐름의 박리는 날개가 큰 받음각(AOA)을 취했을 때 나타난다. 상단 표면의 압력차로 인한 흐름이 너무 거세어서 경계층이 표면에 붙어있지 않도록 하고, 또한 박리현상이 날개 앞전(Leading Edge) 가까이에서 일어나도록 한다.

⑥ 양력 형성을 위해 필요한 날개 상단에서의 정압(Static Pressure)을 잃으면 실속(stall)이 발생한다. 이 형상항력을 줄이기 위해서는 표면에서의 경계층(Boundary Layer)의 박리(Separation)를 지연시킬 필요가 있다.

1.3.2 형상항력(Form Drag)을 감소시키는 유선형화(Streamlining)

날개의 유선형화(Streamlining)는 표면의 곡률을 완만하게 함으로써 공기 흐름의 박리를 지연시키고, 공기 와류현상을 줄이게 되어 형상항력을 감소시킨다. 항공기 설계자는 항공기를 유선형화하기 위해 용도에 따라 다양한 날개의 두께와 시위의 비율을 채택한다.

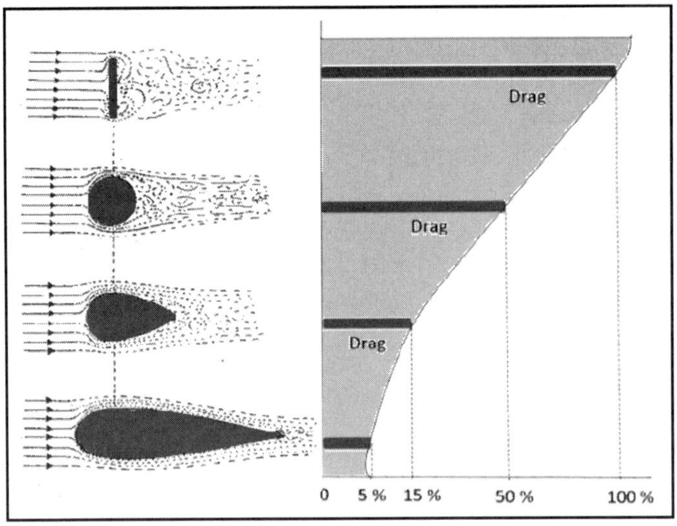

그림 1-39 유선형화(Streamlining)를 통한 형상항력의 감소

항공기 기체에 부착되어 있는 부품들은 유선형 부품을 붙여서 유선형화 효과를 얻고 있다.

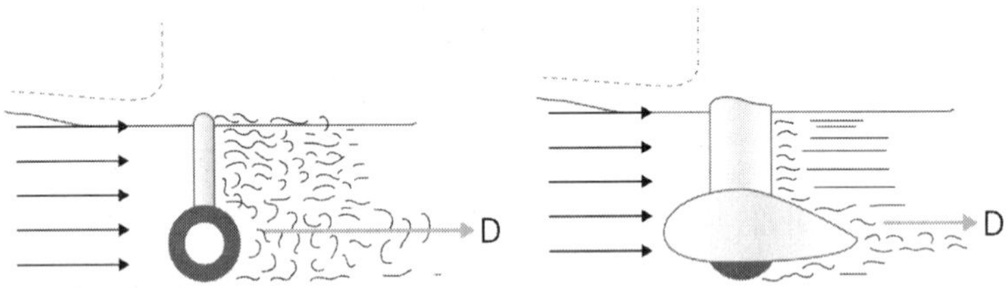

그림 1-40 유선형화(Streamlining)에 의한 형상항력의 감소

항공기 표면에 착빙이 되면 유선형화의 효과는 떨어진다.

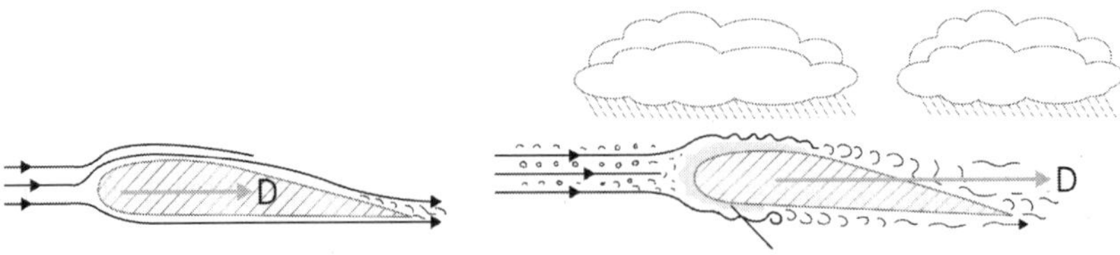

그림 1-41 항력을 증가시키는 착빙(Iceing)

전체 유해항력(Parasite Drag)은 곳곳에서 생성된 표면마찰항력(Skin Friction Drag)과 형상항력(Form Drag)의 합보다 더 크다. 이것은 앞의 두 가지 항력 외에 부가적인 항력이 존재한다는 것인데 이것이 바로 간섭항력(Interference Drag)이다. 이 간섭항력은 기체의 연결 부분, 예를 들어 날개와 동체의 연결 부분, 꼬리 부분과 동체, 그리고 날개와 엔진 연결 부분 등에서 생기는 공기 흐름의 혼합과 간섭에 의해서 발생한다. 이러한 부가적인 항력을 간섭항력이라고 하며, 양력 발생과 직접적 관련이 없기 때문에 유해항력(Parasite Drag)이라고 한다. 항공기의 다양한 표면에서 공기 흐름은 서로 만나고 항공기 뒤에서 와류(Wake)를 형성한다. 와류에서 발생하는 부가적인 난류(Turbulence)는 항공기 전방과 후방 간의 큰 압력차를 유발하여 항력을 더 크게 한다.

적절한 항공기 기체 윤곽선의 정형화와 외양의 유선형화는 지엽적인 압력요소를 조절하여 간섭항력을 최소화하는 데 도움을 줄 수 있다. 정형화(Fairing)는 층류(Streamline Flow)를 돕기 위한 항공기 표면의 부분이며 따라서 항력과 공기의 와류현상을 줄인다.

1.3.3 속도에 비례하는 유해항력(Parasite Drag)

속도가 0일 경우, 항공기와 공기 사이에 상대적인 움직임은 없다. 따라서 유해항력(Parasite Drag)도 없다. 그러나 속도가 증가하면 유해항력(Parasite Drag)은 증가한다.

속도는 유해항력(Parasite Drag)과 직접적인 관계가 있다. 속도가 2배가 되면 4배의 유해항력이, 속도가 3배가 되면 9배의 유해항력이 생긴다. 수학적으로 우리는 이것을 “제곱의 법칙(Square Rule)”이라고 부른다.

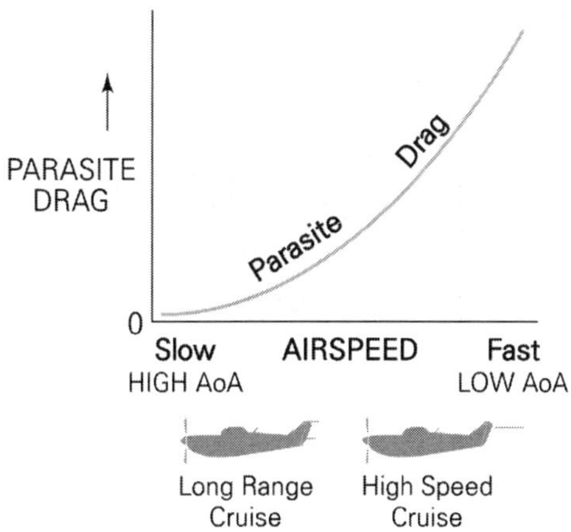

그림 1-42 유해항력(Parasite drag)

유해항력(Parasite drag)은 높은 속도에서 크게 나타나지만 낮은 속도에서는 실제로 그리 크지 않다. 어떤 항공기가 실속 속도보다 조금 빠르게 비행한다면, 이 항공기가 받는 유해항력은 전체 항력의 25%에 해당된다. 즉 나머지 항력은 날개 끝 와류(Wingtip Vortex)와 날개 뒤에서 생기는 다운워시(Downwash)에 의해 유도된 유도항력(Induced Drag)이다.

고속에서는 전체 항력 중 유도항력은 실제로 작고 유해항력(Parasite Drag)이 대부분을 차지한다. 고속에서 유해항력이 급격히 커지기 때문에 항공기가 고속 성능을 유지하기 위해서 항공역학적인 기술이 요구된다.

어떤 항공기에서는 유해항력의 절반 정도가 날개에서 나온다는 것도 흥미롭다. 날개에서의 표면마찰력, 형상항력과 간섭항력을 줄이면, 이는 곧 항공기 전체의 유해항력을 줄이는 데 상당한 효과가 있다.

유도항력(Induced Drag)은 양력발생의 부산물(By Product)이다. 양력을 생산하기 위해서 날개의 상부 표면의 정압(Static Pressure)은 날개의 하부 표면의 정압보다 작아야 한다. 날개 표면의 공기 흐름이 뒤로 이동하면서 날개의 하부 표면 쪽의 높은 정압은 적은 정압인 날개의 상부 표면의 날개 끝쪽으로 올라간다. 이러한 공기 흐름은 항공기 동체(날개) 하부로부터 공기가 바깥쪽으로 흘러서 항공기 동체(날개) 상부로 이동하는 공기 흐름을 이룬다.

날개 뒷전(Wing Trailing Edge)에서 이러한 상방향 공기 흐름과 날개 상면으로부터 흘러온 공기 흐름(Airflow)이 서로 만나서 와류를 형성한다. 상부로 이동하는 공기 흐름이 최대로 되는 날개 끝에서는 가장 강한 와류가 형성되는데, 이를 날개 끝 와류(Wingtip Vortex)라고 한다.

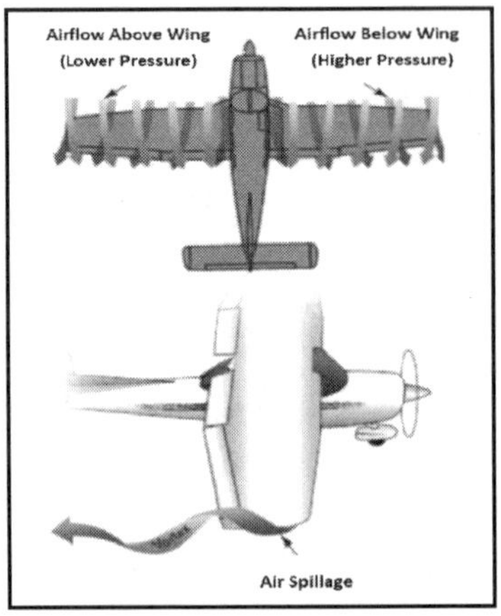

그림 1-43 양력 발생, 유도항력(Induced drag)과 날개 끝 와류(Wingtip Vortex)

날개가 상당히 큰 양력계수를 필요로 할 때, 즉, 기동 중이거나 큰 받음각으로 저속비행 중이거나 착륙 단계에서 항공기를 운항 중일 경우에 날개 하부와 상부의 압력차가 상당히 커진다. 이때에는 아주 강력한 날개 끝 와류(Wingtip Vortex)가 발생한다. 습한 공기 중에서 간혹 이러한 와류의 중심에서 압력이 낮아질 때 습기의 응축을 가져오는데 이러한 상태에서 와류(Vortex)를 시각적으로 관찰할 수 있다. 특히, 습한 공기 속을 지나는 대형 민항기의 접근과 착륙 시 잘 관찰된다. 이는 고고도에서의 제트엔진 배기가스에 의한 응축으로 형성되는 비행운과는 다른 성질의 것이다.

그림 1-44 날개 끝 와류(Wingtip Vortex)

1.3.4 항력(Drag)을 감소시키는 방법

날개 하단의 공기 흐름은 양 날개 끝 주위에서 흘러서 큰 와류를 형성한다. 날개 끝쪽에서 위로 흘러가는 와류는 날개 상면을 거쳐 아래쪽으로 흐르는 공기 흐름과 만나 날개의 후방에서 다운워시(Downwash)가 만들어진다.

뉴턴의 제3법칙(작용, 반작용 법칙)은 양력을 발생시키는 상방 공기 흐름이 날개에 작용하기 위해서는, 그 반작용으로 같은 크기인 반대 방향의 공기 흐름인 다운워시(Downwash)가 있어야 된다는 것을 의미한다.

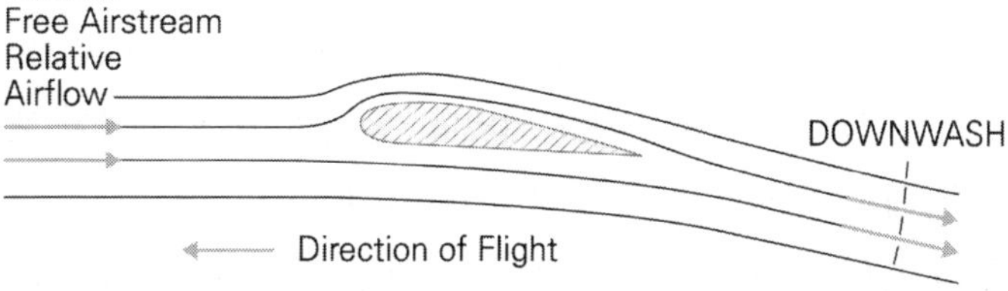

그림 1-45 다운워시(Downwash) 효과

공기 흐름이 하향으로 향하게 되는 굴절효과는 날개가 주변 공기 흐름에 작용하게 되는 효과를 가져오는데, 날개의 전방에서 불어오는 평행한 상대풍이 날개의 바로 뒤에서 하단으로 굴절되도록 하는 것이다. 날개에 작용하는 주변 공기 또는 평균 상대풍이 하단에서 굴절되기 때문에, 날개에서의 양력은 주변 공기 흐름에 수직 방향으로 작용하는 같은 크기만큼 뒤로 기울어져 나타난다.

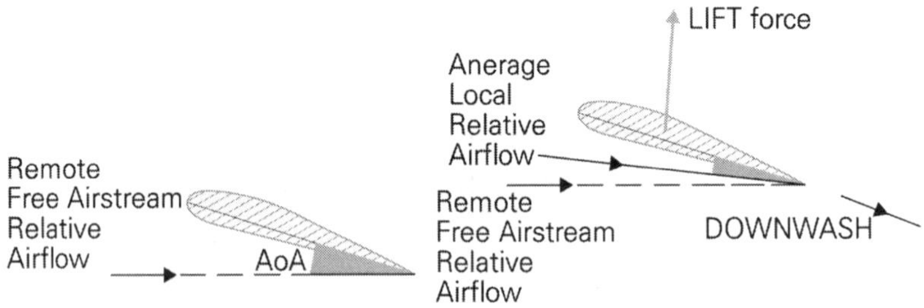

그림 1-46 날개에 작용하는 주변 또는 평균 상대풍(Relative Wind)

항공기에 작용하는 양력과 항력의 전체효과를 고려할 때, 비행 방향에 대하여 그들의 효과를 연관시켜 보아야 한다. 즉, 날개에서의 양력은 상대풍에 수직으로 작용한다. 날개에서의 항력 또는 항공기의 모든 부분의 항력은 상대풍과 평행하게 작용한다. 따라서 주변 공기 흐름(Local Airflow)에 의해 날개에서 발생된 양력은 주변 공기 흐름에 수직으로 작용하지만 상대풍에 평행한 성분, 즉 항력의 방향 요소를 가지고 있으며 양력이 뒤로 기울어진 정도만큼 항력 성분으로 작용하고 있는 것이다. 이는 피할 수 없는 양력 발생의 부산물로서 이를 유도항력(Induced Drag)이라고 한다.

> **NOTE**
>
> 유도항력(Induced Drag)은 유해항력(표면마찰력, 형상항력, 간섭항력)과는 다르며 양력 생산의 부산물로서 얻어지고, 따라서 날개는 유도항력(Induced Drag)과 유해항력(Parasite Drag) 모두를 발생한다.

항공역학자들은 길고 폭이 좁은 날개, 즉 높은 종횡비(Aspect Ratio)를 가진 날개가 유도항력을 줄일 수 있다는 사실을 발견해냈다. 동일한 날개 면적일 때 폭이 넓은 날개(낮은 종횡비의 날개)에 비해서 날개 끝단(Wingtip)이 좁고 종횡비(Aspect Ratio)가 큰 날개가 날개 끝 와류(Wingtip Vortex)도 약하므로 다운워시(Downwash)가 작아지고 결국 유도항력(Induced Drag)도 작게 된다. 그러나, 아쉽게도 길고 좁은 날개(높은 종횡비의 날개)는 구조강도의 견지에서 볼 때 현실적으로 상당히 제작이 어려운 형편이다. 일반적으로 폭이 좁은 날개(높은 종횡비의 날개)는 양력계수가 크고 항력계수는 작다. 일반적으로 종횡비(Aspect Ratio)는 보통 6 정도이고 8.5 이상은 초과되지 않도록 하지만, 이는 항공기 용도에 따라 다르다. 활공기(Glider) 같은 경우에는 20 이상도 있으나 종횡비(Aspect Ratio)가 큰 항공기는 과중한 하중(Load) 때문에 구조적 강도에 문제가 생길 수 있다. 효율이 아무리 좋다 하더라도 강도에 문제가 있어 안전성을 해친다면 이는 항공기로서의 가치가 없다 하겠다.

종횡비(Aspect Ratio) = Span/Chord
= (Span x Chord) / Chord x Chord
= Area / Chord²

$$\text{Aspect Ratio} = \frac{\text{Span}}{\text{Chord}}$$

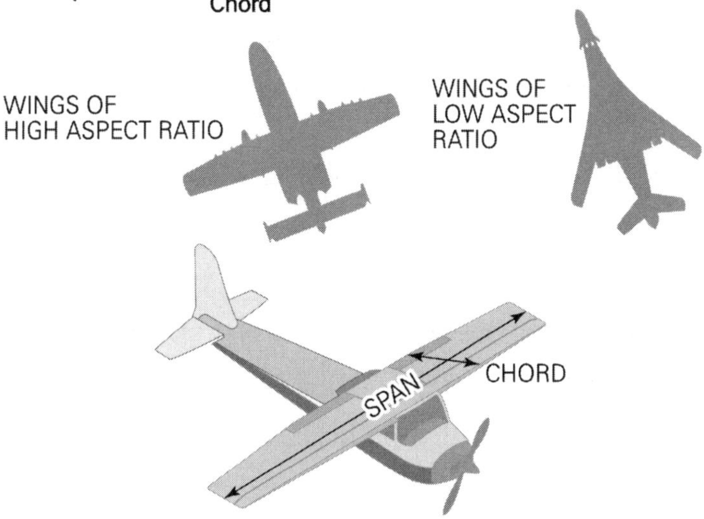

그림 1-47 날개의 종횡비(Aspect Ratio)

또한,

$$CD = CDP + CDI. \quad CDI = CL^2 / \pi e\ AR$$

여기에서 분모에 있는 AR이 종횡비(Aspect Ratio)로서 이 AR이 크면 유도항력이 작아진다는 것을 알 수 있다. 참고로 e는 Span 효율계수로서 타원익의 경우가 1에 해당되고 다른 형상의 날개는 1보다 작아서 타원익의 경우가 유도항력이 가장 적게 나타나는 것으로 되어있다.

1.3.5 테이퍼 구조(Tapering)를 통해 유도항력(Induced Drag)을 줄임

날개 끝(Wingtip)을 좁게 만든 테이퍼 구조(Tapering) 날개는 약한 날개 끝 와류(Wingtip Vortex)로 인하여 유도항력도 작게 발생시킨다.

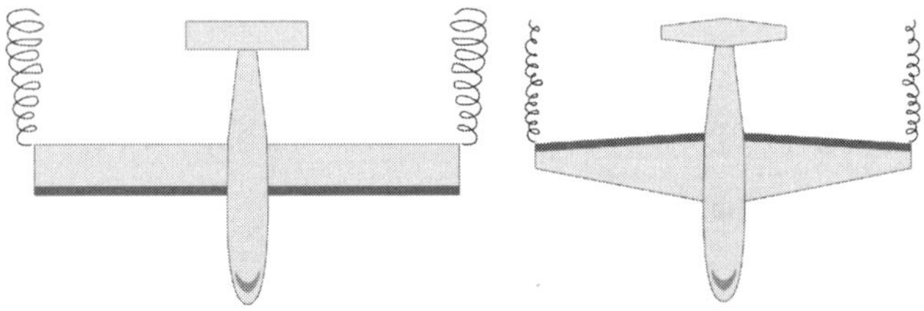

그림 1-48 테이퍼(Taper) 구조 날개에서의 날개 끝 와류와 유도항력의 감소

1.3.6 유도항력(Induced Drag)을 줄여주는 비틀림(Twist) 구조

받음각이 클수록 날개 상면과 하면을 타고 흐르는 공기에 의한 압력차는 더 크다. 날개에 비틀림을 준다는 것은 날개 끝(Wingtip)쪽의 받음각(AOA)이 동체(Wingroot)쪽의 받음각보다 적음을 의미한다. 따라서, 대부분의 양력은 날개의 안쪽에서 발생하며, 날개 끝쪽에서는 보다 적은 양력이 발생된다. 날개 끝쪽에서의 상·하면의 작은 압력차는 작은 양력을 발생하고 날개 끝 와류(Wingtip Vortex)를 줄임으로써 결과적으로 작은 유도항력을 발생한다.

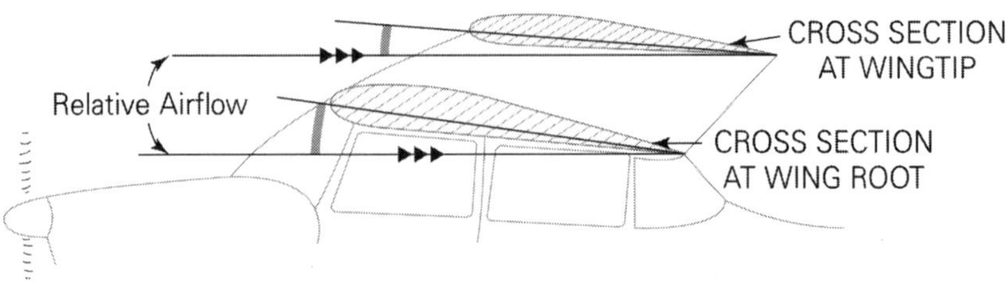

그림 1-49 유도항력을 줄여주는 Washout 날개구조

1.3.7 유도항력(Induced Drag)을 줄여주는 날개 끝(Wingtip) 변형 구조

날개 끝에 연료탱크(Fuel Tank)를 장착하거나 구조 변경을 통해 날개 끝에서 공기 흐름의 유출(Leakage)을 줄여줌으로써 유도항력을 줄인다. 또한, 날개 펜스(Wing Fence)도 날개의 길이(Span) 방향의 공기 흐름을 줄여줌으로써 유도항력(Induced Drag)을 줄인다.

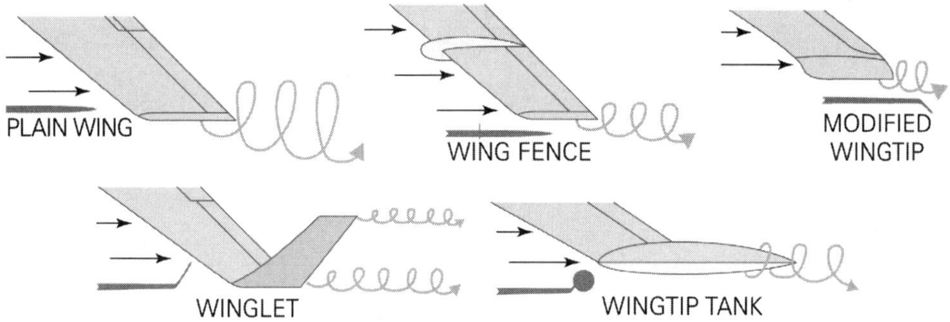

그림 1-50 와류 형성을 감소시키는 날개 끝 변형 구조

1.3.8 저속과 큰 받음각(AOA)에서 증가하는 유도항력(Induced Drag)

주어진 항공기 중량으로 직진 수평 비행을 유지하려면, 양력(Lift)은 속도 변화에 상관없이 항상 일정하게 유지되어야 한다. 속도가 줄면 조종사는 받음각을 크게 하여 동일한 양력을 유지해야 한다. 따라서, 큰 받음각(AOA)은 낮은 속도와 관계가 있다. 날개 위로 흐르는 공기 흐름이 느려지면 큰 날개 끝 와류(Wingtip Vortex)가 발생되어 더 큰 다운워시(Downwash)가 생성된다.

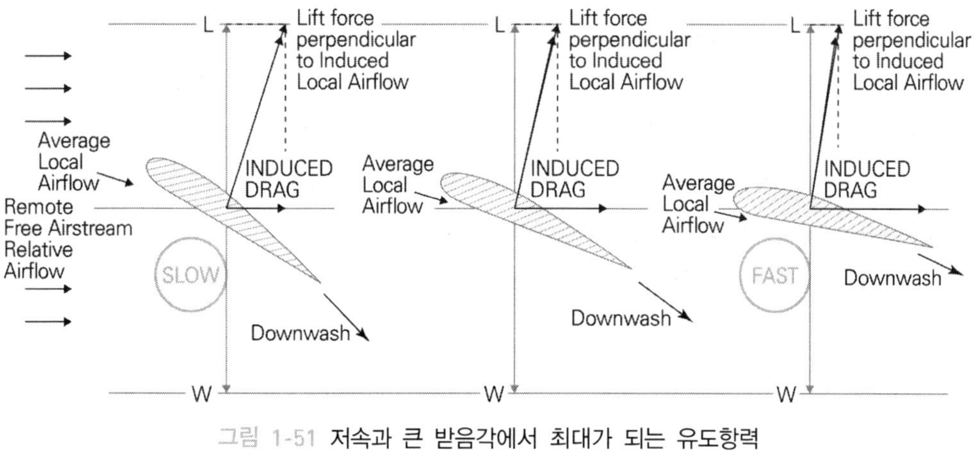

그림 1-51 저속과 큰 받음각에서 최대가 되는 유도항력

큰 다운워시(Downwash)는 평균적인 주변 공기 흐름의 방향이 더 큰 각도로 하방(Downward)으로 흐르게 하며, 날개의 받음각 정도에 비례하여 양력이 뒤로 기울게 하고, 결과적으로 기울어진 만큼 상대풍과 평행한 성분인 항력으로 작용된다. 따라서 유도항력(Induced Drag)은 느린 속도, 큰 받음각에서 증가한다.

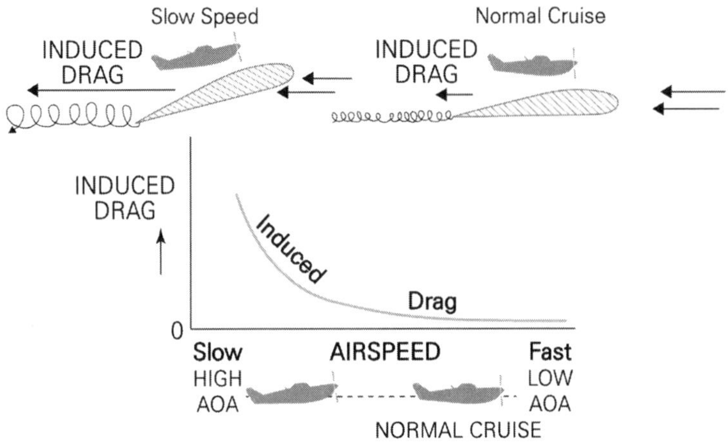

그림 1-52 큰 받음각(AOA)에서 최대가 되는 유도항력

유도항력은 임계받음각(Critical AOA) 근처에서 급속도로 증가한다. 수평비행 시 실속 속도(Stalling Speed) 근처에서는 유도항력이 전체 항력의 75%를 차지하고 나머지는 유해항력이다. 그러나 고속으로 수평비행 시 유도항력은 전체 항력의 1%에 불과하다.

1.3.9 양력(Lift)의 증가는 곧 항력(Drag)의 증가

직진 수평 비행 시 무거운 항공기는 가벼운 항공기보다 훨씬 더 많은 양력을 필요로 한다. 마찬가지로 기동(Maneuvering)을 하는 항공기는 직진 수평 비행을 하는 항공기에 비해 훨씬 더 많은 양력을 필요로 한다. 예를 들어 60˚의 각도로 선회를 하면서 고도를 유지하려면, 날개는 수평비행 때보다 두 배의 양력을 생산해야 한다. 왜냐하면, 양력의 일부는 중량과의 균형을 맞추는 데 쓰이고, 나머지는 선회 또는 원심력을 생산하는 데 쓰인다. 많은 양력을 필요로 하는 상태에서 날개 상·하면의 압력차는 강한 날개 끝 와류(Wingtip Vortex)를 형성하여 유도항력이 증가한다.

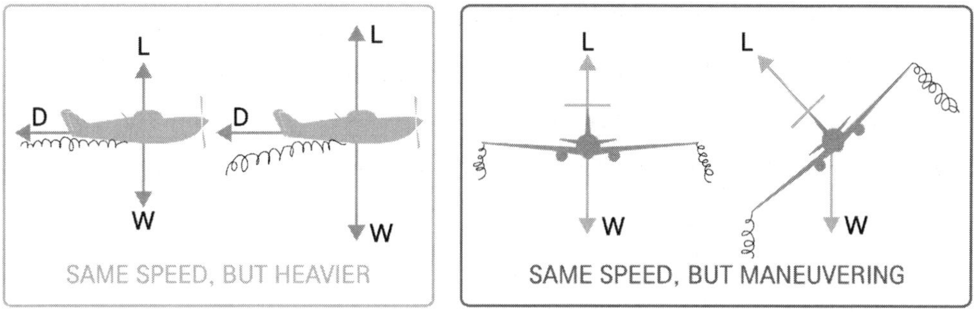

그림 1-53 양력(Lift)의 증가는 유도항력의 증가를 의미

1.3.10 전체 항력(Total Drag)

전체 항력(Total Drag)은 모든 항력의 총합으로 경우에 따라 항공기 전체의 항력으로 간주하기도 하고, 또는 하나의 날개, 즉 날개의 공기역학적 항력만을 가리키기도 한다.

전체 항력은 크게 두 요소인 유해항력(Parasite Drag)과 유도항력(Induced Drag)으로 나뉜다. 속도에 따른 유해항력과 유도항력의 그래프를 합성하면, 전체 항력의 그래프가 도출된다. 이때 전체 항력은 주어진 항공기가 특정한 중량과 제원(Configuration) 및 일정 고도를 수평비행하고 있을 때의 속도 변화에 따르는 것이다. 항력과 속도 그래프는 상당히 중요한 관계가 있다. 이 그래프는 우리가 항력에 관해서 알아야 할 지식을 종합적으로 알려준다.

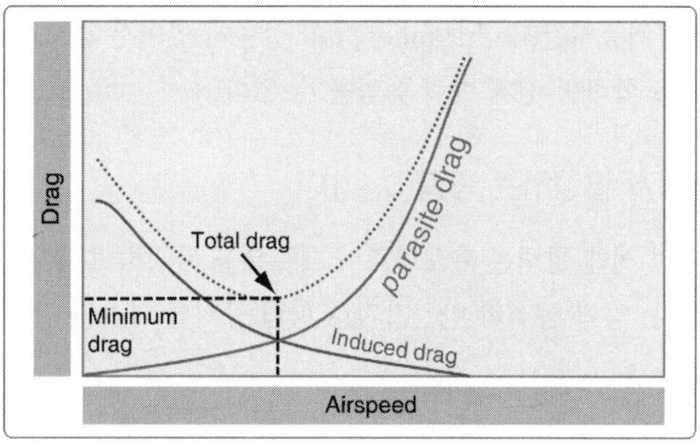

그림 1-54 전체 항력(Total Drag) 대 속도(Air speed) 그래프

이 그래프의 의미를 이해한다면, 비행에 있어서의 항력의 의미를 이해할 수 있다. 유해항력(Parasite Drag)은 속도증가에 따라서 증가하고 유도항력(Induced Drag)은 속도 증가

에 따라 감소한다. [그림 1-54]의 그래프를 살펴보면 유도항력은 느린 속도에서 대부분을 차지하는 항력이며, 높은 속도에서는 유해항력(Parasite Drag)이 큰 비중을 차지한다는 것을 잘 보여주고 있다. 전체 항력은 유도항력과 유해항력이 같을 때 가장 작다. 항공기 성능과 관련된 많은 사항이 이 최소 항력이 발생하는 속도에 기준을 두고 설계, 제작되었다.

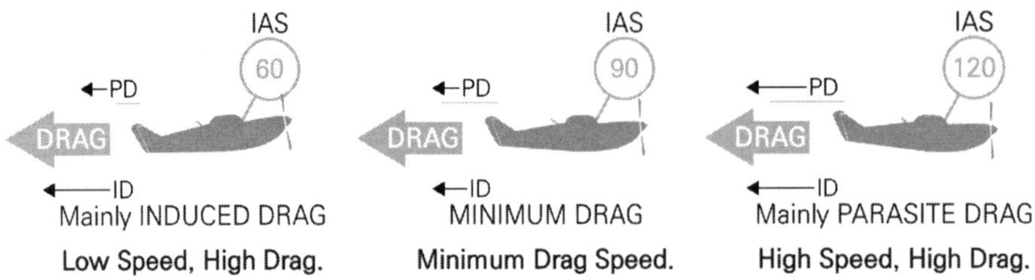

그림 1-55 최소 항력 속도(Minimum Drag Speed)

직진 수평 비행에서 양력(Lift)은 중량(Weight)과 동등한 값을 가진다. 따라서, 최소 항력 지점(Minimum Drag Point)에서, 날개는 중량과 균형을 이루기 위한 만큼의 양력을 생산한다. 추력은 직진 수평 비행을 유지하기 위해서 항력과 균형을 이룬다. 위 그림에서 보듯이, 아주 낮거나 높은 속도에서는 큰 추력의 증가가 필요하고 중간속도에서는 작은 추력이 요구됨을 알 수 있다.

특정 항공기의 전체 항력 그래프는 항공기 여러 가지 비행 상태, 예를 들면 착륙(Landing), 이륙(Takeoff), 상승(Climbing), 활공(Gliding), 기동(Maneuvering), 항속거리(Range)와 체공시간(Endurance) 등의 성능에 있어서 중요한 요소가 된다. 유도항력과 유해항력을 합하면 전체 항력을 얻을 수 있다.

1.3.11 날개에서 발생하는 항력(Drag)

저속에서 날개의 전체 항력은 유도항력이 대부분을 차지하고, 고속에서는 유해항력이 대부분을 차지한다. 양력 공식과 마찬가지로 항력 공식은 다음과 같다.

$$\text{Drag} = C_D \times \frac{1}{2}\rho V^2 S$$

C_D: 항력계수(Shape 및 AOA와 관련)

ρ: 공기밀도(Air Density)

V: 진대기속도(True Air Speed)

S: 날개 면적(Wing Surface Area)

이 공식으로 받음각의 변화에 따른 항력계수의 변화를 아래 그래프에서 알 수 있다. 이는 양력계수와 받음각을 비교할 때 큰 의미를 갖는데, 실속 각도에 가까운 큰 받음각에서 항력계수는 높다. 하지만 순항 시와 같은 낮은 받음각에서는 항력계수가 작은 대신 속도 V값은 크다. 결국, 공식처럼 항력계수(Drag Coefficient)는 큰 받음각과 낮은 속도에서의 경우와 작은 받음각과 빠른 속도에서 똑같이 크다는 것을 알 수 있다.

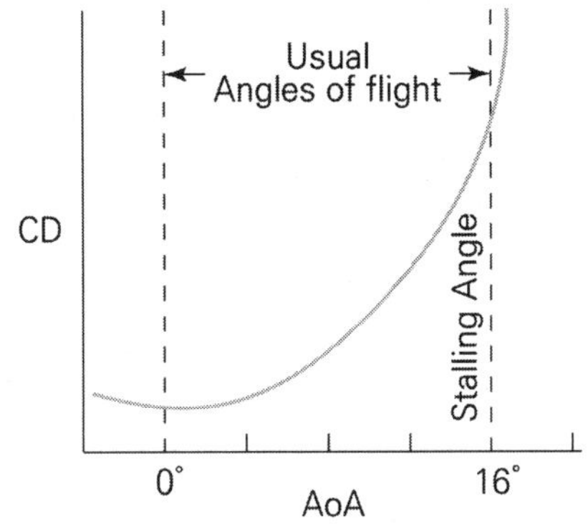

그림 1-56 항력계수(C_D) 대 받음각(AOA)의 크기

1.4 양항비(Lift/Drag Ratio)

특정 받음각(AOA)과 속도에서 에어포일(Airfoil)의 성능과 효율을 알기 위해서는 양력(Lift)과 항력(Drag)이 동시에 고려되어야 하며, 둘 사이의 관계, 즉 양항비(L/D Ratio)는 매우 중요하다. 우리는 이미 양력계수(C_L)와 받음각(AOA) 사이의 관계인 양력곡선(Lift Curve)과 항력계수(C_D)와 받음각(AOA) 사이의 관계인 항력곡선(Drag Curve)에 대해서 알아본 바 있다.

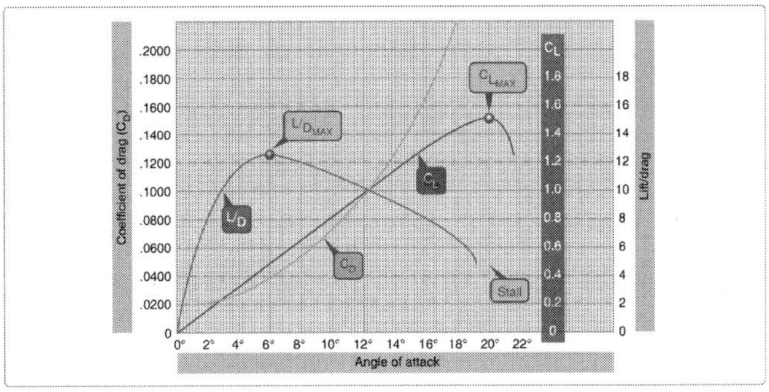

그림 1-57 양력계수(C_L) 대비 받음각, 항력계수(C_D) 대비 받음각 그래프

양력곡선(Lift Curve)을 보면 받음각(AOA)이 증가함에 따라 실속각도(Stalling Angle)까지 양력계수가 서서히 증가하며, 실속각도를 넘어서면 양력계수는 급격히 감소한다.

항력 곡선(Drag Curve)에 따르면 받음각(AOA)이 증가함에 따라 항력(Drag)이 서서히 증가하는 모습을 보이는데 받음각(AOA)이 약간의 양(+)의 값을 가질 때 최소치를 보이며, 그 전후로 받음각(AOA)이 감소됐거나 증가함에 따라 항력(Drag)은 증가한다. 실속각도에 가까워지면서 항력(Drag)은 점점 더 큰 비율로 증가한다. 실속(Stall) 시에는 층류(Streamline)의 공기 흐름이 사라지고 난류(Turbulence)와 소용돌이형의 공기 흐름이 나타남으로 인해 항력(Drag)이 크게 증가한다.

1.4.1 받음각(AOA)에 따른 양항비(L/D Ratio)의 변화

어떤 의미에서 양력(Lift)이 날개로부터 얻는 이득이라면 항력(Drag)은 그에 대해 지불해야 하는 비용과도 같다. 어떤 특정 양의 양력(Lift)이 주어질 경우 최소의 항력(Drag), 즉 가능한 가장 큰 양항비(L/D Ratio)를 갖는 것이 바람직하다. 만약 당신이 120만큼의 양력(Lift)이 필요하고 그로 인해 날개에서 10만큼의 항력(Drag)이 발생한다면 L/D = 120/10 = 12가 되는데, 이는 날개에서 발생하는 양력(Lift)이 항력(Drag)의 12배가 된다는 것을 의미한다. 만약 120의 양력(Lift)에 대해 20만큼의 항력(Drag)이 발생한다면 양항비(L/D Ratio) = 120/20 = 6이 되는데 이렇게 되면 효율적이라고 할 수 없다.

에어포일(Airfoil)은 받음각(AOA)이 실속 각도(Stall Angle) 직전일 때 최대의 부양(Lifting) 능력을 발휘하는데, 그 각도는 대략 16° 정도가 된다. 하지만 실속 각도(Stall Angle)에 점점 가까워지면서 많은 유도항력(Induced Drag)이 발생한다.

최소 항력(Minimum Drag)은 받음각(AOA)이 상당히 작을 경우 발생하는데 이때의 각은 거의 0°일 경우이고 양력은 낮아진다.

위의 받음각이 낮거나 높은 두 가지 경우 모두 다 바람직하지 않은데, 이 두 극단적인 경우에는 양항비가 낮기 때문이다. 우리에게 필요한 것은 상대적으로 항력(Drag)에 비해 가장 큰 양력(Lift)이 발생하는 받음각(AOA), 즉 가장 큰 양항비(L/D Ratio)가 생기는 받음각(AOA)인데, 보통의 캠버(Camber)를 가진 날개에서는 통상적으로 4° 정도가 된다. 양항비(L/D Ratio)를 얻기 위해서 다음 식을 이용할 수 있다.

$$\frac{Lift}{Drag} = \frac{1/2 \cdot C_L \cdot \rho \cdot V^2}{1/2 \cdot C_D \cdot \rho \cdot V^2} = \frac{C_L}{C_D}$$

각각의 받음각(AOA)에 대해 우리는 양력계수(C_L)를 항력계수(C_D)로 나누어줌으로써 양항비(L/D Ratio)를 구할 수 있다. 여기서 양력계수와 항력계수는 양력곡선과 항력곡선으로부터 구할 수 있다. 우리는 또한 양항비와 받음각(AOA) 사이의 관계를 나타내는 곡선을 그릴 수 있다. 그렇게 구한 양항비 대 받음각(AOA)에 따르면, 양항비는 약 4°의 받음각(AOA)까지 급격하게 증가하는데, 이때 에어포일(Airfoil)에 따라서는 양력(Lift)은 일반적으로 항력(Drag)의 10~15배 정도가 된다. 받음각(AOA)이 4°를 넘어서면 양항비는 점차 감소한다. 양력계수는 계속 증가하고 있지만, 항력계수가 더 큰 비율로 증가한다. 실속각도(Stalling Angle)에서는 이 책에서 예로 든 에어포일(Airfoil)의 경우 양항비(L/D Ratio)가 5 정도가 된다.

아래 그림에는 양항비(L/D Ratio)가 최대가 되는 받음각(AOA)을 잘 보여주고 있으며, 이 받음각(AOA)은 필요한 양력(Lift)에 대해 항력(Drag)이 가장 작은 상태로 에어포일(Airfoil)과 상대풍 사이의 가장 효율적인 각도(Angle)이다.

양항비(L/D Ratio)가 최대인 받음각(AOA)이
가장 효율적인 받음각(AOA)이다.

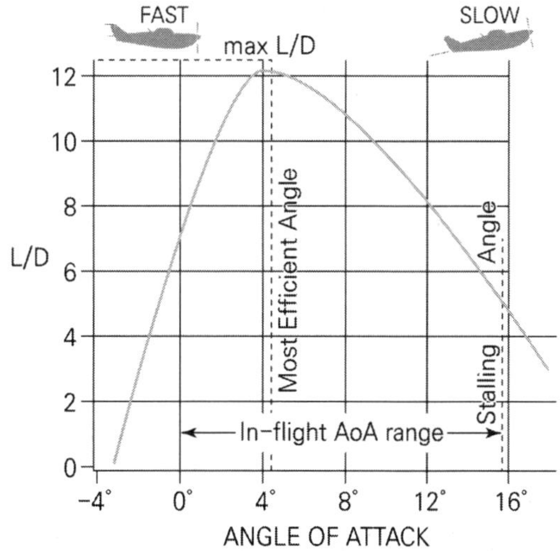

그림 1-58 양항비(L/D Ratio) 대비 받음각(AOA) 곡선

대부분의 비행기에 있어 받음각(AOA)을 나타내주는 계기는 없지만, 받음각(AOA)과 관련되어 있는 속도(Air Speed)는 알 수 있다. 안정된 비행 중에 큰 받음각(AOA)은 낮은 속도(Air Speed)와 관련되어 있고 작은 받음각은 높은 속도와 관련되어 있다. 가장 큰 양항비(L/D Ratio)가 발생하는 받음각(AOA)과 속도(Air Speed)는 필요한 중력과 균형을 이루는 양력을 최소의 항력(Drag)으로 얻을 수 있게 해준다. 그 외의 다른 받음각(AOA)에서는 같은 양의 양력을 얻기 위해서 항력(Drag)이 더 크게 발생하게 된다.

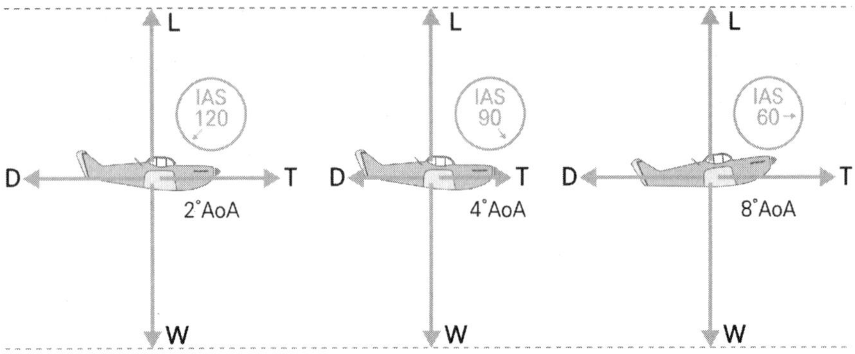

그림 1-59 서로 다른 항력 값에서의 같은 양력

안정된 비행에서는 항력(Drag)은 추력과 균형을 이루게 된다. 만약에 중량(Weight)과 균형을 이루는 양력(Lift)이 최소의 항력(Drag)으로 발생할 수 있다면, 추력 역시 최소한으로 낮춰질 수 있으며, 결국 이로 인해 얻게 되는 이득에는 엔진과 프로펠러의 소형화, 연료비와 정비 비용 절감 등으로 인한 경제성 등이 있다. 비행 중 몇 가지 중요한 성능 특성 중에 최대 순항거리(Maximum Cruising Range), 최대 무동력활공거리(Maximum Power-Off Gliding Range) 등은 최상의 양항비(L/D Ratio) 상태에서 얻을 수 있는 성능들이다.

1.4.2 일정한 중량(Weight)에서의 수평비행

직진 수평 비행의 경우:

$$양력(Lift) = 중량(Weight) = 1/2 \times C_L \times \rho \times V^2$$

여기서 양력계수는 받음각(AOA)의 함수이며, 속도 V는 진대기속도(TAS)로서, 조종사가 조종석에서 직접 알 수는 없다.

양력(Lift) = 중량(WEIGHT) = (AOA x IAS x S)의 함수

위 식에서 보면 받음각(AOA)이 증가하면 필요한 양력은 더 적은 속도(Air Speed)에서 발생하고, 받음각(AOA)이 감소하면 같은 양의 필요한 양력은 보다 더 높은 속도(Air Speed)에서 발생한다.

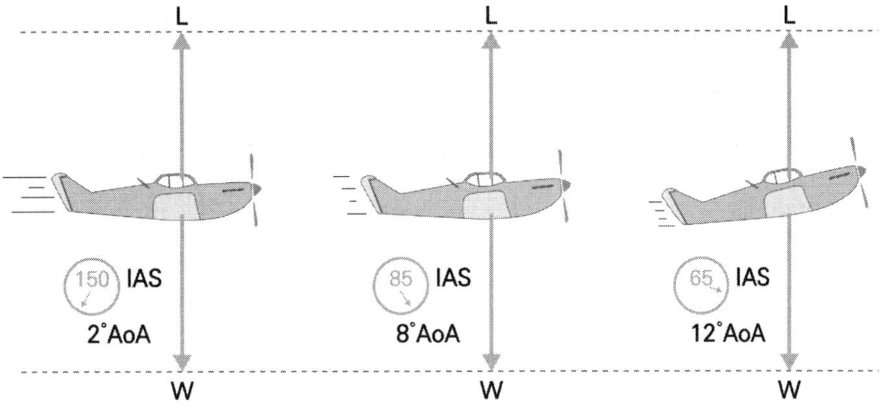

그림 1-60 항공기의 동일한 중량이 동일할 때 받음각이 커지면 속도가 감소함

따라서, 정상적인 직진 수평 비행에서는 받음각(AOA)이 크면 보다 낮은 속도(Air Speed)로 비행이 가능하고, 받음각(AOA)이 작으면 보다 높은 속도로 비행하여야 한다.

1.4.3 중량(Weight)의 감소

비행을 계속하게 됨에 따라 연료를 소모하게 되고 중량은 감소한다. 중량이 감소하게 되면 중량과 균형을 이루기 위해 필요한 양력도 감소하게 된다. 받음각(AOA)을 줄임으로써 양력을 감소시킬 수 있는데, 그렇게 되면 동력(Power)을 줄이지 않는 한 속도가 점차 증가하게 된다. 받음각(AOA)과 속도(Air Speed) 사이의 정확한 관계는 중량(Weight)이 변하면 속도(Air Speed)도 역시 바뀌게 된다는 사실이다. 중량(Weight)이 줄어든 상태에서 같은 속도(IAS)를 유지하기 위해서는 받음각(AOA)을 줄여줌으로써 가능하다.

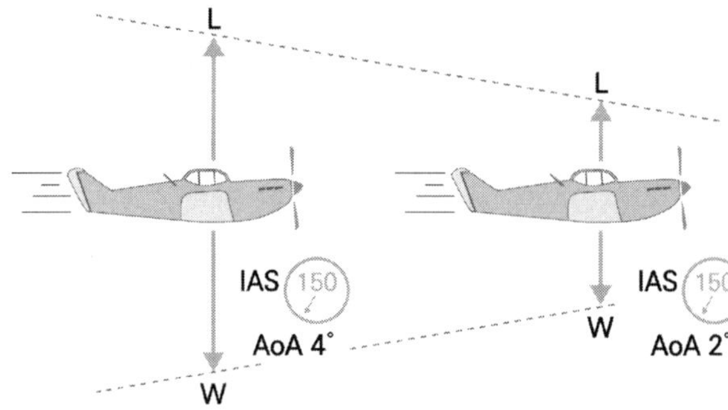

그림 1-61 같은 속도에서 항공기 중량 감소에 따라 받음각의 크기 감소

같은 받음각(AOA)으로 비행하기를 원한다고 가정해보자. 예를 들어 최상의 양항비(L/D Ratio)를 위해 받음각을 4°로 유지한다면 중량이 점차 감소함에 따라 조종사는 속도(Air Speed)를 점진적으로 감소시켜 보다 적은 양력이 발생하도록 해야 한다.

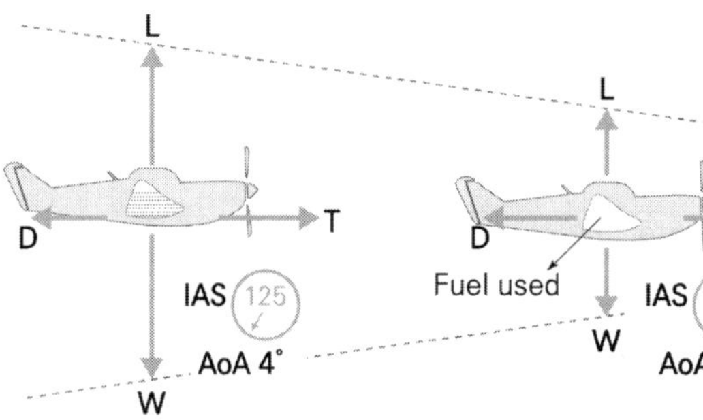

그림 1-62 동일한 받음각으로 중량 감소는 속도와 항력을 감소시킴

1.4.4 순항고도의 변화

우리가 높은 고도에서 직진 수평 비행을 하고 있다고 하더라도 중량이 같다면 요구되는 양력은 같은 양이 된다. 받음각(AOA)과 지시대기속도(IAS) 사이의 관계는 여전히 똑같기 때문에 특정 받음각(AOA)에서 지대기속도(IAS)는 같을 것이다. 왜냐하면 보다 높은 고도에서는 공기의 밀도가 감소하므로 같은 동압을 유지하기 위해서 진대기속도(TAS)는 더 커져야 하기 때문이다.

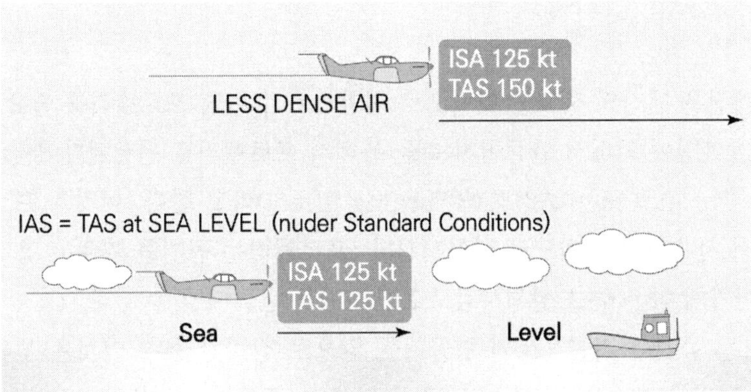

그림 1-63 동일한 속도에서 고도가 높아지면 진대기속도(TAS)가 증가

만일 조종사가 높은 고도에서 같은 지시대기속도(IAS)로 비행한다고 가정하면, 실제 계기상으로는 나타나지 않지만 보다 높은 진대기속도(TAS)로 비행하는 것이 된다. 비행기의 비행 성능을 결정하는 것은 지시대기속도(IAS)라는 사실을 명심해야 한다. 진대기속도(TAS)를 계산하는 단 한 가지 이유는 항법상의 필요성 때문이다.

속도계(Air Speed Indicator)에 보여주는 지시대기속도(IAS)와 진대기속도(TAS)의 차이는 진대기속도(TAS)가 공기의 밀도에 의해 영향을 받는다는 것이다. 예를 들어 비행기가 공기밀도가 1/2로 줄어든 고도를 비행할 경우를 가정해보자. $1/2 \times \rho \times V^2$에서 밀도가 줄어들기 전의 밀도를 1이라고 할 때는 $1/2\ V^2$이지만 밀도가 1/2로 줄어들었을 경우 $1/2 \times (1/2) \times V^2$이 되어 똑같은 동압(Dynamic Pressure)값이 되기 위해서는 진대기속도(TAS)가 $(\sqrt{2}\,V)$가 되어야 할 것이다. 즉, 진대기속도(TAS)는 약 41%가 증가된 속도가 되어야 한다는 것이다.

1.4.5 날개 면적(Wing Area)의 변화

또 한 가지의 변수가 있는데 바로 날개의 면적인 'S'이다. 만약 'S'를 증가시킬 수 있다면 보다 더 낮은 속도(Air Speed)에서 같은 양의 양력을 얻을 수 있을 것이다. 'S'를 변화시키는 것은 실제로 날개(Airfoil)의 모양(Shape)을 변화시키는 것인데, 이에 관해서는 고양력 장치(Flaps) 부분에서 다룰 것이다.

1.5 추력(Thrust)

피스톤 엔진은 엔진의 출력을 추력으로 변환시키기 위해 프로펠러를 필요로 한다. 추력은 피스톤 엔진에 의해서 만들어져 축을 통해서 프로펠러로 전달된다. 이것을 엔진 토크(Engine Torque) 또는 회전효과(Turning Effect)라고 한다. 이것은 프로펠러를 돌리기 위해서 사용되어 추력으로 변환시킨다. 프로펠러는 공기를 가르는 움직임 때문에 앞으로 나아가게 하는 힘을 발생시킴으로써 추력을 만들어낼 수 있다.

프로펠러는 공기를 가름으로써 항공기를 앞으로 잡아당긴다. 이것은 우리가 말하는 추력, 즉 수평적인 양력을 생산해내는 것을 말한다. 프로펠러 날(Blade)의 수직절단면은 에어포일(Airfoil) 형상으로 날개(Wing)에서도 같은 용어를 쓴다.

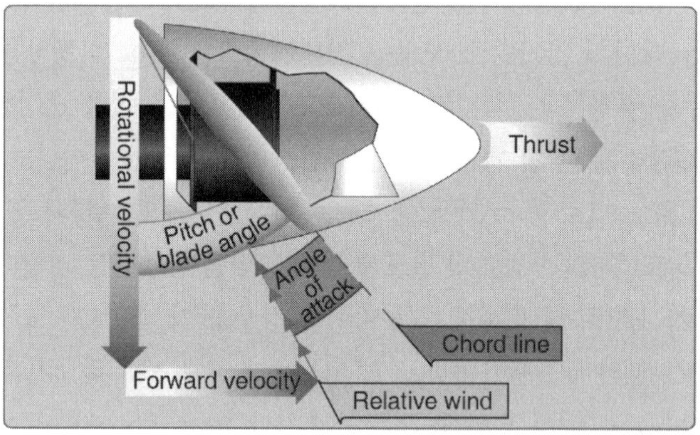

그림 1-64 프로펠러 용어

공기가 프로펠러 안으로 흐르게 됨으로써, 프로펠러 날(Blade) 앞에서의 정압이 날 뒤에서의 정압보다 적게 생산되도록 한다. 따라서, 프로펠러 날(Blade)에 작용하는 이 힘은 항공기를 앞으로 잡아당기는 전진 추력으로 나타나게 된다.

프로펠러 회전의 중심선 혹은 중심점으로부터 얼마간 떨어진 하나의 날 부분(Blade Section) 또는 수직 절단면(Blade Element)을 생각해보자. 날(Blade)면은 에어포일(Airfoil)이며, 따라서 앞전(Leading Edge), 뒷전(Trailing Edge), 시위선(Chord Line), 그리고 캠버(Camber)도 가지고 있다.

프로펠러 날의 각도(Blade Angle)는 프로펠러의 회전면과 날(Blade) 절단면의 시위선(Chord Line)과의 각을 말한다.

날의 각도(Blade Angle)는 프로펠러의 중심에서 멀어질수록 점점 더 작아진다. 그리고 날(Blade)의 굽어진 면을 날의 후면(Blade Back)이라 하고, 반대를 날면(Blade Face)이라 한다.

1.5.1 회전속도

만약 항공기가 멈추어 있다면 프로펠러가 그리는 면은 원판 모양일 것이다. 그리고 프로펠러의 속도가 빠를수록 프로펠러가 그리는 시간당 면적은 넓을 것이며 회전수(RPM), 즉 회전속도는 증가할 것이다.

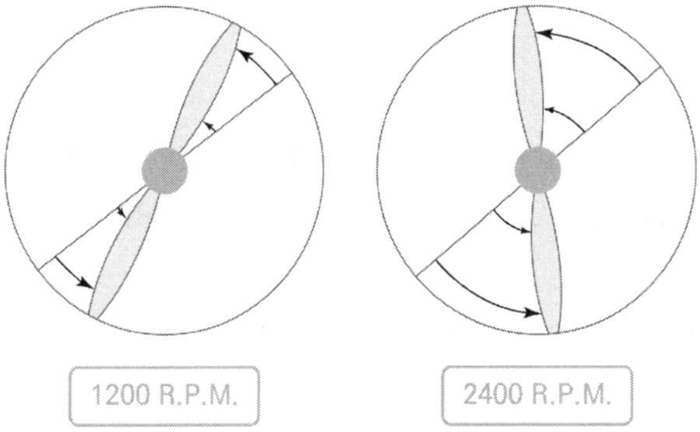

그림 1-65 프로펠러 회전날개 부분의 속도와 회전반경과 회전수

1.5.2 전진속도

항공기가 비행 중이라면 프로펠러 단면은 전진속도와 회전속도를 가질 것이다. 전진속도와 회전속도가 함께 작용하여 프로펠러 단면의 공기 중에서의 합속도(Resultant Velocity)를 얻을 수 있다. 프로펠러 단면의 합속도와 회전면 사이의 각도를 나선(Helix)각, 피치각 또는 전진각이라 한다.

1.5.3 나선운동(Helical Motion)

블레이드 단면이 움직이는 방향과 반대로 상대풍이 작용하게 되는데 이때 상대풍과 프로펠러의 시위선(Chord Line) 사이의 각도가 받음각이다. 즉, 받음각에 나선(Helix)각을 합하면 프로펠러의 깃(Blade)각이다.

항공기가 비행할 때 각 블레이드는 같은 전진속도를 가지게 된다. 그러나 프로펠러의 중심에서 멀어질수록 회전속도는 빨라진다. 만약 블레이드 각이 프로펠러 길이(Span) 방향으로 동일하다면 블레이드가 받는 받음각은 모두 달라질 것이다.

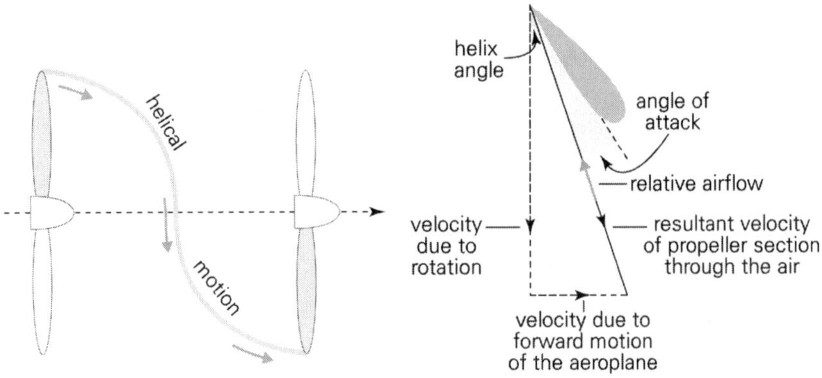

그림 1-66 각각의 프로펠러 부분은 고유의 Helical 경로를 따름

길이를 따라서 같은 깃각(Blade Angle)을 가진 프로펠러의 받음각(AOA)은 프로펠러 축(Shaft)으로부터의 거리에 따라 변하고 추력(Thrust)은 효율적인 방식으로 생산되지 않을 수 있다. 프로펠러 날(Blade)은 끝부분(Tip) 가까이에서 심지어 실속(Stall)에 들어갈 수도 있다.

모든 날개와 마찬가지로, 프로펠러에는 가장 효율적인 받음각(AOA)이 있다. 만약 프로펠러가 비행기의 특정한 속도와 프로펠러의 회전수(RPM)에서 가장 효율적이도록 설계되었다면 설계자는 그 속도와 회전수(RPM) 상태에서 프로펠러 날의 전체 길이를 따라 가장 효율적인 받음각(AOA)을 가지는 것을 목표로 하였을 것이다.

이러한 목표를 달성하기 위해서 중심(Hub)에서의 깃각(Blade Angle)은 끝부분(Tip)에서의 깃각보다 더 클 필요가 있다. 이것은 날의 비틀림(Blade Twist) 혹은 나선형 비틀림(Helical Twist)으로 알려져 있다.

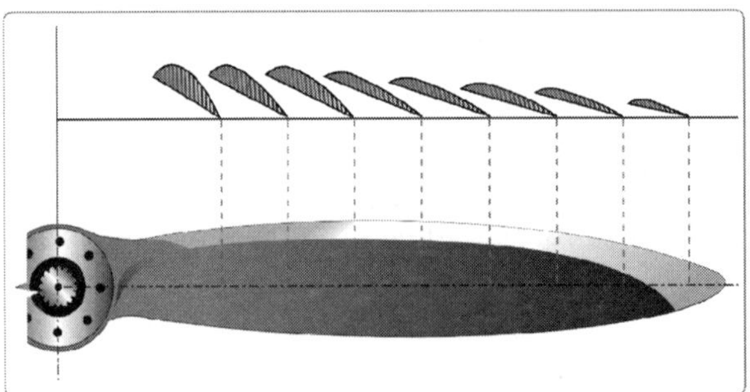

그림 1-67 효율성을 고려한 프로펠러 날개 구조

1.5.4 프로펠러의 가장 중요 부분

프로펠러 중심(Hub)과 끝부분(Tip) 가까이에서는 공기역학적 손실이 있다. 중심(Hub)과 가까운 프로펠러 부분은 공기역학적 디자인과 상충될 수도 있지만, 반드시 두껍고 구조적으로 강해야 한다. 또한 그곳에는 엔진 가까운 곳 그리고 관련된 구조로부터의 기류 때문에 상당한 양의 방해가 있을 수 있다.

프로펠러 끝부분(Tip)에서 공기가 평평한 날(Blade) 표면에서의 높은 압력지역에서부터 바로 앞부분의 낮은 압력지역, 즉 곡률이 있는(Cambered) 날의 뒷부분에서 앞으로 흐르기 때문에 날의 끝부분(Tip)에서 와류(Vortices)가 있을 수 있다. 여기서 프로펠러의 뒷부분은 실제적으로 비행기의 앞부분을 의미한다. 프로펠러 끝(Tip)에서의 와류(Vortices) 형성은 유도항력(Induced Drag)의 증가를 가져오며, 그 결과로서 끝부분(Tip)에서의 추력(Thrust)의 효율성을 약화시킨다.

프로펠러 끝부분(Tip)은 프로펠러의 가장 속도가 빠른 부분으로 끝부분의 회전속도와 비행기 전진 속도가 더해진 것이 사실상의 전체적인 속도가 된다. 단지 전체 프로펠러 날에서 상대적으로 작은 부분만이 효율적으로 추력(Thrust)을 만들어낼 수 있는데 이것은 끝부분(Tip) 반경의 60%와 90% 사이에 놓여있다. 가장 유용한 추력(Thrust)은 끝부분(Tip) 반경의 약 75% 지점에서 만들어지기 때문에 프로펠러의 깃각(Blade Angle)이 언급될 때는 75% 지점이 참조가 된다.

1.5.5 프로펠러 날 부분의 압력(Forces)

프로펠러 날 주변의 공기 흐름은 압력변화의 결과로서 날개에 총 반력(Total Reaction)을 유발하게 된다. 비행기 날개의 경우에 이 총 반력(Total Reaction)을 상대풍(Relative airflow)에 수직인 한 성분으로 나눌 수 있는데 이 성분을 양력(Lift)이라고 부른다. 나머지 상대풍에 평행한 한 성분은 항력(Drag)이라 부르고 비행의 방향과 반대로 작용한다.

프로펠러는 회전속도 때문에 상대풍이 프로펠러를 때리는 방향과 비행기의 비행 방향은 평행하지가 않다. 상대풍이 일정한 방향에서 주 날개(Main Wing)의 모든 부분을 때리는 반면에, 프로펠러 날을 때리는 상대풍에 의한 힘의 방향을 바꾸는 것은 해당 부분이 중심(Hub)에서 얼마나 떨어져 있는지에 달려있다.

프로펠러(Propeller)의 날(Blade) 부분에 작용하는 총 반력(Total Reaction)을 상대풍(Relative airflow)에 수직 성분인 양력(Lift)과 평행한 성분인 항력(Drag)으로 나누는 대신에 총 반력(Total Reaction)을 프로펠러 토크(Propeller Torque)와 유도항력

(Thrust)으로 나누는 것이 보다 편리하다. 그러나 이것은 날(Blade)의 길이를 따라서 나타나는 효과들을 결합했을 때는 매우 복잡하다. 프로펠러 토크(Propeller Torque)는 회전하는 쪽의 평면으로 작용하는 힘이고 추력(Thrust)은 회전하는 쪽의 평면에 수직인 방향으로 작용하는 힘을 말한다.

해석상의 편의를 위해 우리는 일반적으로 회전하는 쪽의 평면에 수직인 방향을 비행 방향과 동일한 것으로 간주하고 따라서, 추력(Thrust)이 비행 방향으로 작용하는 것으로 간주할 수 있다. 또한, 프로펠러 토크(The Propeller Torque)는 회전하는 쪽의 평면에 작용하는 항력이라고 정의한다.

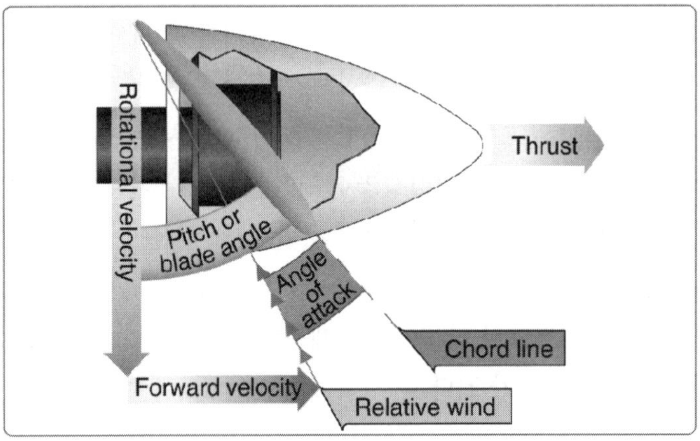

그림 1-68 프로펠러 날(Blade)에 작용하는 힘

날개에서 항력(Drag)은 양력(Lift)을 얻기 위해서 극복되어져야만 한다. 추력(Thrust)을 얻기 위한 프로펠러(Propeller)에서 프로펠러 토크(Propeller Torque)는 엔진 토크(Engine Torque)에 의해서 극복되어져야 하거나 균형을 이루어야만 한다. 스로틀(Throttle)을 여는 것은 엔진출력(Engine Power)과 엔진토크(Engine Torque)를 증가시키며, 프로펠러(Propeller)를 보다 빨리 회전하게끔 한다.

NOTE

만일 항공기가 급강하한다면 상대풍(Relative Airflow)보다 높은 전진 속도 때문에 프로펠러 토크(Propeller Torque)는 감소하게 되어 결과적으로 스로틀(Throttle)이 움직이지 않더라도 엔진속도(Engine Speed), 즉 회전수(RPM)는 증가한다.

1.5.6 고정 피치(Fixed-Pitch) 프로펠러의 전진속도(Forward Speed)와 회전수(RPM)에 따른 효율 변화

고정 피치(Fixed-Pitch)란 용어는 프로펠러 날의 각(Blade Angle)이 고정되어 변화될 수 없다는 것을 의미한다. 고정 피치(Fixed-Pitch) 프로펠러는 추력(Thrust)의 대부분과 프로펠러 토크(Propeller Torque)는 날(Blade) 반경에서부터 75% 근처에서 생성되고, 받음각(AOA)과 날의 각도(Blade Angle)에 관련되어 있다. 즉, 프로펠러 날(Propeller Blade)의 가장 효과적인 부분이라고 말할 수 있다.

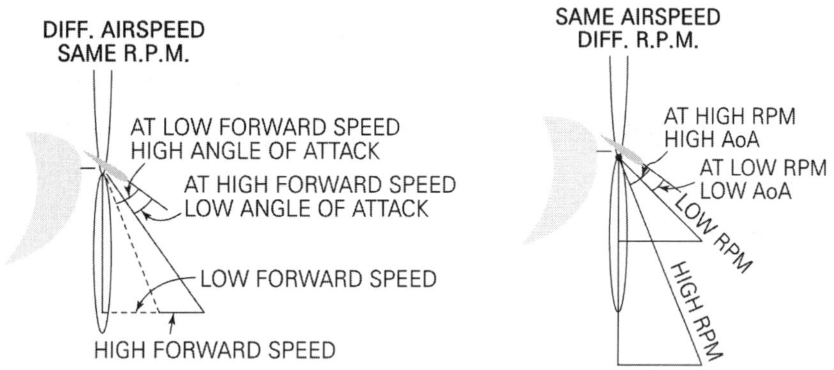

그림 1-69 고정 피치 프로펠러: 전진속도와 회전수에 따라 받음각의 크기가 변함

만일 프로펠러(Propeller)의 회전수(RPM)가 일정하다면, 상대풍(Relative Airflow)의 방향과 받음각(AOA)은 전진속도(Forward Speed)에 따라 결정될 것이다. 비행 속도가 증가함에 따라 일정한 회전수(RPM)에서의 고정 피치 프로펠러의 받음각(AOA)은 감소한다. 고속 비행 시 블레이드의 받음각(AOA)에 의한 추력은 미미하거나 발생치 않을 것이다. 각 회전수(RPM)에 따라 프로펠러가 가장 효과적인 받음각(AOA)에서 작동하는 속도가 있다.

고정 피치 프로펠러 블레이드는 특정한 속도와 RPM에서 가장 효과적이다. 항공기 설계자는 운항 목적에 적합한 가장 효율적인 속도와 회전수(RPM)의 결합을 이루는 고정 블레이드를 택한다. 가장 효율적인 것은 가변 피치(Variable-Pitch) 프로펠러와 같이 속도에 따라 블레이드 각도가 변화하여 효과적인 받음각(AOA)으로 비행할 수 있는 프로펠러를 갖는 것이다.

1.5.7 가변 피치(Variable Pitch) 프로펠러와 정속피치장치(Constant Speed Unit)

프로펠러의 기술 분야의 초기 발전단계에는 이중 피치(Two-Pitch) 프로펠러를 사용했다. 이륙과 저속에 대한 적은 피치와 고속에 대한 큰 피치를 세팅할 수 있는 장치였다. 뒤이어 일정 범위의 적은 피치와 큰 피치의 두 범위 내에서 어떤 위치라도 조절이 가능한 정속(Constant Speed) 프로펠러가 개발되었고 피치(Pitch)의 변경을 위한 작동은 전기나 유압에 의해 이뤄졌다.

저속 시 블레이드 각도는 받음각(AOA)에 대해 최적화되기 위해 작아질 필요가 있고, 속도 증가 시 블레이드 각도는 최적의 받음각(AOA)을 위해 증가되어야 한다. 이와 같이 각도를 조절하는 것을 정속피치장치(Constant Speed unit, CSU)라 하는데 조종사에 의해 선택된 프로펠러 속도를 조절하는 기능을 하는 조절기(Governor)를 가진다. 정속피치장치(CSU)는 자동적으로 블레이드 앵글을 전기나 유압을 이용해 조절함으로써 가능해지는데, 프로펠러 속도는 항공기의 속도와 엔진에 의해 전달되는 출력(Power)과 관계없이 유지된다.

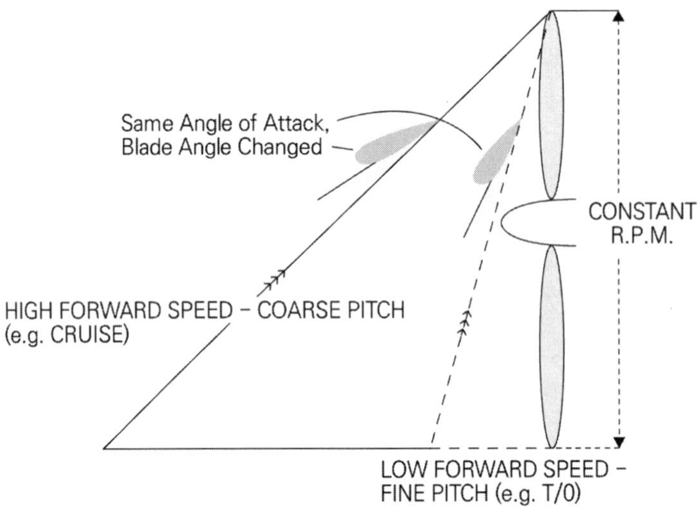

그림 1-70 가변 피치(Variable Pitch) 프로펠러

가변 피치(Variable Pitch) 프로펠러의 목적은 작동 범위 내에서 언제나 최적의 효율성과 최적의 피치 받음각으로 작동하는 프로펠러를 갖기 위함이다. 낮은 엔진파워라는 극단의 경우에서 블레이드 앵글은 최적 피치 정지(Fine Pitch Stop)라 불리는 제한치에 도달하면 고정될 것이다. 그때부터 프로펠러는 고정 피치 프로펠러로 작동하고 파워를

더 줄일 경우 최적 피치 정지(Fine Pitch Stop)로 인해 더 이상의 피치 조절이 불가능하므로 회전수(RPM)의 감소를 가져온다.

1.5.8 가변 피치(Variable-Pitch) 프로펠러의 장점

고정 피치 프로펠러는 오직 한가지 회전수(RPM) 세팅과 속도에서만 효율을 발휘할 수 있는 반면에 가변 피치(Variable Pitch) 프로펠러는 폭넓은 회전수(RPM)와 속도에서 가장 효율적인 받음각으로 조절할 수 있다.

1) 출력의 변화(Change of Power)

조종사는 프로펠러 컨트롤을 이용해서 원하는 회전수(RPM)를 선택한다. 만약 스로틀이 열리면, 프로펠러 피치는 같은 회전수(RPM)를 유지하기 위해 증가되고 일정한 회전수는 유지된다. 증가된 스로틀은 비행기의 성능을 더 좋게 하여 속도를 증가시키거나 상승률을 향상시킨다. 만약 엔진파워가 줄어든다면 프로펠러는 자동적으로 피치가 줄어들어 회전수(RPM)를 통일하게 해줌으로써 파워의 균형을 맞추어 준다. 줄어든 스로틀은 비행기의 성능을 떨어뜨린다.

2) 속도의 변화(Change of Air Speed)

만약 비행기가 상승하게 되면 블레이드의 각도가 자동적으로 작아져 회전수(RPM)의 변화가 없게 만든다. 마찬가지로 하강을 하게 되면 스피드는 증가하고 블레이드의 각도가 커져서 엔진의 속도 초과 현상(Over speed)을 막아준다.

가변 피치 프로펠러의 또 다른 2가지 큰 장점은 아래와 같다.

- 지상 운용을 위한 피치나 역(Reverse) 피치는 지상 활주에서 브레이크 효과를 준다.
- 엔진 고장(Engine Fail) 시 작동될 수 있는 페더링(Feathering) 기능은 항력을 줄여주고 엔진 손상(Engine Damage)을 감소시킨다.

1.5.9 프로펠러의 후류 효과(Slipstream Effect)

단발 엔진을 가진 비행기의 경우 조종석에서 보았을 때 프로펠러는 시계방향으로 돌아가므로 후류는 동체를 타고 흘러 수직 안정판의 좌측을 때리게 된다. 또 이 후류는 수평안전판의 오른쪽 하단을 강타하여 좌측 요잉(Yawing) 현상을 야기시킨다. 이 현상을 극복하기 위해 오프셋(Off-set) 수직안정판(Fin)을 가진 비행기도 있다.

1.5.10 프로펠러 토크 반작용(Torque Reaction)

만약 프로펠러가 시계방향으로 돈다면 토크 작용에 의해 비행기 자체는 왼쪽으로 돌아가려는 경향을 보인다. 이 현상은 이륙 시와 같은 높은 출력상황, 높은 프로펠러 회전수(RPM)에서 현저하게 나타난다. 이 현상은 지상 활주 시 좌측 랜딩기에 많은 중량과 하중이 걸리게 하고 이륙 상승 중 좌측 요잉(Yawing) 현상을 야기시키는데, 후류 효과(Slipstream Effect)와 같은 방향이다.

1.5.11 후륜(Tailwheel) 비행기 이륙 시 세차 효과(Gyroscopic Effect)

후륜(Tailwheel) 비행기의 이륙활주 초기에 꼬리(Tail)가 지면으로부터 들어올려져 항력(Drag)을 줄이고 부양 자세를 형성하게 된다. 회전체는 회전면을 변화시키기 위한 어떤 시도에도 지탱하려는 성질이 있기 때문에 그런 변화가 가해졌을 때, 자이로 세차현상(Gyroscopic Precession)이 작용할 것이다.

자이로 세차현상(Precession)이란 회전체에 작용된 힘은 회전 방향의 90˚로 지나 효과가 나타나는 현상이다. 이륙 시 꼬리를 상승시키기 위해 기수를 내리는 힘이 기체에 적용되었을 때 회전하는 프로펠러 디스크의 꼭대기에 작용하는 전진 힘과 같다. 자이로 효과는 적용된 힘이 프로펠러 회전 방향의 90˚에 적용되어 회전하는 프로펠러의 디스크 오른쪽 면에서 작용하는 전진 힘과 같아 기체를 왼쪽으로 요잉(Yawing)하게 만든다.

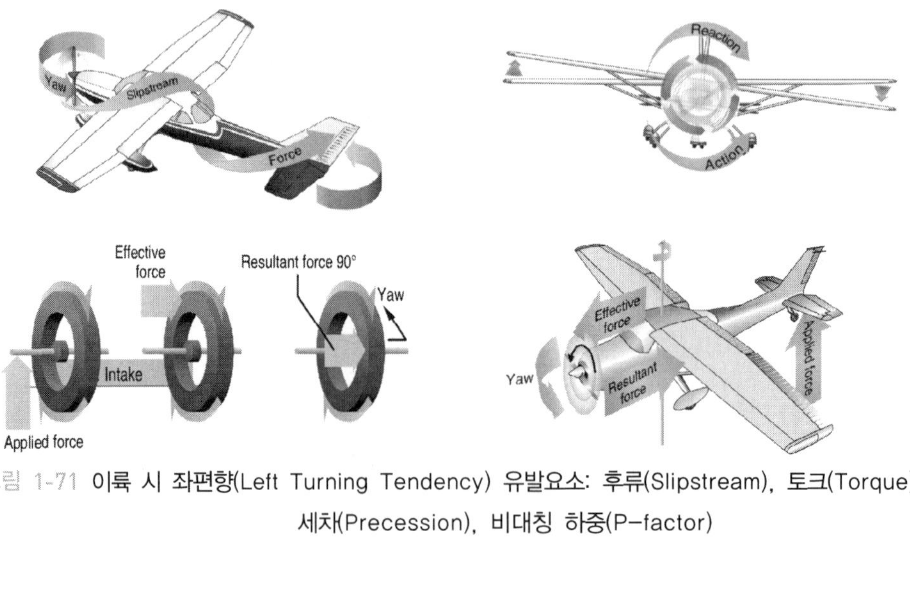

그림 1-71 이륙 시 좌편향(Left Turning Tendency) 유발요소: 후류(Slipstream), 토크(Torque), 세차(Precession), 비대칭 하중(P-factor)

자이로 효과(Gyroscopic Effect)의 정도는 프로펠러의 부피, 얼마나 많은 부피가 날개깃을 따라 분배되는가, 그리고 프로펠러가 얼마나 빨리 회전하는가에 따라 좌우된다. 물리적 수량과 결합된 이 모든 요소를 관성의 힘이라 부르고, 얼마나 빨리 회전면을 변화시키는가에 따라 좌우된다. 이륙 시 고동력 비행기가 저동력 비행기보다 더 많은 자이로 효과(Gyroscopic Effect)를 생성한다.

> **NOTE**
>
> 조종석(Cockpit)에서 봤을 때 시계방향으로 회전하는 프로펠러를 가진 비행기에 있어서 3가지 힘이 왼쪽으로 요잉(Yawing)을 발생한다. 이는 조종사가 계속 직진비행을 위해서 오른쪽 방향타(Rudder)를 차주어야 하는 것과 같다. 반시계방향으로 회전하는 프로펠러를 가진 비행기는 이륙 시 Yaw는 오른쪽으로 발생할 것이고 직진비행을 위해서는 왼쪽 방향타를 차주어야 한다.

1.5.12 프로펠러의 비대칭 하중(Asymmetric Loading, P-factor)

프로펠러 비행기가 이륙 또는 상승 중에 높은 받음각을 받는 상태에서 프로펠러 축은 경사져 있고 프로펠러의 회전면은 진행 방향과 수직이 아니다. 비행기는 수평적으로 진행하기 때문에 아래로 내려가는 프로펠러 날(Blade)은 위로 올라오는 날(Blade)보다 더 큰 받음각(AOA)을 갖게 되며, 이때 아래로 내려가는 프로펠러 날(Blade)은 더 큰 추력을 일으키면서 비행기는 한쪽으로 치우치게 된다.

아래로 내려가는 프로펠러 날(Blade)은 같은 시간에 위로 올라오는 날보다 더 진행하게 되며 아래로 내려가는 프로펠러 날(Blade)과 상대풍(Relative Airflow) 사이의 속도는 더 커지게 되고 따라서 더 큰 추력을 생산하게 된다. 그래서 아래로 내려가는 프로펠러 면(Disc)은 위로 올라오는 프로펠러보다 더 큰 추력을 생산할 것이다. 따라서 조종석(Cockpit)에서 봤을 때 시계방향으로 회전하는 프로펠러를 장착한 비행기는 왼쪽으로 요잉(Yawing) 현상을 만들게 된다.

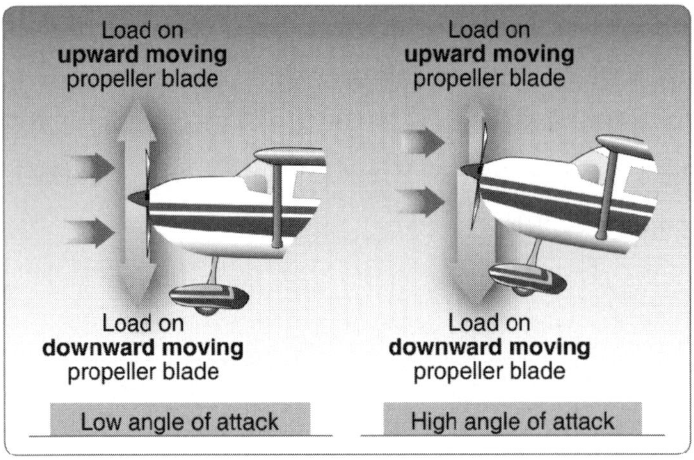

그림 1-72 상승 중 하강하는 프로펠러가 상승하는 프로펠러보다 더 많은 추력을 발생

1.6 지면효과(Ground Effect)

지면효과(Ground Effect)는 유도항력의 감소와 관련이 있는데 비행기가 착륙 혹은 이륙을 위해 지표면 가까이에서 비행할 때 날개 끝부분(Wing Tip)에서 발생되는 와류(Vortex)가 감소되는 현상이 발생한다. 이와 같은 현상을 지면효과라 하며 이 지면효과에 의해 날개 뒷부분의 공기 흐름이 흩어지게 되면서 유도항력이 현저하게 줄어든다. 지면효과는 지표면에 가까울수록 현저하게 나타나며 비행기의 고도가 날개 넓이보다 높아지면 그 효력이 급격히 사라진다.

착륙 시 지면효과에 의해 유도항력이 감소하게 되어 양력을 유지하는 데 요구되는 추력이 줄어들어 적은 속도에서도 같은 양력을 유지할 수 있는 이점이 생긴다. 반대로 이륙 시 지면효과가 예상되는 높이를 벗어날 경우에는 더 큰 추력이 요구됨을 인지하고 이에 대비하여 조종해야 한다.

그림 1-73 지면효과(Ground effect)

CHAPTER

02

항공기의 안정성

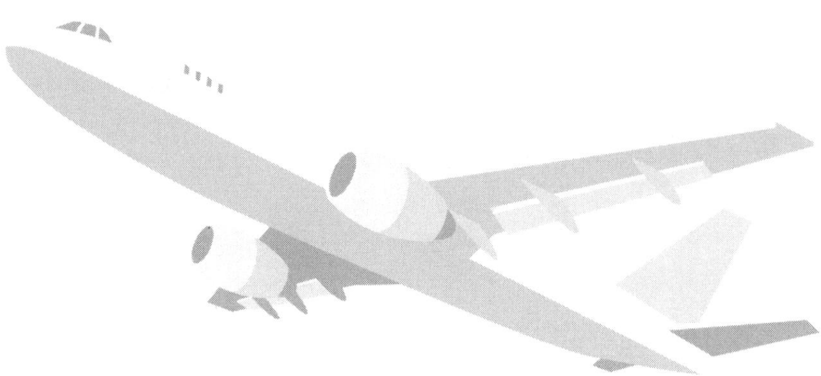

2.1 안정성(Stability)

2.1.1 직진 수평 비행 시의 평형

비행 시 비행기에 작용하는 4가지 힘은
양력(Lift), 중량(Weight), 추력(Thrust)과 항력(Drag)이다.

양력(Lift)은 공력중심(CP)점에서 작용하고, 공력중심은 받음각(AOA)의 변화에 따라 이동한다. 중량(Weight)은 중력중심(CG)을 통해 수직 하방으로 작용하고, 중력중심(CG)은 연료 사용, 승객이나 화물의 이동에 따라 이동한다. 항력(Drag)은 비행기의 진행 방향과 반대이며, 상대풍(Relative Airflow)과 평행하고, 비행경로와 반대 방향으로 작용한다. 총 항력(Total Drag)의 작용점은 받음각(AOA), 속도(Air Speed), 플랩(Flap) 또는 착륙기어(Landing Gear) 작동 여부에 따라 변할 수 있다. 추력(Thrust)은 프로펠러 축이나 제트엔진의 중심선을 통해 작용한다.

직진 수평 비행을 하면서 평형(Equilibrium) 상태에 있는 비행기의 경우 각각의 상반되는 힘은 같아야 한다. 즉, 양력(Lift)은 중량(Weight)과 반대로 작용하며 이 두 힘은 같다. 추력(Thrust)은 항력(Drag)과 반대로 작용하고 이 두 힘은 같다. 이 경우 비행기의 합력은 균형을 이룬 0이 되고 가속이 되지 않은 상태에서 직진 수평 비행을 하게 된다.

일반적으로 4가지 힘 중에서 양력(Lift)과 중량(Weight)의 값은 추력(Thrust)과 항력(Drag)의 값보다 훨씬 크다. 따라서 양력과 항력을 비교하면 양력의 값은 항력값에 비해 훨씬 크다. 예를 들어 양력의 값이 2,000이고, 항력 값이 200이라면 이 경우 양항비(L/D Ratio)는 10이 된다.

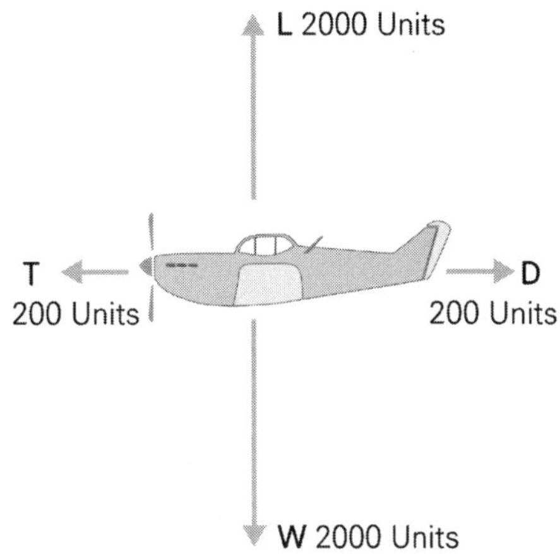

그림 2-1 직진 수평 비행에서 양력(Lift)과 중량(Weight), 추력(Thrust)과 항력(Drag)은 서로 균형을 이룸

직진 수평 비행에서는 연료 소비 등의 이유로 중량(Weight)이 줄어들면 양력(Lift)도 줄여야 하며, 추력(Thrust)과 항력(Drag)은 받음각(AOA)의 변화, 즉 속도(Air Speed) 변화에 따라 변하게 된다.

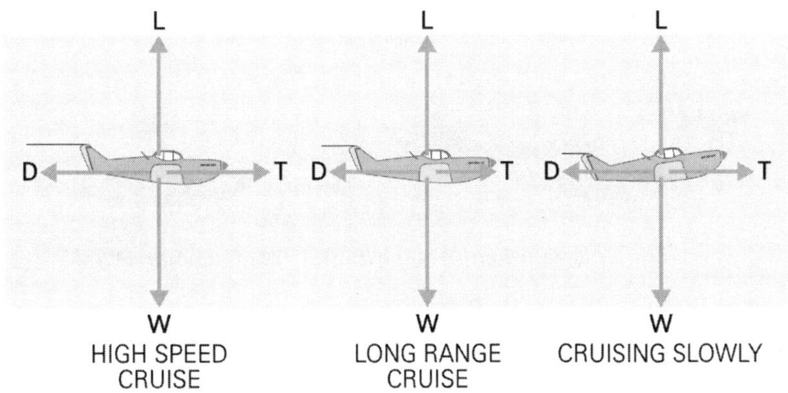

그림 2-2 항력(Drag)과 요구되는 추력(Thrust)은 받음각(AOA)과 속도(Air Speed)에 의존

2.1.2 피칭 모멘트(Pitching Moments)

양력(Lift)이 작용하는 공력중심(CP)점과 중량(Weight)이 작용하는 중력중심(CG)점은 비행 중 상황에 따라 변하면서 대부분의 경우에 이 두 점은 서로 일치하지 않는다. 중력중심(CG)점은 승객이나 승무원이 기내에서 이동하거나 연료가 소모됨에 따라 변하게 된다. 또한, 공력중심점(CP)도 받음각(AOA) 또는 속도 변화에 따라 그 위치가 변한다. 양력(Lift)과 중량(Weight) 결합은 그 크기가 같을지라도 같은 점에서 서로 작용하는 것

이 아니기 때문에 만약 공력중심(CP)이 중력중심(CG)보다 후방에 위치하면 비행기는 기수 하강(Nose-Down) 모멘트가 발생하게 될 것이고, 반대로 공력중심(CP)이 중력중심(CG)보다 전방에 위치하면 기수 상승(Nose-Up) 모멘트가 발생하게 된다.

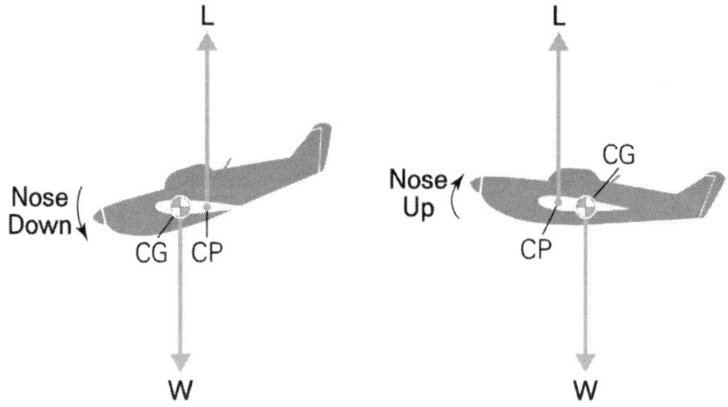

그림 2-3 양력(Lift)과 중량(Weight)의 피칭(Pitching) 모멘트

추력(Thrust)과 항력(Drag) 결합도 서로 작용점이 다르기 때문에, 만약 추력선(Thrust Line)이 항력선(Drag Line)보다 밑에 있을 경우 기수 상승(Nose-Up) 모멘트를, 그 반대일 경우 기수 하강(Nose-Down) 모멘트를 발생시키게 된다.

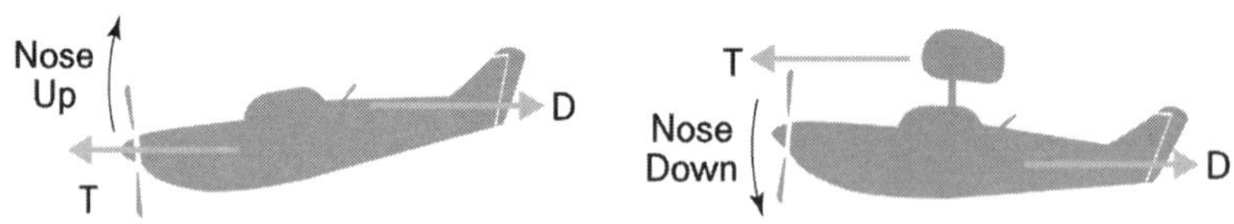

그림 2-4 추력(Thrust)과 항력(Drag)의 피칭(Pitching) 모멘트

그림에서 보는 것처럼 두 개의 결합에 의한 피칭 모멘트(Pitching Moment)가 상호 작용을 함으로써 비행기에 총 모멘트(Resultant Moment)를 0으로 만들어주는 것이다.

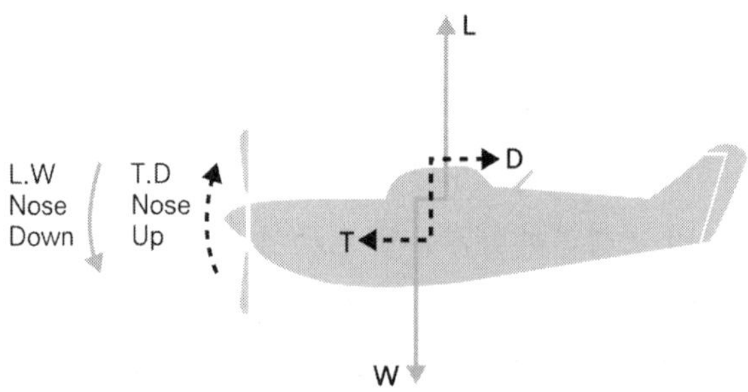

그림 2-5 양력(Lift)과 중력(Weight)의 균형, 추력(Thrust)과 항력(Drag)의 균형

대부분의 비행기에 있어 4가지 힘이 작용하는 작용선은 위 그림과 같다. 즉, 추력과 항력의 결합은 기수 상승(Nose-UP) 모멘트를, 양력과 중력의 결합은 기수 하강(Nose-Down) 모멘트를 발생시키도록 되어있다. 또한 두 작용선의 거리는 두 개의 회전효과(Turning Effect)가 서로 상쇄하도록 되어있다.

하나의 결합에 있어서 회전모멘트(Turning moment)는 두 힘의 크기와 두 작용선의 거리에 달려있다. 즉, 두 결합의 회전모멘트가 균형을 이루기 위해서는 보다 큰 힘인 양력과 중력의 작용선인 공력중심(CP)과 중력중심(CG)은 보다 가깝게 있어야 하고, 훨씬 작은 힘인 추력과 항력 작용선의 거리는 보다 멀리 떨어져 있어야 한다.

양력과 중력의 결합이 기수 하강(Nose-Down) 모멘트를 가지고 있고, 추력과 항력의 결합이 기수 상승(Nose-UP) 모멘트를 갖는 것은 그럴 만한 이유가 있다. 왜냐하면 만약 비행 중 엔진이 고장이 나면 기수 하강(Nose-Down) 모멘트가 생길 것이고 그럴 경우 양력과 중력의 결합으로 기수 하강(Nose-Down) 모멘트가 비행기를 활공(Gliding)시켜 속도를 유지할 수 있도록 하고, 속도가 증가함으로써 다시 기수 상승(Nose-UP) 모멘트가 생기도록 하기 때문이다. 이때 수평꼬리날개(Tailplane)는 비행기의 균형을 잡는 역할을 한다.

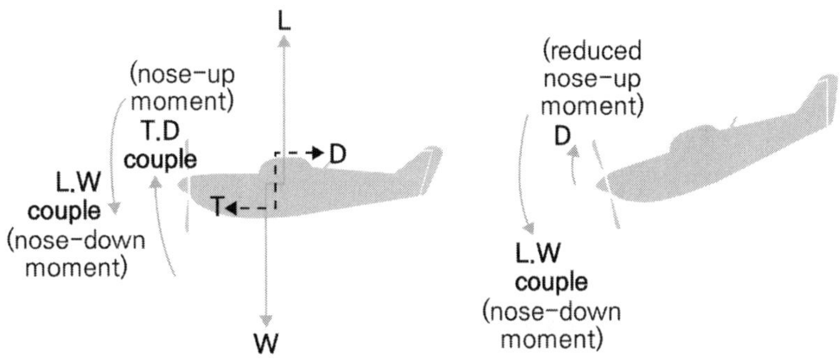

그림 2-6 추력(Thrust) 상실은 양력(Lift)과 중력(Weight)의 결합이 기수 하강(Nose-Down) 발생

2.1.3 수평꼬리날개(Tailplane)

비행 중 양력(Lift)과 중력(Weight)의 결합과 추력(Thrust)과 항력(Drag)의 결합만으로 피칭(Pitching)에 대한 균형을 맞추기는 쉽지 않다. 꼬리날개의 수평안정판(Horizontal Stabilizer)은 이들 두 결합만으로 균형을 유지할 수 없는 기능을 하게 되는데 수평꼬리날개는 피칭 모멘트를 안정시키는 기능을 갖고 있다.

수평꼬리날개는 주변 공기 흐름에 대한 받음각(AOA)에 따라 양력을 발생시키는 또 하나의 에어포일(Airfoil)이다. 꼬리날개로부터 생성된 양력은 업(Up) 또는 다운(Down) 모멘트로 작용하며, 꼬리날개의 형상은 대개 대칭익으로 되어있다.

여기에서 생성되는 양력은 주변 공기 흐름에 대한 받음각(AOA)을 변경시킴으로써 얻어지는데 조종사는 승강타(Elevator)나 탭(Tab)을 이용하기도 하며, 비행기에 따라서는 꼬리날개 전체를 작동하기도 한다. 꼬리날개는 비행기가 기수 하강(Nose-Down) 모멘트가 있을 때는 업(Up) 모멘트를, 업(Up) 모멘트가 있을 때는 다운(Down) 모멘트를 생성시켜 비행기의 균형을 잡도록 한다.

꼬리날개는 중력중심(CG)으로부터 어느 정도의 거리가 있기 때문에 모멘트-암(Moment-arm)에 따라 그 힘이 적더라도 비행기의 피칭에 대한 균형을 맞출 수가 있다. 따라서 꼬리날개의 면적은 주익(Main Wing)보다 작아도 이 기능을 수행할 수 있는 것이다.

꼬리날개의 회전모멘트(Turning Moment)는 꼬리날개에서의 힘(양력) 크기와 중력중심(CG)으로부터의 거리에 달려있다. 만약 두 결합 간에 있어 남은 모멘트가 기수 하강(Nose-Down)이면 꼬리날개에서는 하방으로 항공역학적 모멘트를 만들어내어 비행기가 균형을 이루도록 만든다. 많은 비행기는 순항 속도에서 이를 효율적으로 작동되도록 설계되었다. 통상 공력중심(CP)이 중력중심(CG) 뒤에 위치하고 하방으로 항공역학적 모멘트를 생성시킨다.

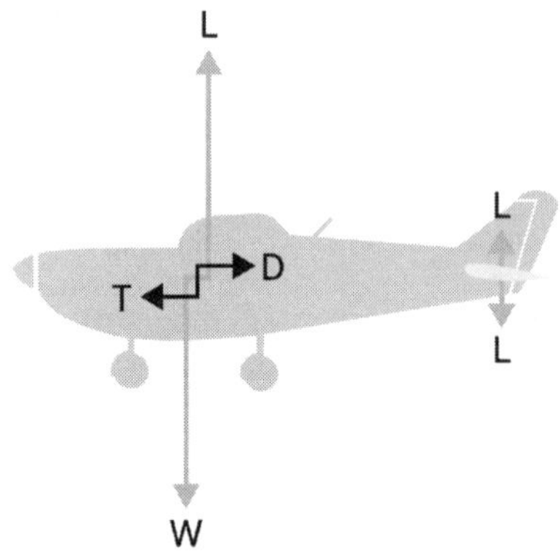

그림 2-7 수평꼬리날개(Tailplane)는 최종 균형 모멘트를 제공

2.1.4 안정성(Stability)

비행 중인 비행기는 끊임없이 작든 크든 간에 바람이나 돌풍(Gust) 등의 외부 영향을 받는다. 비행기의 안정성은 조종사의 아무런 조치 없이도 본래의 자세로 돌아가려는 능

력을 말한다. 즉 비행기가 외부의 힘에 의해 본래의 자세가 흐트러졌을 때 외부의 힘이 제거된 후에 본래의 자세로 돌아가려는 기체의 운동과 관련이 있으며 이를 안정성이라 한다.

안정성은 정적 안정성(Static Stability)과 동적 안정성(Dynamic Stability)으로 나누는데 전자는 외력에 의해 원래의 위치나 자세가 변화되어 평형 상태가 붕괴되었을 때 평형 상태로 돌아오려는 복원력(Restoring Force)이 작용하는 성질을 말한다. 이 경우 복원력이 작용하면 Positive, 복원력이 작용하지 않고 변화된 상태를 유지하면 Neutral, 점점 변화량이 확대되는 경우를 Negative라 한다.

동적 안정성(Dynamic Stability)은 붕괴된 자세가 원래의 평형 상태로 돌아갈 때까지의 시간 경과에 착안하여 복원력(Restoring Force)과 감쇠력(Damping Force)이 작용하여 운동의 진폭이 적어지는 성질을 말하며, 진폭이 점점 작아지는 경우를 Positive, 진폭이 변하지 않은 상태로 진동이 계속되는 상태를 Neutral, 진폭이 점점 크게 되는 경우를 Negative라고 한다. 따라서 운동이 동적으로 안정되기 위해서는 정적으로 안정되어야 하는 것이 전제조건이라고 할 수 있다.

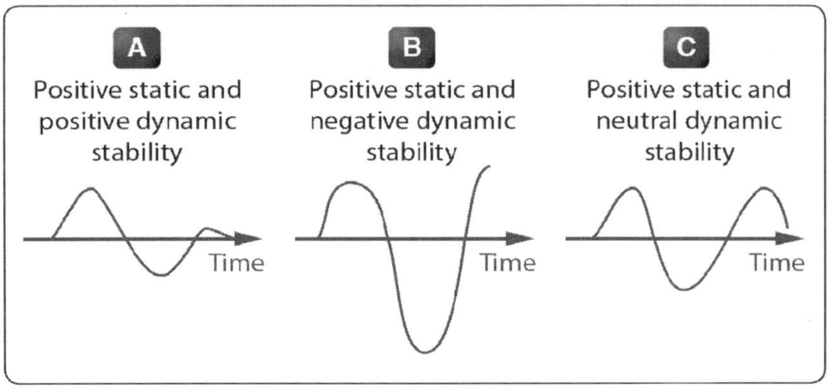

그림 2-8 안전성(Stability)

2.1.5 안정성과 조종성(Controllability)과의 관계

안정성(Stability)은 전술한 것처럼 외력에 의해 원래의 자세가 붕괴되었을 때 원래의 위치로 되돌아가려는 성질을 말하고, 조종성(Controllability)은 조종사가 조종면(Control Surface)을 움직여 비행기를 본래의 평형 상태로부터 변경시켜 기동(Maneuver)할 수 있는 기능을 말한다. 때문에 안정성과 조종성 간에는 서로 상반되는 성질을 갖고 있다. 즉 안정성이 너무 좋으면 비행기를 컨트롤하기 어렵고, 또 조종성이 너무 좋으면 비행기는 쉽게 안정성을 잃어버리게 된다. 안정성이 좋으면 그렇지 않은 비행기에 비해 외력에 의한 변화가 생겼을 때 조종사의 적은 노력으로도 쉽게 안정성을 발휘할 수가 있는 반면에 조종사가 임의로 기동(Maneuvering)을 위해 비행기를 컨트롤 하기가 어렵다는 것이다.

비행기는 비행기에 작용하는 힘들이 '0'이 될 때, 그래서 어떠한 회전모멘트(Turning Moment)가 '0'일 때 평형(Equilibrium) 상태에 있다고 한다. 또한 비행기에 피치(Pitch), 롤(Roll), 요(Yaw) 모멘트가 0일 때 트림(Trim) 상태에 있다고 한다. 평형(Equilibrium) 상태는 비행 중 여러 가지 상태에서 만들 수 있는데, 조종면(Control Surface)을 조작하거나 트림탭(Trim Tab)을 이용해서 할 수 있다.

또한 기동성(Maneuverability)은 항공기의 기동을 용이하게 하고 기동 중에 기체가 견딜 수 있도록 하는 특성이다. 기동성은 항공기의 크기, 중량, 조종 시스템, 구조의 강도 및 추력 등으로 결정된다. 비행 중 비행기의 변위를 일으키는 외부의 힘은 주로 돌풍(Wind Gust)이다. 안정된 비행기는 자연적으로 원래 위치로 되돌아가지만 불안정한 비행기는 조종사가 필요한 조작을 하지 않으면 안 된다. 불안정한 비행기는 조종사가 계속적으로 조종면(Control Surface)을 조작해야 하기 때문에 비행하기가 매우 어렵다. 반면에 안정된 비행기는 심지어 조종사가 조종간에서 손을 떼고 있어도 비행이 가능하다.

2.1.6 비행기의 3축(Axis)

비행기의 운동은 중력중심(CG)을 통과하는 3개의 기준 축(Reference Axis)을 중심으로 일어난다고 할 수 있으며 이 3축은 각기 서로 직각으로 교차한다.

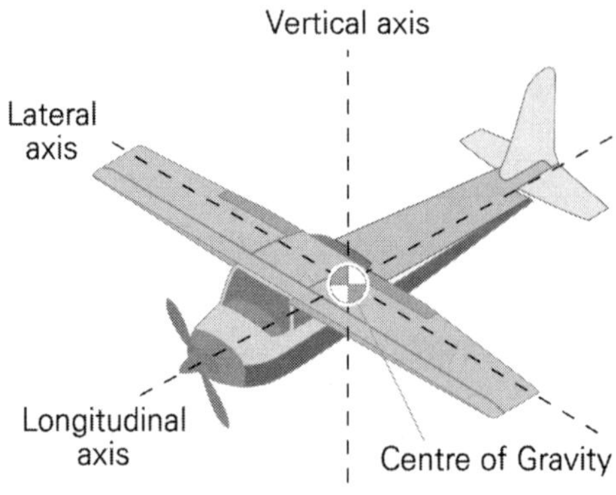

그림 2-9 3축에 대한 각 운동(Angular Movement)

세로축(Longitudinal Axis)은 중력중심(CG)을 통해 비행기 앞에서 뒤로 연결된 축이며 이 축을 중심으로 이루어지는 운동을 롤링(Rolling)이라 한다. 또한 이 축을 기준으로 한 안정성(Stability)을 가로안정성(Lateral Stability)이라 한다.

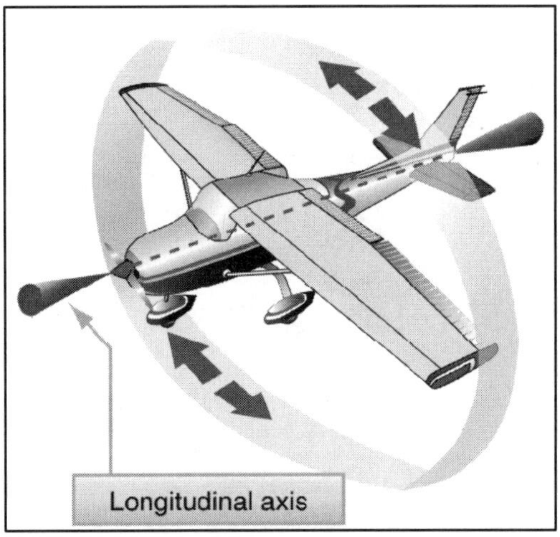

그림 2-10 세로축(Longitudinal Axis)에 대한 롤링(Rolling)

가로축(Lateral Axis)은 역시 중력중심(CG)을 통해 비행기 좌우 쪽으로 통과하는 축이며 이 축을 기준으로 일어나는 운동을 피칭(Pitching)이라 한다. 또한 이 축을 기준으로 한 안정성을 세로안정성(Longitudinal Stability)이라 한다.

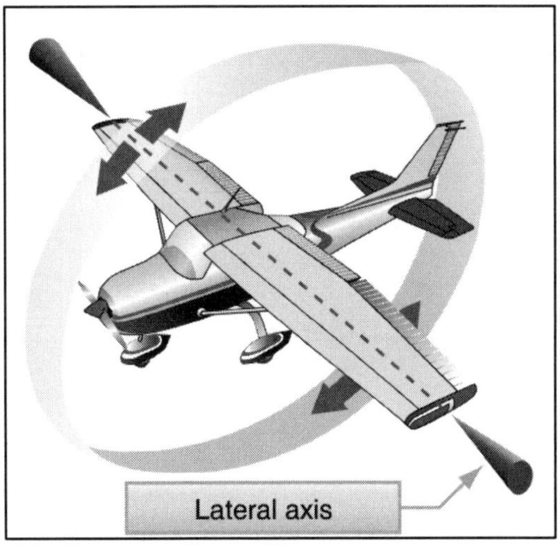

그림 2-11 가로축(Lateral Axis)에 대한 피칭(Pitching)

수직축(Vertical Axis)은 역시 중력중심(CG)을 통하며 두 축에 수직으로 교차하는 비행기 위에서부터 아래로 통하는 축으로 이 축을 기준으로 일어나는 운동을 요잉(Yawing)이라 하고 이 축을 기준으로 한 안정성을 방향안정성(Directional Stability)이라 한다.

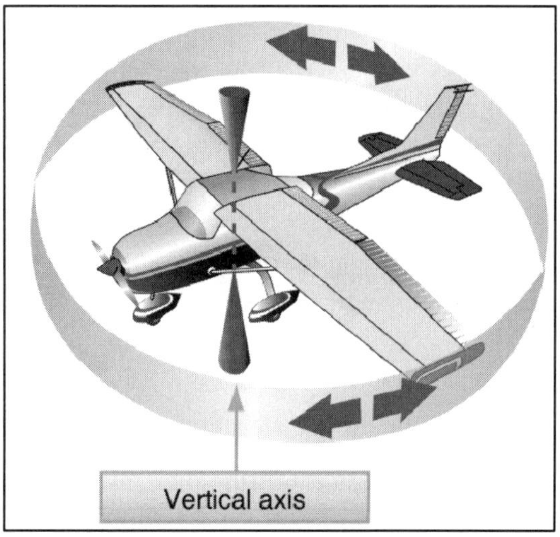

그림 2-12 수직축(Vertical Axis)에 대한 요잉(Yawing)

어떤 점이나 축을 기준으로 일어나는 회전(Rotation)을 각운동(Angular Motion)이라 한다. 얼마만큼의 각도 회전이 이루어졌는가를 회전 변위(Rotation displacement)라 하고, 이때의 속도를 각속도(Angular Velocity)라 한다.

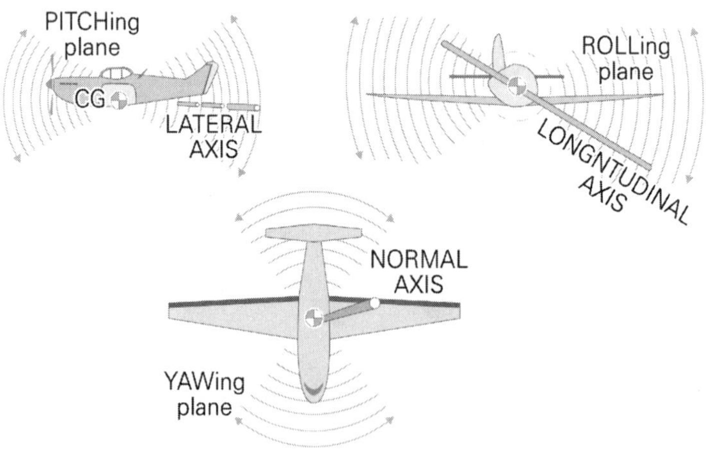

그림 2-13 3축에 대한 각 운동(Angular Motion)

2.1.7 세로안정성(LONGITUDINAL STABILITY)

세로안정성은 항공기가 가로축(Lateral Axis)에 대하여 피칭 운동을 하는 것에 관한 안정성이다. 항공기가 어떠한 요란(Disturbance)으로 인한 피칭 운동이 발생한 이후에 원래의 자세로 되돌아가려는 경향을 가지고 있어야만 한다. 만일 어떠한 요란에 의해 받음각(AOA)이 갑자기 증가된다면, 이후에 항공기의 기수를 내려주는 힘, 즉 받음각을 줄여주는 힘이 발생되어야 한다.

1) 꼬리날개의 수평안정판은 가장 좋은 세로안정성의 요소

비행에 있어서 계속적으로 일어나는 상황을 생각해보자. 돌풍(Gust)과 같은 어떤 요란이 항공기의 피치를 기수 상승(Nose-UP) 상태로 만들었다면, 그 항공기는 관성(Inertia) 때문에 원래의 비행경로(Flight Path)를 유지하려고 받음각이 증가된 상태로 상대풍(Relative Airflow)을 받게 된다.

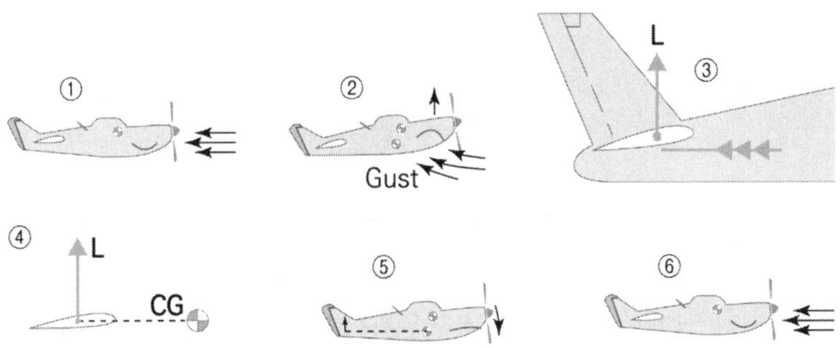

그림 2-14 갑작스러운 기수 상승(Nose-UP) 피치(Pitch)에 따른 세로안정성(Longitudinal Stability)

이러한 요란에 의해 만들어진 피치업(Pitch-Up)자세 때문에 수평안정판은 받음각이 증가된 상태로 상대풍을 받게 된다. 그래서 수평안정판이 요란 이전보다 더 많은 양력을 생성하여 내리누르는 힘이 줄어든다. 이와 같은 수평안정판의 양력이 늘어남으로 인해 기수 하강(Nose-Down) 피칭 운동을 하는 모멘트가 생성되며, 따라서 최초의 트림된 비행 자세로 되돌아가게 한다. 수평안정판과 중력중심(CG) 사이의 모멘트-암(Moment-Arm)이 크기 때문에 피칭자세를 되돌리기 위해 필요한 힘은 그다지 크지 않아도 된다.

꼬리날개 부분이 올려지고 기수가 내려가면서 원래의 받음각이 회복되므로 수평안정판에 생성되었던 추가적인 힘은 사라지게 되고, 모든 상황은 요란이 있기 이전의 상황으로 되돌아간다. 수평안정판은 그림에서 보는 것과 같이 갑작스러운 기수 하강(Nose-Down)

피치 운동으로 인한 요란을 안정시키는 효과도 가지고 있다. 이러한 과정을 통해 수평안정판에서 생성되는 양력으로 인해 항공기는 세로안정성을 얻을 수 있다.

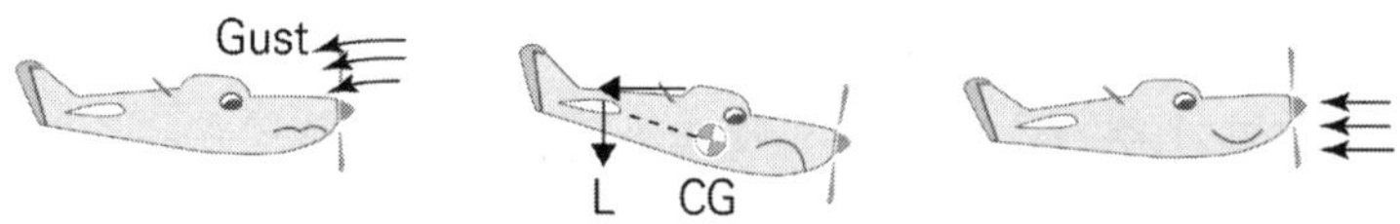

그림 2-15 갑작스러운 기수 하강(Nose-Down) 피치(Pitch)에 따른 세로안정성(Longitudinal Stability)

이러한 안정효과에 대한 좋은 예로 다트(Dart)나 화살이 공기 속을 날아가는 것에서 찾을 수 있는데, 화살이나 다트의 꼬리날개가 비행기의 수평안정판이 하는 것처럼 종적 안정을 유지하도록 도와준다.

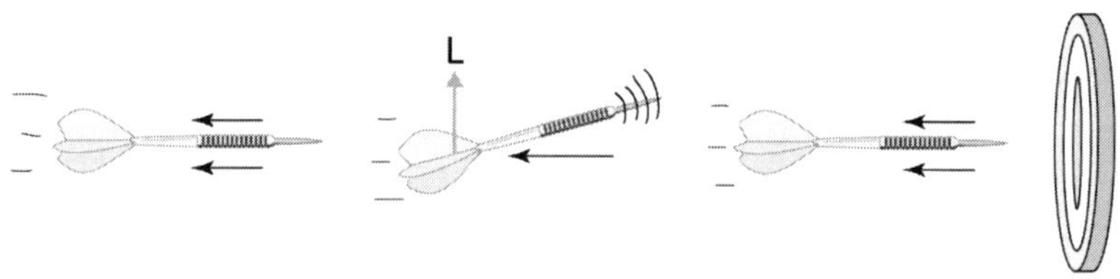

그림 2-16 다트의 꼬리 핀에 의한 세로안정성(Longitudinal Stability)

또한 프로펠러나 날개에서 보내지는 다운워시(Downwash)에 의해서 추가적인 힘이 수평안정판에 발생한다. 이 추가적인 힘을 하방으로 작용하는 힘이라고 하면 이 힘의 강도는 항공기의 받음각(AOA), 항공기의 속도, 단발 프롭기의 파워(Power) 셋팅(Setting) 등에 달려있다. 다운워시(Downwash)의 강도 변화는 세로안정성에 영향을 미친다.

2) 파워 효과(POWER EFFECTS)

만약 항공기의 파워를 줄이면 날개와 프로펠러에서 오는 다운워시(Downwash)의 감소로 수평안정판의 효율성이 떨어져 기수가 침하하는 뚜렷한 경향을 보인다. 이것이 안정성을 감소시키는 요인이기는 하지만 오히려 항공기의 힘이 감소했을 때 기수가 침하는 것이 증속하여 이를 유지하는 것에 도움이 되는 측면이 있다. 물론 속도를 증가시킬 때는 이와 반대되는 현상이 일어난다.

항공기 파워가 세로안정성에 미치는 영향은 또한 전반적인 항공기의 디자인에 달려있다. 파워가 추력(Thrust)을 발생시키기 때문에 세로축과의 정렬은 중력중심(CG), 날개 그리고 수평안정판에 달려있다. 추력선(Thrust Line)은 프로펠러의 장착 위치와 추력의 작용 방향에 따라 결정된다. 대부분의 경항공기들은 추력선이 세로축과 평행하고 중력중심(CG)보다 높은 곳에 위치한다. 이는 중력중심(CG) 주변에 약간의 피칭 모멘트(Pitching Moment)를 발생시킨다. 만약 추력이 감소하면 피칭 모멘트도 줄어들고 기수가 가벼워진다. 추력이 증가하면 반대의 현상이 발생한다. 이러한 피칭(Pitching)의 경향과 다운워시(Downwash)의 증감에 따른 피칭의 경향이 정확히 반대인 것을 알 수 있다.

추력선의 배치를 달리하여 항공기 파워의 변화에 따른 불안정 요소를 최소화하고 종적 안정성을 향상시킬 수 있다. 저속에서 고출력 파워 셋팅은 저속에서 다운워시(Downwash)가 증가하게 하여 전반적인 수평안정판의 안정성 효과에 악영향을 끼친다. 만약 여기에 플랩(Flap)까지 사용한다면 다운워시(Downwash)는 더욱 증가하므로 유동력(Power-On) 접근 시나 복행(Go-around) 시 정확한 조작을 하는 것이 매우 중요하다.

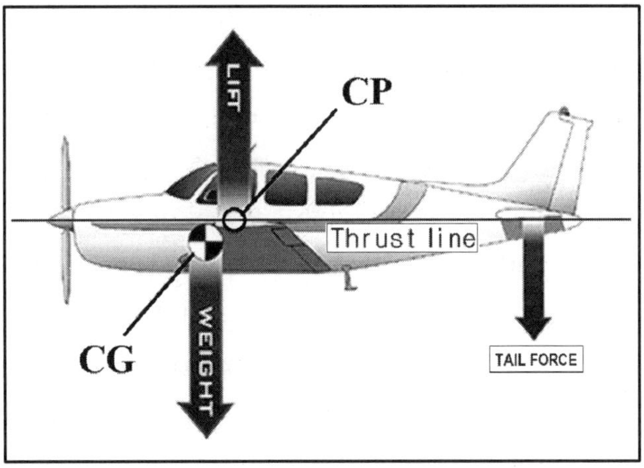

그림 2-17 추력선(Thrust line)

3) 중력중심이 앞으로 갈수록 세로안정성이 증가함

항공기의 중력중심이 앞으로 가면 갈수록 수평안정판과 중력중심 사이의 모멘트-암(Moment-Arm)이 커지므로, 피칭 운동을 원래의 자세로 되돌리는 힘은 증가하게 되어 세로안정성에 좋은 요인이 된다. 중력중심(CG)의 위치는 조종사가 화물이나 연료의 적재 위치를 조정함으로써 허용범위 안에서 어느 정도 조정할 수 있다. 중력중심(CG)을 앞으로 하면 세로안정성이 증가되고 중력중심(CG)을 뒤쪽으로 하면 세로안정성이 줄어들게 된다.

중력중심(CG)의 위치는 항공기가 안전하게 운항할 수 있는 범위 이내로 정해져 있으며 분별이 있는 조종사라면 항상 비행기의 화물 적재를 확인하고 트림(Trim)의 위치를 확인해야 한다. 만일 중력중심(CG)이 허용된 범위보다 뒤에 있다면, 피칭 운동에 대한 복원 모멘트가 부족할 수 있는데 다트의 예를 보면 알 수 있을 것이다.

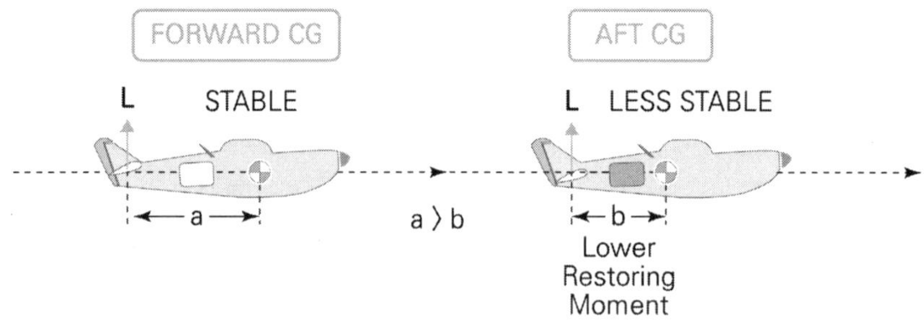

그림 2-18 전방 CG-세로안정성(Longitudinal Stability) 향상

비행기가 안정성이 클수록 조종사는 비행기를 기동하기 위해 더 큰 힘을 가해야 하므로 매우 피곤한 일이다. 또한, 중력중심(CG)이 너무 앞으로 가있다면 그 비행기는 기수가 너무 무거워서 착륙하기 위해 저속에서 플레어(Flare)할 때 승강기(Elevator)가 제 역할을 못할 수도 있다. 또한 이륙 거리가 증가하고 실속 속도는 증가한다.

반대로 중력중심(CG)이 너무 뒤에 위치하고 있다면 이는 앞에 위치하는 것보다 더 위험한 경우로서 항공기가 매우 불안정하게 된다. 따라서 항공기의 안정성을 위해서는 약간 기수가 무거운 정도의 중력중심(CG)을 유지하는 것이 좋다.

정상범주(Normal Category)의 항공기를 제작할 때 중력중심(CG)이 허용범위 안에 있다면 스핀(Spin) 상태에서 한 번의 회전으로 정상상태로 회복되어야 한다. 또한 실용범주(Utility Category)의 항공기라면 완전히 발달된 스핀(Spin)에서 회복할 능력이 있어야 한다.

4) 세로안정성을 위한 디자인

수평안정판의 모양은 세로안정성에 있어서 큰 역할을 담당하는데, 수평안정판의 넓이, 중력중심(CG)과 수평안정판 사이의 거리, 종횡비(Aspect Ratio), 붙임각(Angle of Incidence), 상반각(Dihedral) 등이 주로 고려된다. 이들의 목적은 모멘트-암 (Moment-Arm)을 길게 만들어서 효과적으로 복원력을 생성시켜 비행기가 세로안정성을 갖게 만드는 것이다.

높은 받음각 상태에서는 날개가 수평안정판을 가리거나 주익(Main Wing)에서의 난류(Turbulent Flow)가 꼬리날개에 영향을 미쳐 세로안정성을 저해할 수도 있다.

2.1.8 방향안정성(Directional Stability)

방향안정성(Directional Stability)은 비행기에 요잉(Yawing) 모멘트가 가해졌을 때 그것을 회복시키는 힘을 만들어내는 자체적인 능력을 말한다. 이것은 풍향계가 측풍(Cross Wind)이 불어왔을 때 그 방향으로 돌아가는 것과 같은 원리라고 볼 수 있다.

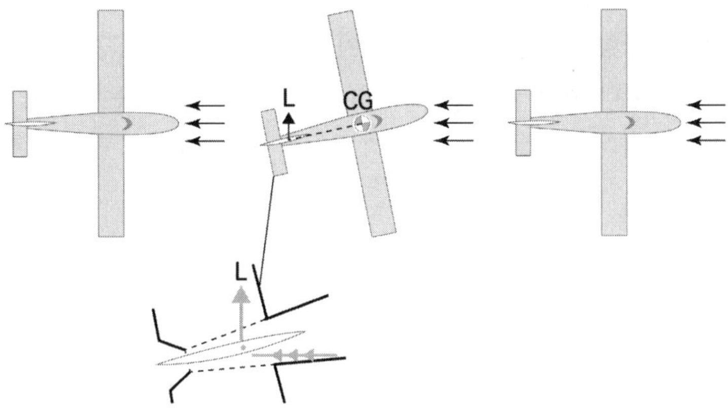

그림 2-19 갑작스러운 Yaw에 의한 방향안정성(Directional Stability)

만약 항공기가 직진비행 중 어떤 힘이 가해져서 기수나 꼬리 부분이 한쪽으로 밀리게 된다면 관성 때문에 최초에는 움직이는 방향을 유지하려 한다. 그러므로 항공기는 한쪽 면이 공기 흐름에 노출된 상태로 약간 옆으로 움직인 상태가 된다. 수직 안정판도 일종의 에어포일(Airfoil)이므로, 받음각을 받게 되면 원래의 자세로 되돌리는 양력을 발생시키게 되어 기수가 원래 자세로 돌아간다. 이 복원력은 수직안정판의 넓이와 중력중심(CG)과의 거리 차이에서 발생하는 모멘트-암(Moment Arm)에 좌우된다.

수직 안정판의 넓이가 넓을수록 모멘트-암이 크고 방향안정성은 더 좋아진다. 그래서 보다 큰 모멘트를 주기 위해 뒤쪽 중력중심(CG)보다는 앞쪽 중력중심이 선호된다. 프로펠러 비행기의 경우 프로펠러 후류(Slipstream)도 수직 안정판의 공기 흐름을 통해 방향안정성 기능에 영향을 줄 수 있다.

2.1.9 가로안정성(Lateral Stability)

가로안정성(Lateral Stability)이란 의도하지 않은 어떠한 힘이 가해져 항공기가 세로축에 대해 롤링(Rolling) 운동을 하는 경우 이것을 원래의 위치로 복원시키는 항공기 자체의 능력을 말한다.

롤(Roll)에서 어떤 요란이 생기면 한쪽 날개가 올라가고 반대쪽이 내려온다. 항공기에 경사(Bank)가 생기면 양력 성분이 기울어져서 선회하는 방향으로 항공기가 횡요(Sideslip)를 발생한다. 항공기는 직진하기만 하는 것이 아니라, 양력(Lift)과 중력(Weight)의 작용 방향이 완전히 반대 방향이 아니므로 그림과 같이 힘의 합력 방향으로 슬립(Slip)이 발생한다. 이러한 횡요(Sideslip)의 결과로 항공기는 상대풍의 방향으로 옆으로 움직이며, 따라서 날개를 다시 원래의 Wing-Level 상태로 만드는 힘을 갖게 된다.

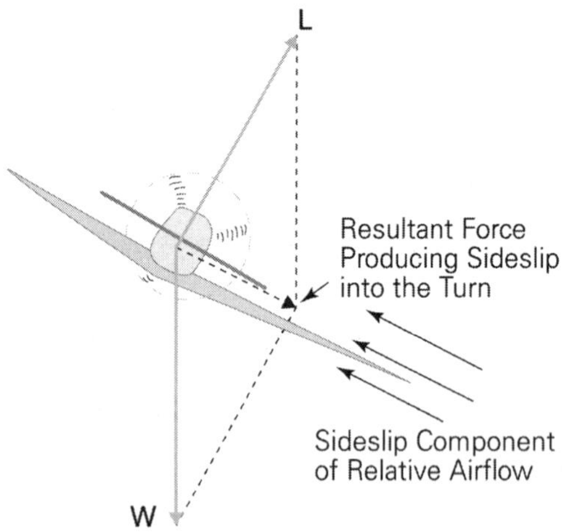

그림 2-20 롤(Roll)은 횡요(Sideslip)를 발생

가로안정성(Lateral Stability)의 최대 공헌자는 날개이다.

상반각(Dihedral)은 가로안정성(Lateral Stability)을 향상시킨다. 날개가 상반각(즉, 날개가 동체에서 날개 끝쪽으로 갈수록 점차 위로 향하는 것)을 가지면 가로안정성이 더 좋아진다.

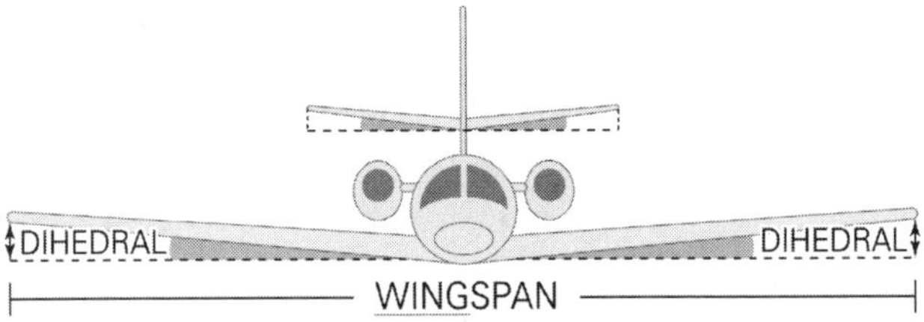

그림 2-21 상반각(Dihedral)

그림 2-22 상반각(Dihedral)은 갑작스러운 롤링(Rolling)을 수평 자세로 복귀

항공기가 횡요(Sideslip)를 하게 되면 상반각(Dihedral) 때문에 내려간 날개는 상대풍에 대한 받음각(AOA)이 커진다. 반면에 올라간 쪽 날개는 상대적으로 작은 받음각(AOA)을 받게 되어 결국 적은 양력을 발생한다. 또한 동체에 의해 약간 가려지기도 해서 더 적은 양력을 일으킨다. 이렇게 해서 생성된 롤링(Rolling) 모멘트는 원래의 수평(Wing-Level) 자세로 되돌리게 된다. 반대(Negative)의 상반각은 불안정한 효과를 가지게 된다.

후퇴각(Sweepback)은 가로안정성(Lateral Stability)을 향상시킨다. 날개가 후퇴각을 가지면 가로안정성이 증가한다. 항공기가 요란으로 인한 롤(Roll)로 인해 횡요(Sideslip)가 발생하면 내려간 쪽의 날개가 반대쪽 날개보다 더 많은 양력이 발생한다. 이것은 횡요(Sideslip)가 일어나는 경우 내려간 쪽 날개는 반대쪽 날개보다 상대풍에 노출되는 날개의 길이가 더 길기 때문이다. 그래서 내려간 쪽 날개가 더 많은 양력을 발생시켜 원래의 수평(Wing-Level) 상태로 되돌리게 된다.

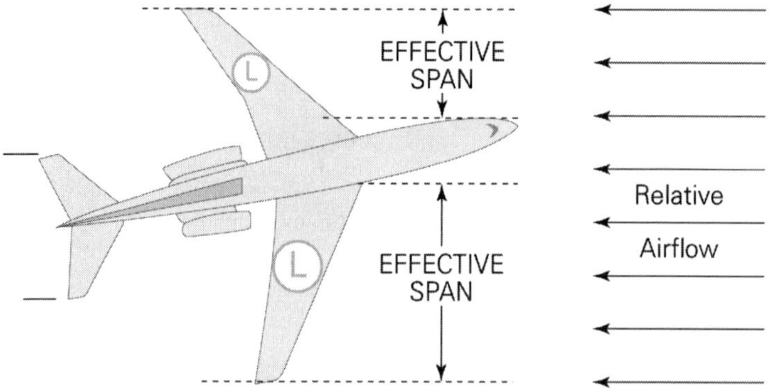

그림 2-23 스윕백(Sweepback)은 갑작스러운 Roll을 바로잡음

높은 용골(Keel) 표면과 낮은 중력중심(CG)은 가로안정성(Lateral Stability)을 향상시킨다. 롤(Roll)에서 요란이 생겨 횡요(Sideslip)하는 경우 수직 안정판이 높거나, T-형 꼬리날개(T-Tail) 비행기이거나, 고익기일 경우에는 높은 용골(Keel) 표면으로 인한 측면 항력 증가로, 또한 낮은 중력중심(CG)이 내려간 쪽 날개를 되돌려 Wing-Level 자세로 만드는 힘이 커진다.

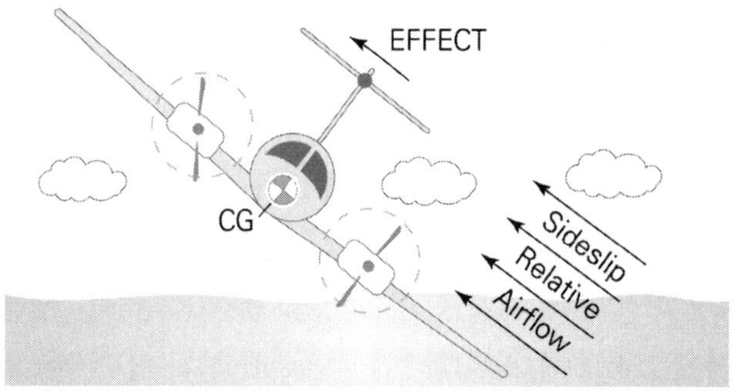

그림 2-24 높은 용골(Keel) 표면과 낮은 CG는 갑작스러운 Roll을 바로잡음

고익(High wing)은 가로안정성(Lateral Stability)을 향상시킨다. 만일 돌풍(Gust) 때문에 한쪽 날개가 내려가면 양력의 방향은 기울어진다. 양력과 항공기 중량의 합성력의 방향은 항공기를 횡요(Sideslip)하게 한다. 높은 쪽의 용골면(Keel Surface)에 부딪히는 공기는 항공기를 원래의 수평(Wing Level) 자세로 만들어준다. 그래서 중력중심보다 위에 있는 고익기나 용골면(Keel Surface)을 갖는 항공기를 수평이 되게 해준다.

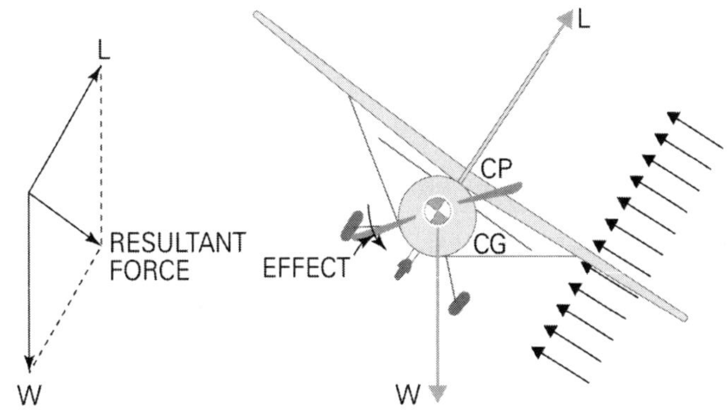

그림 2-25 상부의 용골(Keel) 표면은 날개를 수평으로 복귀시킴

2.1.10 가로안정성(Lateral Stability)과 방향안정성(Directional Stability)의 상관관계

1) 롤(Roll) 발생 후에 요(Yaw)가 일어남

가로안정성에 있어서 롤(Roll)이 생기면 횡요(Sideslip)가 생기는 것은 필수적이다. 이 횡요(Sideslip)는 항공기의 옆면, 즉 용골면(Keel Surface)에 힘을 가하게 된다. 만일 항공기가 안정성을 갖고 있다면 항공기의 기수가 상대풍 방향으로 요(Yaw) 운동을 하게 된다. 횡요(Sideslip)의 방향으로 롤(Roll)이 요(Yaw)를 유발시켜서 항공기는 낮은 쪽 날개의 방향으로 움직여 원래의 방향보다 점점 더 멀어져 간다.

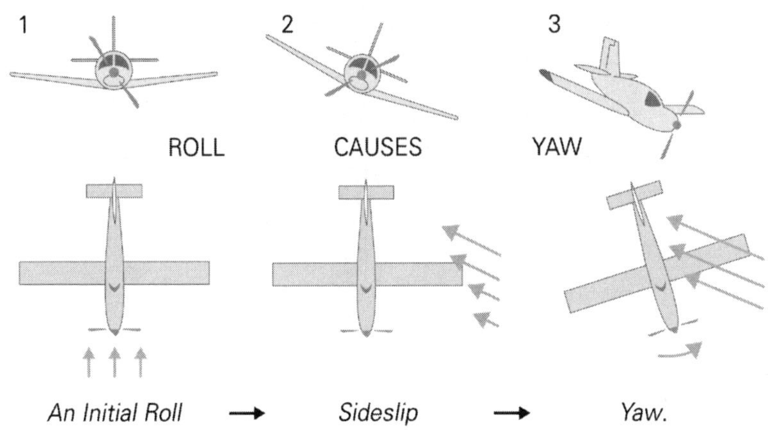

그림 2-26 롤(Roll)은 요(Yaw)를 유발

여기에서 한 가지 재미있는 결과를 얻을 수 있는데, 항공기의 방향안정성이 크면 클수록 내려간 날개의 방향으로 항공기의 기수(Heading)가 돌아가는 경향은 더 커진다는 것이다. 또한 기수도 떨어지려 한다. 이러한 방향안정성이 좋아서 생기는 2차적인 선회(Yaw)는 선회 바깥쪽의 날개를 더 빨리 움직이게 해서 더 많은 양력을 일으키게 한다. 상반각(Dihedral)과 같은 가로안정성은 낮은 쪽 날개에 더 많은 양력을 방생하게 하여 항공기를 수평(Wing-Level) 자세로 만들어준다. 여기에서 두 가지 서로 상반되는 효과를 생각해볼 수 있다.

- 수직안정판을 크게 해서 방향안정성을 크게 하면, 선회를 더 크게 하고, 기수가 더 떨어지게 한다.
- 상반각(Dihedral)을 통한 가로안정성은 날개를 수평으로 만들어준다.

만약 첫 번째 효과가 더 클 경우, 즉 방향안정성이 크고 가로안정성이 약하면 항공기는 횡요(Sideslip) 방향으로 더 선회하려 하고 기수는 계속 떨어지려 한다. 결국 비행기는 나선형 급강하(Spiral Dive)하게 된다. 이것을 나선형 불안정성(Spiral Instability)이라 부른다. 대부분의 항공기는 약간 가로안정성이 약하게 만들어져 있어서 약간의 나선형 불안정성(Spiral Instability)에 대한 경향성을 가진다. 이것은 다음에 설명하는 것과 상반되는 상황이다.

그림 2-27 더치롤(Dutch Roll)

만일 상반각(Dihedral) 효과와 같이 가로안정성이 더 강해서 항공기가 스스로 수평(Wing-Level) 자세를 만들고, 또한 작은 수직안정판(Small Fin)과 같이 방향안정성이 약해서 항공기가 횡요(Sideslip)에서 회복하는 힘을 갖지 못한다면 더치롤(Dutch Roll)이라 하는 가장 피해야만 할 현상이 발생한다.

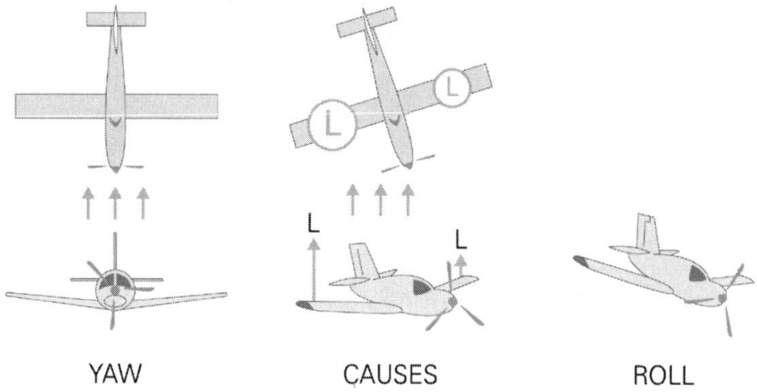

그림 2-28 Yaw는 Roll을 유발

2) 요(Yaw)가 발생 이후 롤(Roll)이 발생하는 경우

항공기가 요(Yaw)에 들어가면 관성 때문에 처음에는 그 비행 방향을 그대로 유지하려하고 횡요(Sideslip)가 생긴다. 이 횡요(Sideslip)는 상반각(Dihedral), 후퇴각(Sweepback) 및 고익(High-Wing) 등의 영향으로 가로안정성을 일으켜서 앞으로 나온 쪽 날개의 양력을 증가시키고 뒤쪽 날개의 양력을 감소시킨다. 이것은 앞쪽 날개를 들어올리는 롤링(Rolling) 모멘트를 일으켜 다른 한쪽 날개 방향으로 롤링(Rolling)하게 만든다.

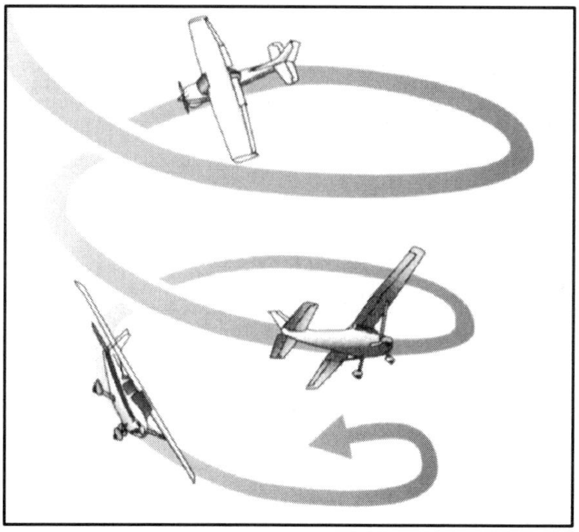

그림 2-29 나선형 불안정성(Spiral Instability)

주목해야 할 또 다른 것은 항공기가 요(Yaw)함에 따라 바깥쪽 날개가 안쪽 날개보다 빨리 진행하기 때문에 바깥쪽 날개가 안쪽 날개보다 많은 양력을 발생시켜 안쪽 날개 쪽으로 롤(Roll)하려는 경향이 있다는 것이다. 또한 비행기 본래의 수직안정판(Vertical Fin)에 의한 방향안정성은 풍향계(Weathervane) 효과에 의해 비행기를 횡요(Sideslip) 방향으로 요(Yaw) 운동하게 한다. 롤(Roll)이 요(Yaw)를 일으키고, 요(Yaw)가 롤(Roll)을 일으킨다는 것을 주목하고, 이 두 가지 효과를 연관시켜 연구할 필요가 있다.

횡요(Sideslip)는 매우 중요한데 상반각(Dihedral)에 의한 가로안정성으로 인해 앞쪽 날개가 횡요(Sideslip) 방향으로 틀어지고, 큰 수직안정판(Vertical Fin)에 의한 방향안정성(Large Fin)은 풍향계(Weathervane) 효과로 인해 횡요(Sideslip) 방향으로 비행기를 요(Yaw) 운동하게 하며 이때 또다시 바깥쪽 날개를 들어올려지게 된다.

2.1.11 안정성에 영향을 미치는 조종사의 컨트롤(Control)에 관하여

만일 작은 수직안정판(Small Fin)에 의해 방향안정성이 나쁘고, 상반각(Dihedral) 효과로 가로안정성이 좋다면, 러더(Rudder)를 작동시키는 것이 요(Yaw)와 횡요(Sideslip)를 크게 일으키게 할 것이다. 상반각(Dihedral)은 항공기를 요(Yaw)의 방향으로 경사(Bank)가 생기게 하며 이것은 보조익(Aileron)의 사용 없이 선회에 들어가게 할 수 있다.

만일 큰 수직안정판(Large Fin)에 의해 방향 안정성이 좋고, 가로안정성이 그리 강하지 않다면, 조종사가 보조익(Aileron)을 가지고 비행기의 경사(Bank)를 생기게 하고 러더(Rudder)를 사용하지 않으면 낮은 쪽 날개 방향으로 횡요(Sideslip)가 생긴다. 방향안정성이 좋으면 항공기의 기수를 횡요(Sideslip)의 방향으로 돌려 놓을 수 있으며, 러더(Rudder) 없이도 상당히 균형적인 선회를 할 수 있다. 물론 선회가 시작될 때 최소한의 횡요(Sideslip)는 생기지만 감지되지 않을 정도로 적다.

2.1.12 지상에서의 안정성

지상에서 항공기의 중력중심(CG)은 항상 착륙기어(Landing Gear) 중간 위치 이내에 있어야 한다. 중력중심(CG)이 어느 한 바퀴로부터 멀리 있으면 있을수록 안정성은 그만큼 줄어든다.

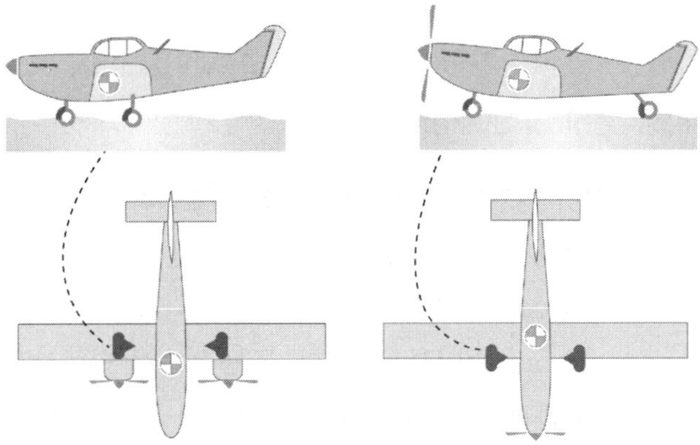

그림 2-30 중력중심(CG)은 바퀴(Wheels) 범위 내에 위치

중력중심(CG)이 낮고, 바퀴가 멀리 떨어져 있으면 선회할 때, 브레이크를 사용할 때나 이륙 활주 중 고출력(High Power)을 이용할 때 항공기가 지상에서 기우는 경향을 줄여 줄 수 있다. 낮은 추력선은 항공기가 고출력(High Power)을 사용할 때, 특히 브레이크를 사용할 때 항공기의 과도한 피치(Pitch) 변화를 막아줄 수 있다. 높은 용골(Keel) 표면이나 큰 상반각(Dihedral)은 측풍이 심하게 불 때 비행기를 불안정하게 할 우려가 있다.

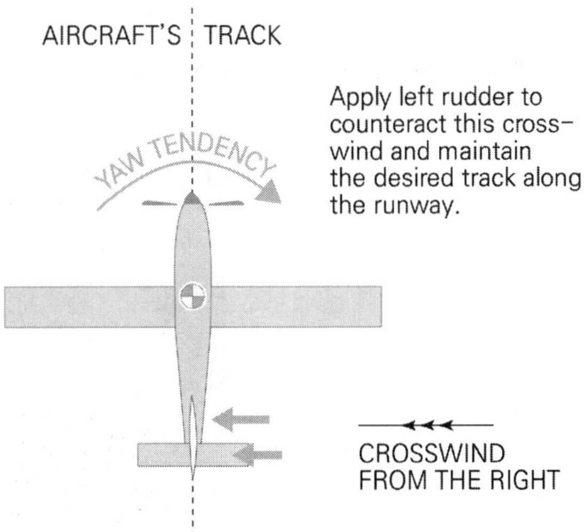

그림 2-31 측풍(Cross-Wind)에 따른 안정성 감소

2.2 조종성(Controlability)

2.2.1 조종계통(Control System)

모든 항공기는 조종사가 비행할 때 세 개의 축을 기준으로 항공기를 조종하거나 균형을 유지할 수 있게 하는 조종계통(Control System)을 가지고 있다. 이와 같이 조종하기 위한 회전력(Turning Forces)은 에어포일(Airfoil) 주위의 공기 흐름 패턴을 변화시키거나, 조종면(Control Surface)의 모양을 변형, 또는 위치를 변화시킴으로써 얻을 수 있다. 조종사가 움직이는 조종면은 일반적으로 에어포일의 끝부분 근처의 힌지면(Hinged Surface)으로서 중력중심(CG)으로부터 먼 모멘트-암(Moment arm)으로 큰 효과를 내는 지렛대 원리를 이용하고 있다.

항공기는 일반적으로 세 개의 주 조종장치(Primary Control System)를 가지고 있으며, 항공기마다 특별한 조종면(Control Surface)을 가지고 있다.

- 세로조종계통(Longitudinal control system)의 피치(Pitch)를 위한 승강타(Elevator)는 조종간을 앞뒤로 밀고 당김으로써 조절된다.
- 가로조종계통(Lateral control system)의 롤(Roll)을 위한 보조익(Aileron)은 조종간을 돌리거나 조종간을 옆으로 움직임으로써 조절된다.
- 방향조종계통(Directional control system)의 요(Yaw)를 위한 러더(Rudder)는 서로 연결된 두 개의 러더 페달을 움직임으로써 조절된다.

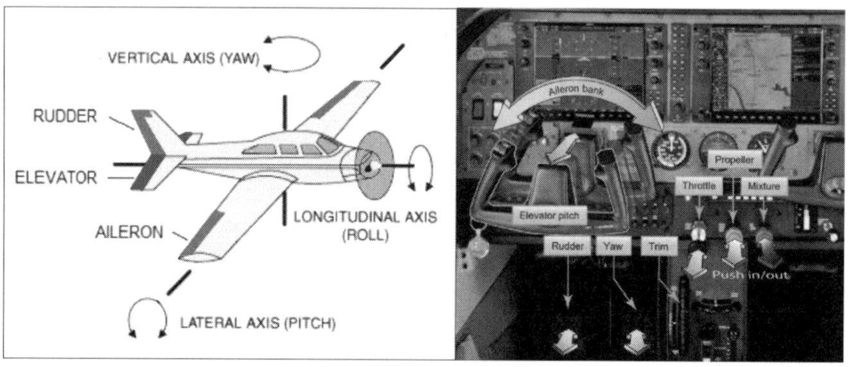

그림 2-32 주 조종장치(Controls): 승강타(Elevator), 보조익(Aileron)과 러더(Rudder)

이상적으로 보면 각 조종면(Control Surface)은 한 축에 대하여 한 가지 모멘트만을 생성해야 하지만 실제로는 다른 축에 대한 2차 모멘트도 흔히 발생한다. 예를 들면 롤

(Roll)을 하기 위한 보조익(Aileron)의 변경(Deflection)은 반대 요(Adverse Yaw)를 발생시킨다.

모든 조종면(Control Surface)들은 조종실에서 컨트롤할 수 있도록 연결되어 있다. 조종사는 조종간을 앞뒤로 움직임으로써 승강타(Elevator)를, 좌우로 움직임으로써 보조익(Aileron)을, 러더 페달로 러더(Rudder)를 움직인다.

조종면을 변경시키는 것은 조종면 자체만이 아니라 전체 에어포일(Airfoil)상의 공기 흐름과 압력분포를 변화시킨다. 양력 변화는 에어포일과 조종면의 조합에 의해 이루어지고, 이러한 조종면의 효과를 항공기의 조종성(Controllability)이라 부른다.

> **NOTE**
>
> 조종간은 Control Yoke와 Control Column을 말한다.
>
> - Control Yoke: 이 조종간은 'U' 형태나 'V' 형태를 가진 스티어링 휠과 비슷한 모양을 가지고 있다. 그렇기 때문에 손잡이는 항공기의 좌석 앞에 위치해 있으며, 조종사는 양손으로 잡아 앞뒤로 밀거나 당기며, 좌우로 돌려 항공기를 조종한다.
> - Control Column: 이 조종간은 'T' 형태의 핸들을 가진 막대기와 비슷한 모양을 가지고 있다. 조종사는 이 핸들을 앞뒤로 밀거나 당기며, 좌우로 돌려 항공기를 조종한다.

앞에서 언급했던 것과 같이 안정성은 조종성과 상반된 개념이다, 안정성이 너무 좋으면 변화에 대한 매우 큰 저항성이 생겨 조종성을 약화시킨다. 설계자는 항공기의 사용 목적을 위한 특성을 염두에 두고 안정성과 조종성 사이에 합리적인 균형을 맞추어 설계해야 한다. 예를 들면 탑승객들은 항공기가 보다 안정적이길 바라는 반면 전투기 조종사는 보다 큰 조종성과 조작성을 요구한다. 어떤 면에서 조종성은 안정성에 반비례한다.

> **NOTE**
>
> 조종면의 과도한 움직임은 조종실 내의 컨트롤과 외부의 조종면 자체를 고정시킴으로써 방지된다. 항공기를 강한 바람이 불 때나 혹은 밤에 주기시킬 때 바람에 의한 움직임이나 이로 인한 손상을 방지하기 위해 컨트롤-락(Control Lock)을 시켜야 한다. 컨트롤-락은 조종간을 굳게 고정시켜 움직이지 못하도록 하기 위해 핀의 형태로 조종간에 꽂도록 되어있다. 비행 전에는 반드시 컨트롤-락을 제거해야만 한다.

항공기 피칭(Pitching)을 일차적으로 컨트롤하는 것은 승강타(Elevator)이다. 조종사는 조종간을 전후방으로 움직임으로써 승강타(Elevator)를 컨트롤한다. 승강타(Elevator)를 앞으로 미는 조작은 항공기의 기수를 아래로 누르는 효과를 가진다. 조종간을 뒤로 당기는 것은 항공기의 기수를 드는 효과를 가진다. 이러한 움직임은 조종사에게 있어 논리적이고 본능적이다.

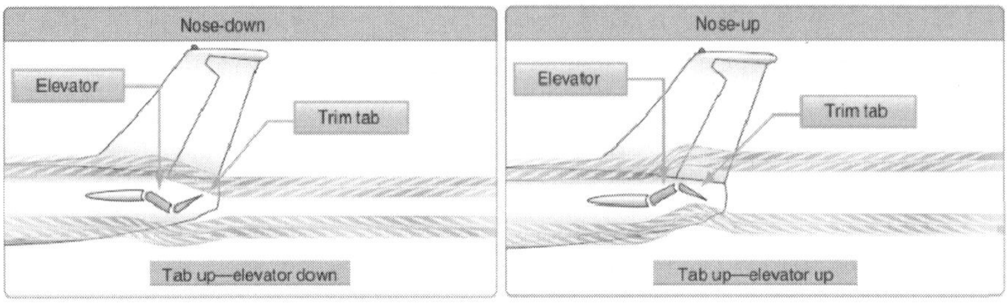

그림 2-33 Pitch에 대한 주 조종장치(Control)는 승강타(Elevator)와 트림(Trim)

조종간을 앞으로 밀면 승강타(Elevator)는 아래쪽으로 움직이게 되고, 수평꼬리날개의 승강타(Elevator) 부분의 형태 변화는 위쪽으로 보다 많은 양력을 생성한다. 이것은 항공기의 꼬리 부분에서 위쪽으로 양력을 증가시키고, 항공기의 중력중심(CG)으로부터 모멘트는 항공기의 기수를 다운(Down)시킨다. 항공기 에어포일(Airfoil)의 받음각이 변하지 않아도 에어포일 끝부분에서의 조종면의 편향은 양력의 변화를 초래한다. 조종간이 조종사에 의해 뒤로 당겨졌을 때, 승강타(Elevator)는 위로 움직이고 여분의 하방으로 작용하는 양력은 항공기의 기수를 위로 움직이게 하는 수평꼬리날개의 승강타(Elevator)의 에어포일(Airfoil)에 의해 생성된다.

꼬리 부분의 모멘트의 크기는 꼬리에서 생성되는 양력과 수평꼬리날개와 중력중심(CG) 사이의 모멘트-암의 크기에 달려있다. 수평꼬리날개와 승강타(Elevator)의 조합에 의해 생성되는 양력은 수평꼬리날개와 승강타(Elevator)의 상대적인 크기와 형태에 따라 달라진다. 수평꼬리날개는 기본적으로 안정성에 기여하며 승강타(Elevator)는 조종성에 기여한다. 상대적으로 승강타(Elevator)의 타면이 크면 클수록 더 좋은 조종성을 가진다.

예를 들어 중력중심(CG)이 너무 앞에 위치하면 항공기는 수평꼬리날개까지의 긴 모멘트-암 때문에 세로 안정성이 너무 강할 것이다. 때때로 이륙이나 착륙과 같은 낮은 비행속도에서 조종간을 뒤로 당겨 높은 받음각을 만들기 위한 승강타(Elevator)를 들어올리는 조작에 문제가 생길 수 있다. 그래서 중력중심(CG)의 전방 허용한계는 승강타

(Elevator)에서 허용되는 피치(Pitch) 컨트롤의 양에 의해 결정된다.

중력중심(CG)의 후방 허용한계는 항공기의 종적 안정성을 위한 요구조건에 의해 결정된다. 일반적으로 Nose-Up이 요구되는 가장 중요한 순간은 착륙 단계인데 중력중심(CG)이 전방에 위치하면 항공기의 기수를 무겁게 만들어 피치의 변화를 어렵게 한다. 이것은 착륙 단계에서 기수를 들어올리는 것을 어렵게 만드는데, 특히 착륙속도에서 승강타(Elevator) 위로 흐르는 공기 흐름이 줄어들기 때문에 승강타(Elevator)의 효율은 감소한다. 무동력(Power Off)이나 저출력 사용으로 후류 효과가 없으면 꼬리 부분을 가로지르는 공기 속도는 느려지므로 꼬리 부분은 보다 적은 양력 성분을 산출한다. 물론 제작자는 착륙의 마지막 단계에서 동력이 없는 상태로 승강타(Elevator)가 기수를 들어올릴 수 있는 충분한 하방 양력(Lift)을 생성할 수 있어야 한다는 점을 고려해야 한다.

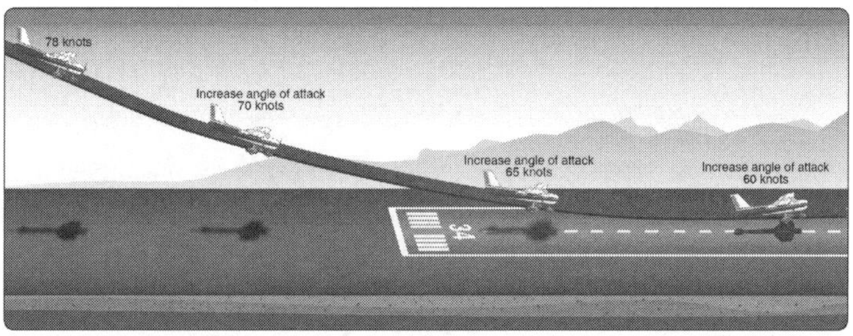

그림 2-34 착륙 플레어(Flare)에서 승강타(Elevator) 컨트롤이 매우 중요함

착륙속도를 줄이기 위해 대부분의 항공기는 뒷전 플랩(Flap)을 사용해 속도를 줄인다. 일반적으로 플랩(Flap)을 내리면 피칭(Pitching) 모멘트가 발생하는데 조종사는 승강타(Elevator)로 이를 조절할 수 있다. 저속비행을 위해 높은 받음각으로 지속적인 비행을 하기 위해서는 승강타(Elevator)가 위로 올라간 상태를 유지해야만 하고, 이를 위해서 조종간을 뒤로 당겨진 상태로 유지해야만 한다.

높은 순항 속도에서 항공기의 Nose-Down을 유지하고, 낮은 받음각을 유지하기 위해 승강타(Elevator)는 지속적으로 아래로 내려간 상태를 유지해야만 하고, 이를 위해서 조종간을 앞으로 미는 상태를 유지해야만 한다.

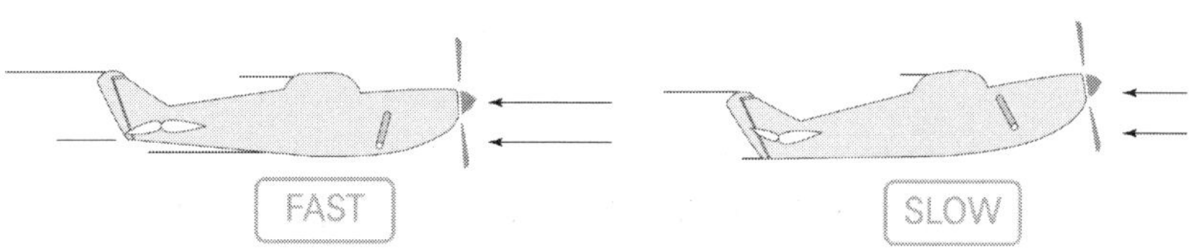

그림 2-35 속도에 따른 승강타(Elevator)의 편향(Deflection)

다양한 속도와 받음각으로 지속적인 비행을 하려면 승강타(Elevator)는 서로 다른 힘이 필요한데, 이러한 힘들을 풀어주어 조종사의 부담을 경감시키기 위한 장치가 바로 트림(Trim)이다.

2.2.2 스테빌레이터(Stabilator)

어떤 비행기들은 수평꼬리날개와 승강타(Elevator)를 하나의 조종면으로 결합하여 수평꼬리날개가 통째로 움직이게 설계하기도 한다. 수평꼬리날개를 수평안정판(Horizontal Stabilizer)이라고 부르는데, 이것을 승강타(Elevator)와 결합하면 스테빌레이터(Stabilator)가 되는 것이다.

조종면 전체 판을 움직일 때 조종면의 앞전(Leading Edge)이 올라가면 기수를 낮출 것이다. 스테빌레이터(Stabilator)의 앞전을 들어올림으로써 수평꼬리날개가 올라가는 힘을 발생시킨다.

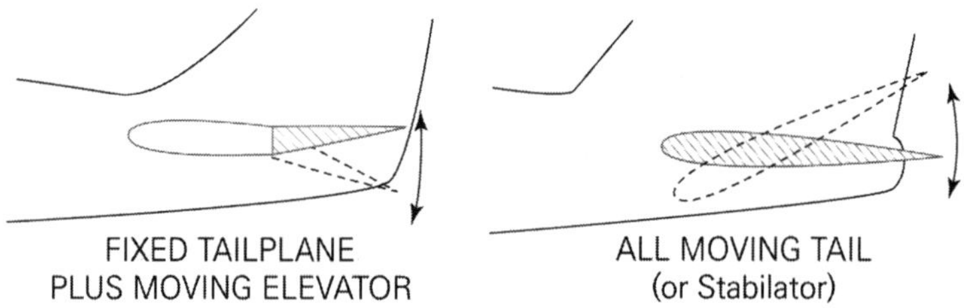

그림 2-36 승강타(Elevator)와 스테빌레이터(Stabilator)

어떤 항공기들은 승강타(Elevator)와 러더(Rudder)의 기능을 결합한 V자형 꼬리날개(Butterfly Tail)를 가지고 있다.

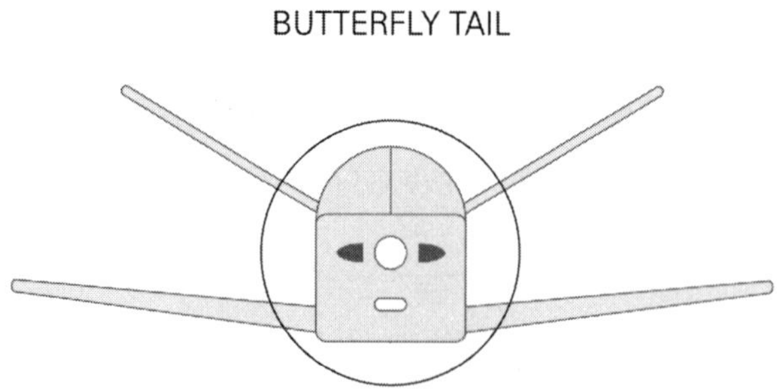

그림 2-37 승강타(Elevator)와 러더(Rudder)의 기능을 가진 V자형 꼬리날개(Butterfly Tail) 항공기

2.2.3 보조익(Aileron)

롤(Roll) 컨트롤은 보조익(Aileron)이 담당한다. 보조익(Aileron)은 대개 주익의 바깥면에 위치하고 서로 반대 방향으로 움직이기 때문에 한쪽이 올라가면 한쪽은 내려간다. 따라서 한쪽 날개는 양력이 증가하게 되고 다른 한쪽은 감소하게 된다. 조종사는 조종간을 좌우로 돌리거나 조종간을 좌우로 움직여서 보조익(Aileron)을 작동시킨다.

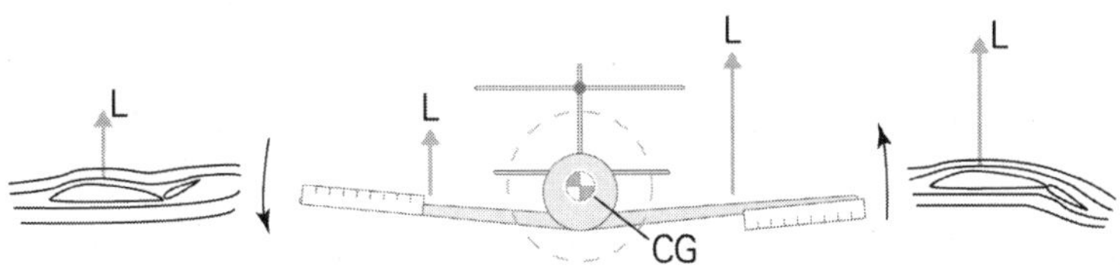

그림 2-38 보조익(Aileron)의 Up과 Down으로 롤링(Rolling) 모멘트 발생

롤링(Rolling) 모멘트의 합력은 날개에 작용하는데 그 크기는 모멘트-암과 서로 다른 양력의 크기에 의해 결정된다. 보조익(Aileron)이 날개의 바깥쪽에 위치한 이유는 중력중심(CG)에 대해 더 긴 모멘트를 주기 위해서다.

보조익(Aileron)을 올린 쪽의 날개는 밑으로 내려가고, 반대로 보조익(Aileron)을 내린 쪽의 날개는 위로 올라간다.

- 보조익(Aileron)이 밑으로 내려가면 날개는 위로 올라간다
- 보조익(Aileron)이 위로 올라가면 날개는 밑으로 내려간다.

역요(Adverse Yaw)는 보조익(Aileron)의 항력(Drag) 때문이다. 보조익(Aileron)을 밑으로 내리면 그 날개 단면의 유효 캠버(Camber)를 증가시키고 유효 받음각(AOA)도 증가시키게 된다. 따라서 그 날개의 양력이 증가하지만 더불어 항력도 증가한다. 반대편 보조익(Aileron)은 위로 올라가고 그 날개 단면의 유효 캠버(Camber)는 감소하고 받음각(AOA)도 감소한다. 따라서 그 날개에서 양력이 감소하면 항력도 감소한다.

두 날개의 서로 다른 양력은 비행기를 한쪽으로 기울이게 한다. 하지만 보조익(Aileron)의 항력차는 원하지 않는 역요(Adverse Yaw)를 일으키게 한다. 이 현상은 보조익(Aileron)의 항력 또는 역요(Adverse Yaw) 현상으로 알려져 있고, 대개는 조종사가 이륙 직후 낮은 속도에서 선회할 때 인지할 수 있다.

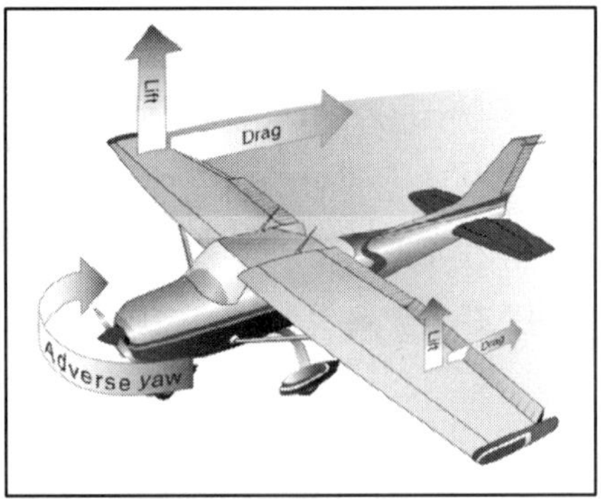

그림 2-39 올라간 날개에 의한 보조익(Aileron)에 대한 항력(Drag)의 증가로 역요(Adverse Yaw)가 발생

역요(Adverse Yaw) 현상은 차등 보조익(Differential Aileron)과 프리스형 보조익(Fries-Type Aileron), 또는 러더(Rudder)와 보조익(Aileron)의 연동과 같은 설계로 줄일 수 있다. 실제로 어느 정도까지는 보조익(Aileron)의 항력은 근대 훈련용 비행기에서는 배제되어왔다.

차등 보조익(Differential Aileron)은 역요(Adverse Yaw)를 막는다. 차등 보조익(Differential Aileron)은 위로 향하는 날개에 발생하는 항력을 감소시킴으로써 보조익(Aileron)의 항력을 작게 해주도록 설계되었다. 이는 위로 향하는 날개의 아래로 편향하는 보조익(Aileron)의 각을 아래로 향하는 날개의 위로 편향하는 보조익(Aileron)의 각보다 작게 변화시켜 줌으로써 이뤄질 수 있다. 아래로 향하는 보조익과 위로 향하는 보조익을 같은 비율로 변화시킬 때에 비해 올라가는 날개의 양력과 항력의 증가를 적게 함으로써 역요(Adverse Yaw)를 감소하게 만든다. 하지만 역요가 모두 없어지는 것은 아니다.

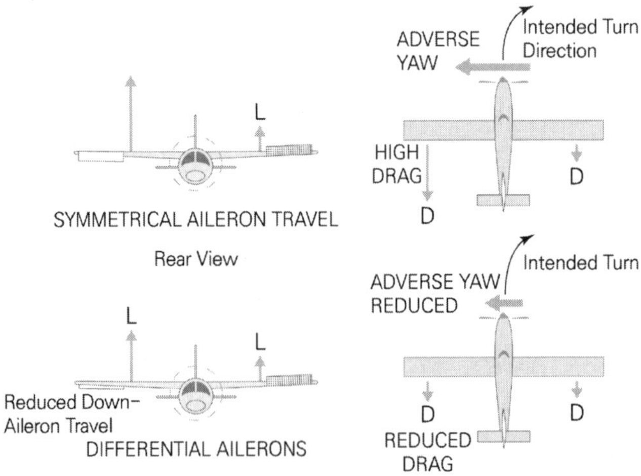

그림 2-40 역요(Adverse Yaw)를 막는 차등 보조익(Differential Aileron)

프리스형 보조익(Frise-Type Aileron)은 역요(Adverse Yaw)를 막는다. 프리스형 보조익(Frise-Type Aileron)은 선회 시 안쪽의 내려가는 날개의 항력을 증가시킨다. 날개를 아래로 내리기 위해 보조익(Aileron)이 위로 올라옴에 따라 보조익(Aileron)의 앞전(Leading Edge)은 날개 밑의 공기 흐름을 받게 되고 아래로 내려가는 날개의 항력을 증가시키게 된다. 이 항력은 위로 올라가는 날개의 항력을 증가시켜 그 균형을 맞추려는 경향을 가진다. 위로 올라가는 날개에서 아래로 내려가는 보조익(Aileron)의 앞전(Leading Edge)은 공기흐름을 받지 않는다.

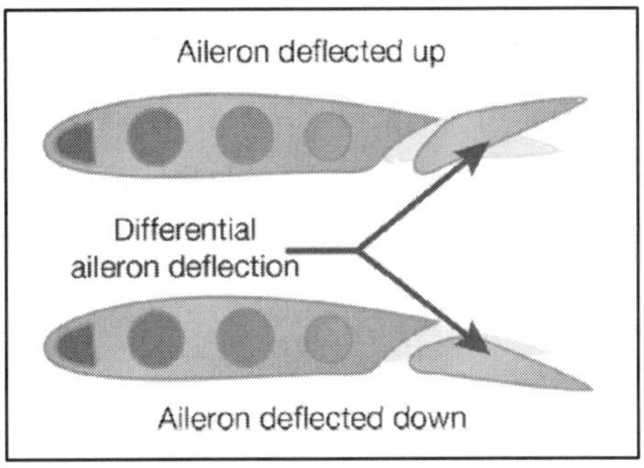

그림 2-41 프리스형 보조익(Frise-Type Aileron)은 양쪽 보조익(Aileron)의 항력(Drag)을 균등화해 역요(Adverse Yaw)를 감소

프리스형 보조익(Frise-Type Aileron)은 서로 다르게 작동되도록 설계될 수 있으며 그로 인해 두 가지 효과를 결합한다.

보조익(Aileron)과 러더(Rudder)의 결합은 역요(Adverse Yaw)를 극복한다. 러더(Rudder)와 보조익(Aileron) 시스템이 서로 연동되어 있는 항공기가 보조익(Aileron)에 의해 경사(Bank)를 가질 때, 경사(Bank) 안쪽으로 항공기를 요(Yaw)시키고 보조익(Aileron)들로부터 반대의 요(Yaw)를 가지도록 러더(Rudder)가 자동적으로 움직인다.

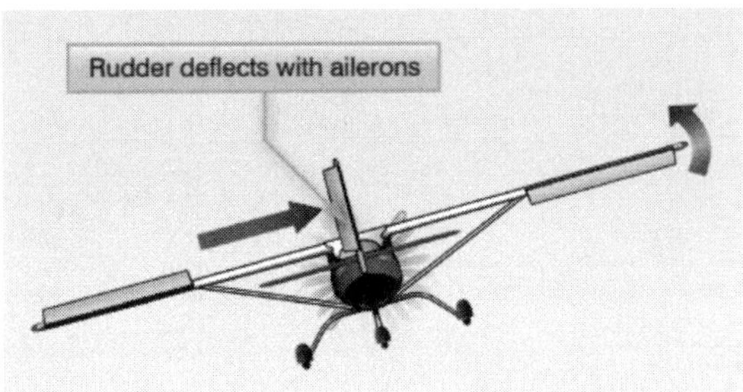

그림 2-42 보조익(Aileron)과 러더(Rudder)의 연동으로 역요(Adverse Yaw) 감소

롤(Roll)과 요(Yaw)의 상호연결에서 러더(Rudder)의 기본 효과는 항공기 요잉(Yawing)이고, 두 번째 효과는 항공기 롤링(Rolling)이며 보조익(Aileron)의 기본 효과는 항공기 롤링(Rolling)이고, 두 번째 효과는 항공기 요잉(Yawing)임을 주목하라.

2.2.4 롤링(Rolling)

롤링(Rolling)은 요잉(Yawing)에 이어 나타난다. 보조익(Aileron)의 사용에 의해 항공기가 경사(Bank)가 졌을 때, 양력의 차이가 발생하여 기울어지게 된다. 그로 인해 어떤 다른 힘과 균형을 이루지 않는 수평적인 힘의 요소가 생기게 되며, 그로 인해 항공기는 그 방향으로 슬립(Slip)하게 된다. 슬립(Slip)의 결과로 공기 흐름이 항공기의 옆면과 주로 중력중심(CG) 뒤의 핀(Fin)과 같은 큰 용골면(Keel Surface)을 칠 것이고 경사(Bank)의 앞쪽 방향으로 항공기의 기수(Nose)가 요(Yaw)되도록 한다. 이러한 방법으로 롤(Roll)은 요(Yaw)에 이어 나타나게 된다.

NOTE

보조익(Aileron)이 작동되는 동안 경사(Bank)의 반대 방향으로 약간의 요(Yaw)가 있을 것이다. 그러나 경사(Bank)가 설정되고 보조익(Aileron)의 움직임이 멈추면 항공기는 낮은 날개의 앞쪽으로 요(Yaw)를 가질 것이다. 이것은 점차 항공기를 나선형으로 강하시킨다. 만약 조종사가 그에 대해 날개를 수평으로 하거나 조종간을 잡아당기는 조작을 하지 않는다면 고도를 잃게 될 것이다.

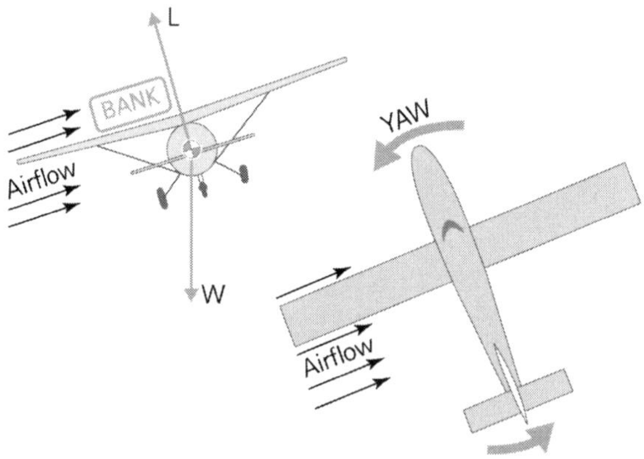

그림 2-43 요(Yaw)에 의한 롤(Roll)

요(Yaw)에 있어서 주 컨트롤은 러더(Rudder)에 의해서 이뤄진다. 러더(Rudder)는 수직안정판(Vertical Stabilizer)의 뒤쪽에 달려져 있다. 이것은 러더바(Rudder Bar)에 달려있는 러더(Rudder) 페달에 의해 컨트롤된다.

왼쪽 페달을 밀면 러더(Rudder)는 왼쪽으로 움직일 것이다. 이것은 러더(Rudder)의 에어포일(Airfoil)면을 변경시키고 미익 부분을 오른쪽으로 움직여 비행기를 수직 축에 대해 왼쪽으로 요(Yaw)시키는 측면 양력(Lift)이 생성된다. 즉, 왼쪽 러더(Rudder)는 비행기를 왼쪽으로 요(Yaw)시킨다.

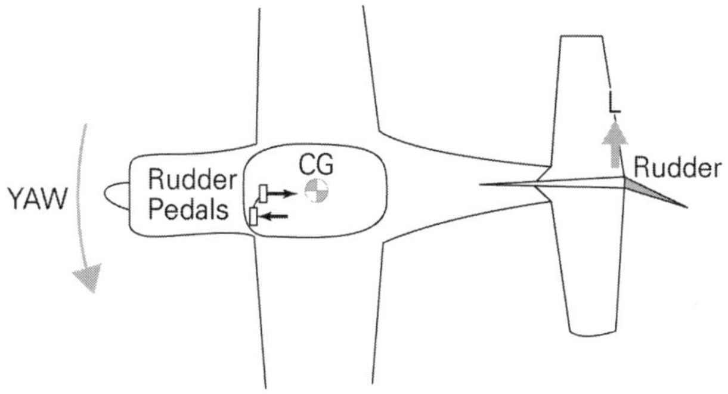

그림 2-44 왼쪽 러더(Rudder) 압력(Pressure)은 기수를 왼쪽으로 요(Yaw) 발생

러더(Rudder) 효과는 속도와 함께 증가된다. 그래서 낮은 속력에서의 큰 편향도와 높은 속력에서의 작은 편향도는 그 비행기에게 특별한 요(Yaw)를 주기 위해 요구되어진다. 프로펠러 항공기에서 러더(Rudder) 위를 흐르는 후류(Slipstream)는 러더(Rudder) 효과를 증가시켜줄 것이다.

롤(Roll) 뒤에 요(Yaw)가 따른다. 러더(Rudder)의 주효과는 비행기를 요(Yaw)시키는 것이다. 이것은 바깥쪽 날개의 속도를 높여주어 양력을 증가시킨다. 요(Yaw)를 시작하면 그 비행기는 관성의 영향으로 인하여 본래의 비행경로로 잠시 비행할 것이다. 앞쪽 날개의 상반각(Dihedral)에서 이것은 상대풍에 대해 더 높은 받음각(AOA)을 나타내고 더 많은 양력(Lift)을 생성한다. 만일 그 비행기가 요(Yaw)를 하게 된다면 러더(Rudder)의 효과에 의해 롤(Roll)도 발생시킬 것이다.

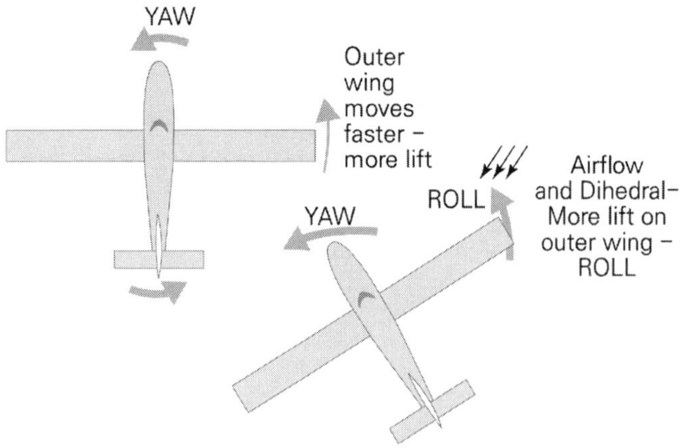

그림 2-45 롤(Roll)에 의한 요(Yaw)

훈련용 비행기의 프로펠러는 대부분이 조종실에서 볼 때 시계방향으로 회전한다. 그 결과로 프로펠러의 후류(Slipstream)는 같은 방향으로 나선 모양을 그리며 뒤로 회전하면서 핀(Fin)의 왼쪽에 부딪치게 된다. 이는 항공기의 꼬리를 오른쪽으로 밀어내는 역학적 힘을 발생시키고 결과적으로 기수(Nose)를 왼쪽으로 요잉(Yawing)시킨다.

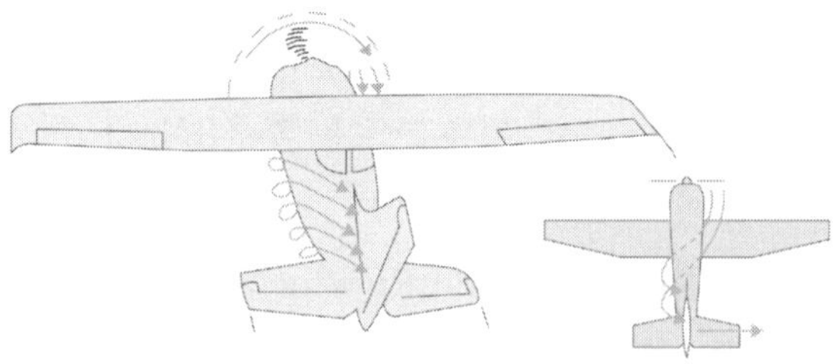

그림 2-46 후류(Slipstream)는 러더(Rudder)의 한쪽 면을 침

일부의 항공기는 꼬리날개의 디자인특성을 변형하여 순항(Cruise)하는 동안 후류(Slipstream) 효과를 조절하게 하기도 한다. 예를 들면 핀(Fin)을 항공기의 중앙에서 약간 비켜나게 하기도 한다. 그러나 순항비행 동안 이런 것들보다도 속도나 동력의 조절에 따라 후류(Slipstream) 효과도 변한다. 그래서 균형을 맞추기 위해 러더(Rudder)의 조작이 요구되는 것이다. 이는 특히 이륙할 때나 상승 중 고출력, 저속의 상황에서 좌편향 경향을 상쇄하기 위하여 상당한 양의 우측 러더(Rudder)를 조작해주어야 한다.

측풍(Crosswind) 상태의 지상에서 운항은 핀(Fin)의 측면에 힘을 가하여 비행기의 기수를 바람 방향으로 돌리려는 경향이 있다. 이러한 항공기의 요잉(Yawing)을 막기 위해 러더(Rudder)를 조작하여 활주로 중앙선을 따라 경로(Track)를 유지시켜야 한다.

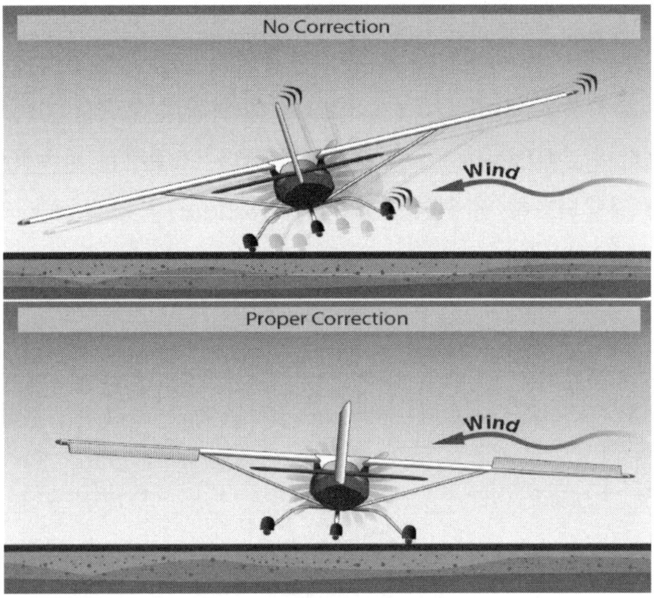

그림 2-47 측풍에서 이륙(Takeoff)

측풍(Crosswind)이 있을 때 활주로에 착륙하기 위한 접근 방법 중 하나는 바람이 부는 쪽으로 기수를 돌려 활주로의 연장된 중심선에 맞추어 따라 들어가는 크랩(Crab) 방법이다. 이때 러더(Rudder)의 Ball은 중앙에 위치하게 된다. 항공기가 접지(Touchdown)하기 전에 러더(Rudder)를 이용하여 요(Yaw)를 주어 바퀴가 닿을 때 활주로의 방향과 평행하게 정렬하여야 한다.

그림 2-48 측풍에서 크랩(Crab)에 의한 접근(approach)

측풍(Crosswind) 상태에서 착륙하기 위한 다른 방법은 횡요(Sideslip)에 의한 접근이다. 활주로에 접근하면서 비행기가 활주로 중앙선의 연장선과 평행하게 정렬되도록 요(Yaw)를 주고 중심선을 벗어나는 것을 막기 위해 바람이 불어오는 쪽의 날개를 기울여 접근하는 것으로 윙로우(Wing Low) 방식이라 한다. 조종사는 지속적으로 활주로 중앙선에 평행하게 정렬되도록 경사(Bank)와 러더(Rudder)를 조절한다. 착지는 바람이 부는 쪽의 바퀴부터 일어난다.

그림 2-49 횡요(Sideslip)에 의한 접근(Approach)

날개를 충분히 낮추지 못하면 비행기는 풍하쪽으로 밀리고, 지나치게 날개를 낮추면 풍상쪽으로 밀려 중심선을 벗어나게 된다. 특히 바람이 돌풍성이고 강도가 급격히 바뀌면 지면으로 접근할 때 고도의 기술이 필요하고 비행교관의 시범에 의해 쉽게 이해할 수 있을 것이다. 최고 강도의 측풍(Crosswind)에서 러더(Rudder)의 효과에 의한 항공기의 조종성이 제한되고, 최대 측풍 허용치는 비행교범(Flight Manual)과 조종사 운항 핸드북(POH)에 설명되어 있다.

NOTE

구체적인 측풍(Crosswind) 시 착륙에 관한 절차는 비행교범(FTM)을 참조하라.

러더(Rudder) 사용의 강도는 상기의 요구를 충분히 만족시킬 만큼 강해야 하지만 반면에 너무 지나치게 강해서는 안 된다. 조종사에 의한 조작이 구조적 손상을 초래해서는 안 된다.

2.2.5 컨트롤의 효과(Control Effectiveness)

조종면의 크기와 모양 그리고 중력중심(CG)에 대한 모멘트는 조종면의 효율에 있어 가장 중요한 사항이다. 모양과 크기는 이미 설계자에 의해 정해졌고 중력중심(CG) 또한 매우 작은 거리에서 움직이므로 컨트롤 효과는 지속적이라 할 수 있다. 따라서 컨트롤 효과는 속도(Air Speed)와 변위각(Deflection Angle)에 의해 결정된다.

보조익(Aileron)이 아래로 편향되면 받음각(AOA)과 캠버(Camber)가 증가되므로 양력계수가 증가하여 양력(Lift)이 커진다. 조종면이 편향이 많으면 많을수록 에어포일(Airfoil)로부터의 양력의 변화는 커진다. 이때 실속 받음각(Stalling AOA)은 초과하지 않아야 한다. 회전모멘트의 변화는 양력(Lift)×중력중심(CG)까지 모멘트-암의 변화라 할 수 있다.

이미 양력(Lift)과 항력(Drag)에서 배웠듯이, 공기역학적인 힘은 동압(Dynamic Pressure)에 따라 다르다.

$$L = 1/2\ \rho\ V^2$$

속도(Air Speed)가 두 배가 되면 양력은 V^2으로 4배가 된다. 따라서 두 배의 속도는 동일 조종면의 Deflection에 대해 4배의 효과를 미친다.

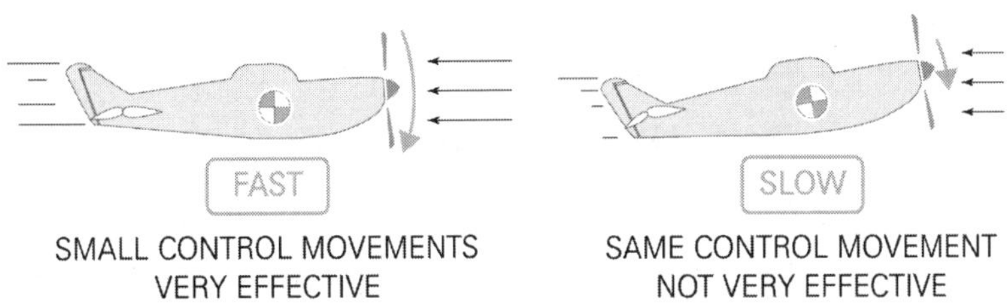

그림 2-50 공기 흐름의 증가에 따라 컨트롤은 더 효과적임

속도(Air Speed)가 절반이 되면 조종면의 변위(Deflection)는 4분의 1의 효과를 갖는다. 따라서 낮은 속도(Air Speed)에서 원하는 고도를 얻고자 한다면 더 많은 조종면의 변위가 필요하므로 컨트롤의 효율성은 떨어진다. 다시 말해 저속에서보다 고속에서 컨트롤은 더 효과적이다.

2.2.6 후류(Slipstream)는 러더(Rudder)와 수평꼬리날개의 효과를 증가시킴

조종면의 공기 흐름(Airflow)을 증가시키는 것은 컨트롤을 더 효과적으로 만드는 요인이다. 이러한 공기 흐름의 증가는 반드시 비행기 속도의 증가만으로 인해 얻어지는 것은 아니다. 예를 들면 고 엔진 출력 상태에서 낮은 속도로도 단발 엔진의 프로펠러 후류(Slipstream)를 강력하게 꼬리 부분으로 불게 하면 승강타(Elevator)와 러더(Rudder)의 컨트롤을 더 효과적으로 만든다.

비행 중 유동력(Power On) 상태에서 실속(Stall)에 근접하게 될 때 승강타(Elevator)와 러더(Rudder)는 후류(Slipstream)에 의해 보조익(Aileron)보다 더 효과적이다.

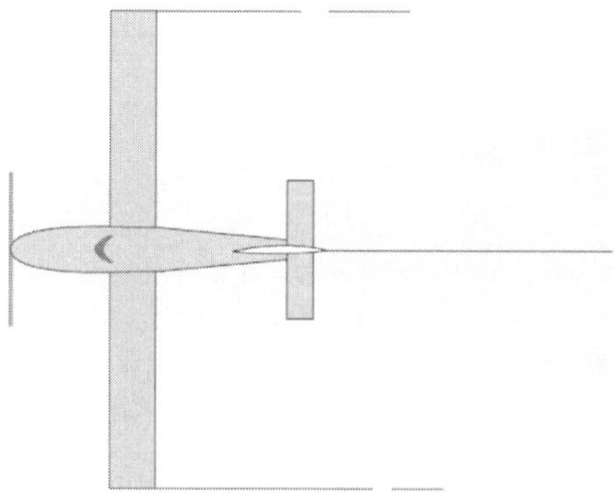

그림 2-51 **프로펠러 후류(Slipstream)**

2.2.7 조종사의 컨트롤 압력(Control Pressures)

조종면을 움직임으로 인해 생성되는 공기역학상의 힘은 조종면의 움직임의 방향과는 반대로 작용한다. 예를 들어 조종간을 앞쪽으로 밀어 승강타(Elevator)가 내려갈 때 승강타(Elevator)의 원래 위치로 돌아가려고 하는 힌지선(Hinge-Line)에 대해서 조종면에 작용하는 모멘트를 유발하는데, 이에 대해 조종사는 요구되는 위치를 유지하기 위해 모멘트를 극복해야만 한다. 조종사는 이것을 조종간압(Stick-Force)으로서 느끼게 된다.

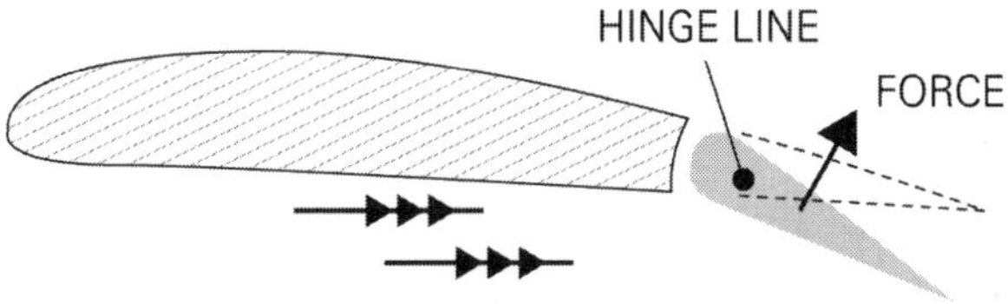

그림 2-52 조종면(Control Surface)에서 힌지 모멘트(Hinge Moment)

조종간압(Stick-Force)은 조종면에 연결되어 있는 조종간과 조종면의 힌지선(Hinge-Line)에서의 회전모멘트에 의한다. 만약 조종면이 전단(Leading Edge) 부분에 연결되어 있고 비행 중 이 위치로부터 움직인다면, 무겁고 빠른 항공기의 경우 요구되는 조종간압(Stick-Forces)은 매우 높을 것이다. 이러한 힘들은 설계자에 의해서 공기역학적 균형을 제공함으로써 작게 만들어질 수 있다.

설계자는 조종면을 컨트롤하기 위한 공기역학적인 힘을 제공하기 위하여 인셋힌지(Inset Hinge), 혼밸런스(Horn Balance) 혹은 균형탭(Balance Tab)을 사용할 수도 있는데, 이들은 부분적으로 균형을 잡아주거나 힌지(Hinge) 모멘트를 감소하게 한다. 즉, 조종면의 공기역학적인 균형은 조종사에게 요구되는 조종압을 감소시키도록 설계될 수 있다. 그러나 설계자는 과도한 균형(Over-Balance)으로 조종사가 감각을 잃지 않도록 주의를 기울어야 한다.

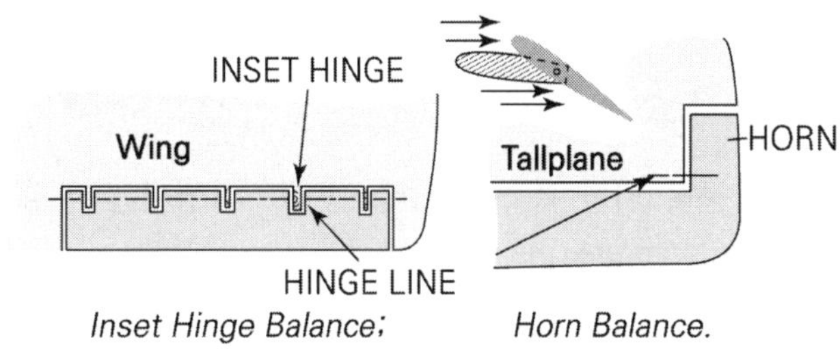

그림 2-53 Inset Hinge Balance와 Horn Balance

1) 고정 균형탭(Fixed Balance Tab)

일부 구형 비행기에는 유연성이 적은 금속 탭(Tab)이 조종면의 뒤쪽에 부착되어 있다. 만약 비행 중 비행 성능의 불균형이 발견되면 탭(Tab)을 구부려서 받는 힘을 변경시킬 수 있다. 고정 균형탭은 다시 장착할 필요가 없어 추가적인 비용이 들지 않는 대신 지상에서만 작업이 가능하고 효율성은 시험비행을 통해 알 수 있다.

2) 균형탭(Balance Tab)

대부분의 수평꼬리날개에 승강타(Elevator)의 부분으로서 균형탭(Balance Tab)을 조합하는 것은 매우 일반적이다. 그것은 반대 방향으로 움직이도록 하는 연결 장치(Linkage)에 의해 승강타(Elevator)에 기계적으로 연결되어 있다. 만약 조종사가 조종간을 당기면 승강타(Elevator)는 올라가고, 균형탭(Balance Tab)은 자동적으로 반대로 내려가게 된다. 이는 승강타(Elevator)를 올라가 있는 상태로 유지시킴으로써 조종사에게 요구되는 조종력을 감소시키는 역할을 하게 된다.

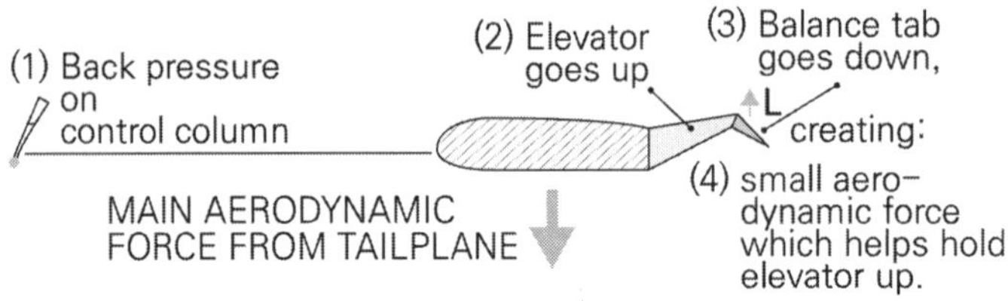

그림 2-54 균형 탭(Balance Tab)

> **NOTE**
>
> Balance Tab은 승강타(Elevator)가 움직임에 따라 자동적으로 움직인다. 이러한 작동은 비행 전 점검에서 승강타(Elevator)를 움직였을 때 Tab이 반대쪽으로 움직이는지 점검해야 한다.

2.2.8 트림탭(Trim Tabs)

조종사가 조종간 작동을 위한 특별한 노력 없이도 비행기는 피치(Pitch), 롤(Roll)과 요(Yaw)에 의하여 균형을 유지한다.

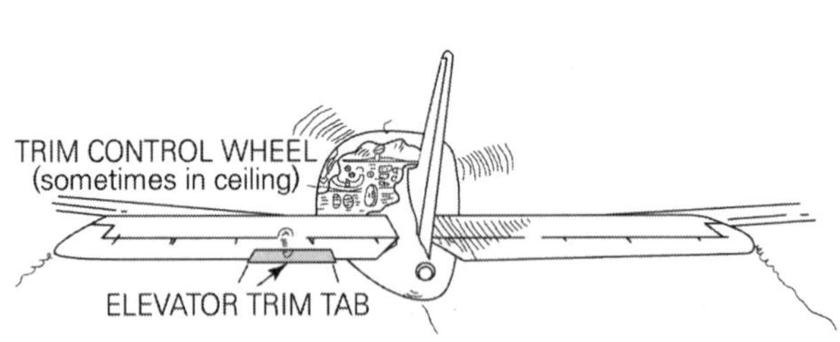

그림 2-55 승강타(Elevator) 트림 탭(Trim Tab)

적절한 트림(Trim) 조작을 한 비행기는 그렇지 않은 비행기보다 훨씬 비행이 편안하다. 따라서 조종간 조작은 고도나 침로(Heading)를 유지하기보다는 기동 시에 필요하게 된다. 트림탭(Trim Tab)의 기능은 조종면 힌지선(Hinge Line)의 모멘트를 줄이기 위한 것으로서 조종간 조작 없이 비행 상태를 유지할 수 있게 한다.

거의 모든 비행기가 승강타(Elevator) 트림을 가지고 있고 많은 경비행기와 대부분 다발 엔진(Multi-Engine) 비행기들이 러더(Rudder) 트림을 가지고 있으며, 좀 더 정교한 비행기들은 보조익(Aileron) 트림도 있다. 트림(Trim Tab)의 종류는 다양하고 정교함에 차이가 있다. 지상에서만 변경되는 금속 스트립(Metal Strip)과 조종간에 하중(Load)을 주는 스프링(Spring)으로부터 주로 조종사가 조종실에서 조작하는 것으로 트림 휠(Trim Wheel)이나 트림 핸들(Trim Handle)이 있으며, 기계적 혹은 전기적으로 작동된다. 간단한 금속 스트립(Metal Strip) 형식은 몇몇 비행기의 보조익(Aileron)에서 볼 수 있는데 조종간 조작 없이 수평비행을 용이하게 하기 위해 시험비행을 통해 지상에서 변경될 수 있다.

대부분의 경량 항공기에서의 트림(Trim) 장치는 기계적이거나 자연적인 감각에 의해 움직이는 트림휠(Trim Wheel)에 의해 작동된다. 만약 조종사가 원하는 자세를 유지하기 위하여 조종간을 앞으로 민다면 승강타(Elevator)의 트림휠(Trim Wheel)을 앞으로 돌려 조종사로부터 어느 일정한 압력이 없이도 항공기는 원하는 자세를 유지하게 될 때까지 조종사는 점차 조종간에 주는 힘을 줄이게 된다.

만약 트림(Trim)이 전기적으로 작동한다면 스위치(Switch)는 중앙의 Off 위치로 스프링 탄성으로 돌아갈 것이다. 만일 조종사가 조종간을 잡고 유지해야 하는 일정한 힘을 줄이기 위해서 조종사는 중앙에 있는 스위치를 움직여서 본능적인 감각으로 힘이 모두 풀어질 때 스위치를 멈춘다.

트림(Trim)을 조작하는 방법은 컨트롤 압력으로 원하는 자세로 비행기를 고정시킨 다음에 이러한 압력들이 없어질 때까지 조작한다. 비행기의 자세를 바꾸기 위해서 트림(Trim)을 사용하는 것은 지양해야 한다. 승강타(Elevator) 컨트롤을 가지고 원하는 자세로 변화시킨 후 안정적인 비행이 되면 즉시 안정적인 조절 압력들을 트림(Trim)을 사용하는 것을 권장한다.

비록 비행기를 조작하기 위해서 조종사에 의해서 조종면이 움직였을지라도 트림탭(Trim Tab) 그 자체는 조종사가 다시 트림(Trim)을 하기까지 조종면에 대해서 상대적으로 똑같은 위치에 남아있게 될 것이다. 비행기는 파워가 바뀌거나 속도(Air Speed)가 바뀌거나 중력중심(CG)이 변할 때까지 균형이 잘 유지될 것이다. 변화가 생기면 조종사는 다시 트림(Trim)을 조절해야 한다. 스테빌레이터(Stabilator)를 가진 항공기는 일반적으로 수평안정판 전체를 움직이도록 통합된 승강타(Elevator) 트림을 가졌다.

2.2.9 질량 균형(Mass Balancing)

어떤 조종면들은 고속에서 떨리는 경향을 가질 수 있다. 이러한 진동은 받음각(AOA)이 바뀜에 따라 표면에 발생하는 압력분포의 변화에 의한 결과이다.

만약 구조의 한 부분이 진동을 시작하고 조종면들이 특별히 이것에 민감하다면 이러한 진동들은 빠르게 위험스러운 비율로 도달하게 될 것이다. 이러한 떨리는 경향을 피하기 위해서 디자이너는 표면의 질량 분포를 수정하는 것이 필요하다.

질량 균형(Mass Balancing)의 목적은 수평으로 균형을 조절하는 것이 아니라 떨림과 진동을 피하기 위해서 조종면의 질량분포를 수정하는 데 있다. 질량의 균형체는 조종면의 중력중심(CG)을 힌지선(Hinge Line) 위나 약간 앞에 위치하도록 하기 위해서 힌지선 보다 앞에 위치하고 있다. 인셋힌지(Inset Hinge) 또는 혼밸런스(Horn Balance) 경우에는 이러한 추들은 힌지선 앞선 부분과 쉽게 결합되어 있다. 조종면의 질량 분배는 매우 중요하다.

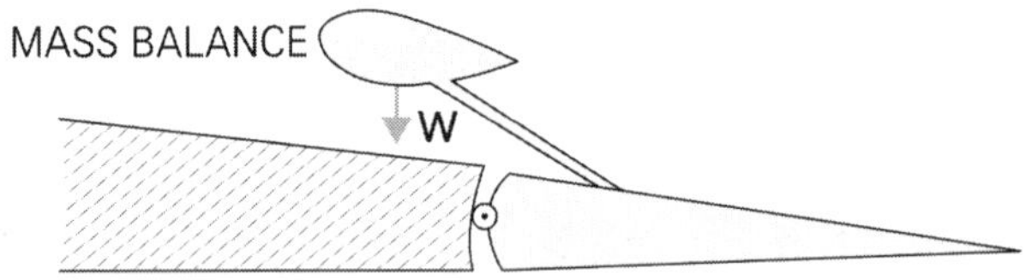

그림 2-56 컨트롤의 진동(Flutter)을 막기 위한 질량-균형(Mass-Balance)

2.2.10 안티 밸런스탭(Anti-Balance Tab)

스테빌레이터(Stabilator)는 승강타(Elevator)보다 훨씬 많은 면적을 가지고 있어 컨트롤 입력보다 훨씬 강한 반응을 만들어낸다. 즉 작은 움직임이 커다란 공기역학적 힘을 발생시킨다. 스테빌레이터(Stabilator)는 너무 많이 그리고 과도한 조작을 막기 위해서 (특별히 빠른 속도에서) 종종 안티 밸런스탭(Anti-Balance Tab)과 결합하여 설계되기도 한다.

안티 밸런스탭(Anti-Balance Tab)은 스테빌레이터(Stabilator)의 뒷전(Trailing Edge)과 같은 방향으로 움직인다. 그리고 조종사에게 느낌을 잘 제공하는 만큼 스테빌레이터(Stabilator)를 더 움직이기 힘들게 만드는 공기역학적인 힘을 발생시킨다.

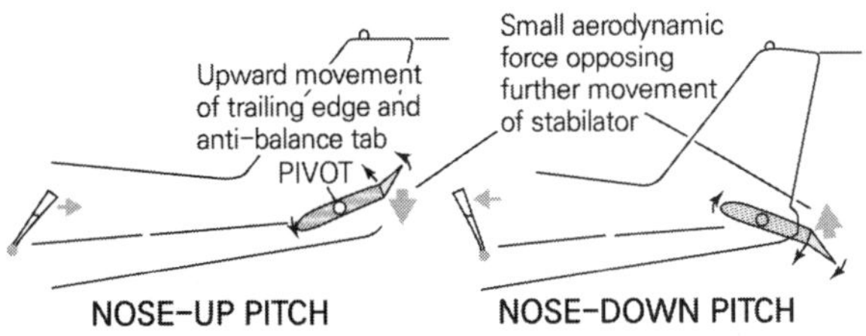

그림 2-57 안티 밸런스탭은 추가 움직임을 막고 컨트롤 감각을 제공

안티 밸런스탭(Anti-Balance Tab)의 교정 작업은 수평안정판(Stabilizer)의 뒷전(Trailing Edge)을 움직여 안티 밸런스탭(Anti-Balance Tab)이 같은 방향으로 움직이는가를 알아보는 비행 전 점검에서 체크될 수가 있다.

2.2.11 컨트롤에 대한 요약(Summary Of Controls)

주 조종장치(Primary Control)에는 승강타(Elevator), 보조익(Aileron), 러더(Rudder)가 있다. 보조 조종장치로는 스로틀(Throttle), 프로펠러 레버(Propeller Lever), 혼합비 컨트롤(Mixture Control), 기화기 히터(Carburetor Heat), 플랩(Flaps), 착륙기어 레버(Undercarriage Lever) 등이 있다.

Plane	Axis	CONTROL	Initial Effect	FurtHer Effect
Pitch	Lateral	Elevator	Pitch	속도(Air Speed) change
Roll	Longitudinal	Ailerons	Roll	Yaw
Yaw	Vertical	Rudder	Yaw	Roll

스로틀(Throttle)은 보조 조종장치임에도 불구하고 비행에 중요한 영향을 미치므로 간략하게나마 언급한다. 스로틀(Throttle)을 사용하는 첫 번째 효과는 추력을 높이는 것이다. 또한 그것은 후류(Slipstream) 효과를 증가시켜 러더(Rudder)로 조정하지 않으면 비행기의 요(Yaw) 현상을 일으킬 수 있다.

조종석에서 보았을 때 시계방향으로 돌아가는 프로펠러는 스로틀(Throttle)을 증가시키면 비행기의 기수를 위로 향하게 하고 비행기가 왼쪽으로 요(Yaw)하게 만든다. 수평비행을 위해 조종간을 앞으로 밀고 오른쪽 러더(Rudder)를 차는 대응이 필요하다. 만일 스로틀(Throttle)을 감소시키면 비행기의 기수는 아래로 처지게 되고 오른쪽으로 요(Yaw) 현상이 일어나게 된다. 수평비행을 유지하기 위해 조종간을 당기고 왼쪽 러더(Rudder)를 차는 대응이 필요할 수 있다.

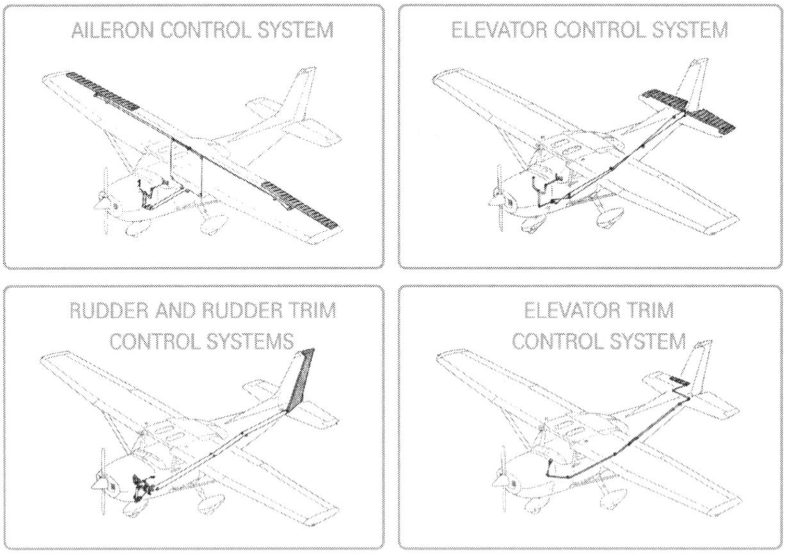

그림 2-58 컨트롤 시스템(Control System)

2.2.12 지상에서 컨트롤(Control)

지상에서의 방향 컨트롤은 러더(Rudder), 러더(Rudder) 페달과 연결되어 있는 전륜의 스티어링(Steering), 파워(Power), 브레이크(Brakes)를 통하여 이루어진다. 러더(Rudder)를 타고 흐르는 공기 흐름(Airflow)은 러더(Rudder)의 효과를 증가시킨다. 특히 빠르게 활주(Taxiing)하고 있을 때에는 급격한 방향전환을 자제해야 한다. 높은 중력중심(CG), 좁은 휠(Wheel) 간 거리, 좋지 않은 바람의 영향, 혹은 위의 여러 가지 상황이 한꺼번에 겹쳐 위험한 상황을 초래할 수도 있다. 그리고 비행기는 바람 방향으로 돌아가려는 경향이 있다. 따라서 측풍(Crosswind)이나 배풍(Tailwind) 상태에서 활주(Taxiing)할 경우에는 더욱 조심해야 한다.

속도는 지상에서 파워(Power)와 브레이크(Brake)를 사용함으로써 조종한다. 스로틀(Throttle)을 사용하여 힘을 증가시키는 것은 비행기를 가속시키기 위해 주로 사용되며, 한 번 비행기가 움직이게 되면 필요한 힘은 줄어드는 경향이 있다. 공기의 저항과 지표의 마찰 그리고 바퀴의 브레이크(Wheel Brake)는 비행기의 속도를 줄이는 역할을 한다. 브레이크를 잡은 채로 파워(Power)를 증가시키지 않는 것이 바람직하다.

후륜(Tail Wheel) 항공기의 제동은 중력중심이 관성에 의해 주륜(Main Wheel)의 앞쪽으로 움직이려 하므로 방향 불안정을 초래할 수도 있다. 그러나 전륜(Nose Wheel) 항공기에 있어서는 항공기 제동이 요(Yaw)현상을 일으키지 않을 것이다.

2.2.13 측풍 영향(Crosswind Effect)

날개가 상반각을 가졌다면 측풍은 풍상 쪽의 날개를 들어올리려는 경향이 있다. 보조익(Aileron)을 이용하여 들어올리려는 쪽의 날개의 수평을 유지할 수 있다. 또한 측풍으로 인해 기수가 바람 방향으로 돌아가려는 풍향계(Weathervane) 현상이 일어날 수도 있다.

2.2.14 배풍 영향(Tailwind Effect)

배풍은 활주 속도를 증가시키려는 경향이 있고 큰 꼬리날개의 타면을 타고 흐르는 공기의 흐름은 방향 안정성을 감소시킬 것이다. 강한 측배풍에서 비행교관은 조종간을 앞쪽으로 밀고 바람이 부는 반대 방향으로 유지하라고 충고할 것이다. 이 조작은 승강타(Elevator)를 다운(Down)시킴으로써 배풍에 의해 수평꼬리날개에 양력을 발생하게 하는 것을 방지해주면서 풍하쪽의 날개의 보조익(Aileron)을 올려줌으로써 지면과의 마찰력을 크게 하는 효과가 있다.

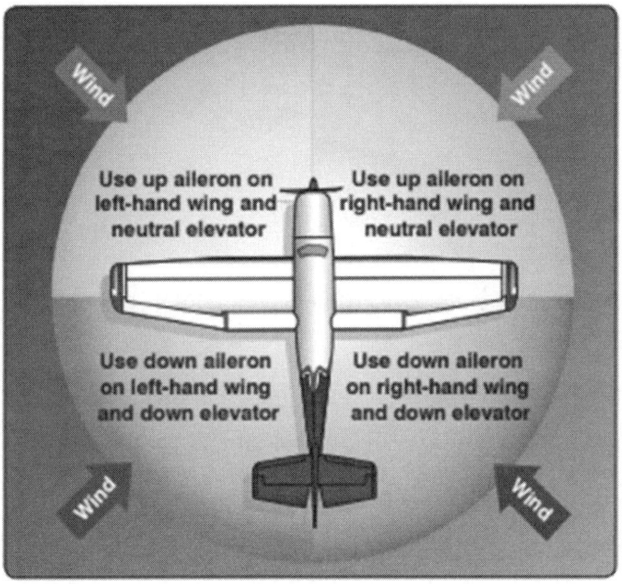

그림 2-59 전륜 비행기의 활주(Taxi) 중 컨트롤 위치

2.3 실속(Stall)

2.3.1 유선(Streamline)과 양력(Lift)

에어포일(Airfoil) 주위의 공기 흐름(Airflow)은 받음각(AOA)이 증가함에 따라 변화한다. 대부분의 비행 상태에서 이러한 Airflow는 유선형의 흐름(Streamline Flow)이며, 베르누이의 정리가 적용된다. 즉, 속도가 증가함에 따라 정압은 감소한다. 주로 날개 상면에서의 증가된 공기 흐름 속도는 정압의 감소를 가져오면서 양력을 생성하게 되고 항력도 나타난다. 에어포일(Airfoil)에서 받음각(AOA)이 증가함에 따라 양력계수(C_L)도 증가하는데, 임계각(Critical Angle)까지만 증가한다.

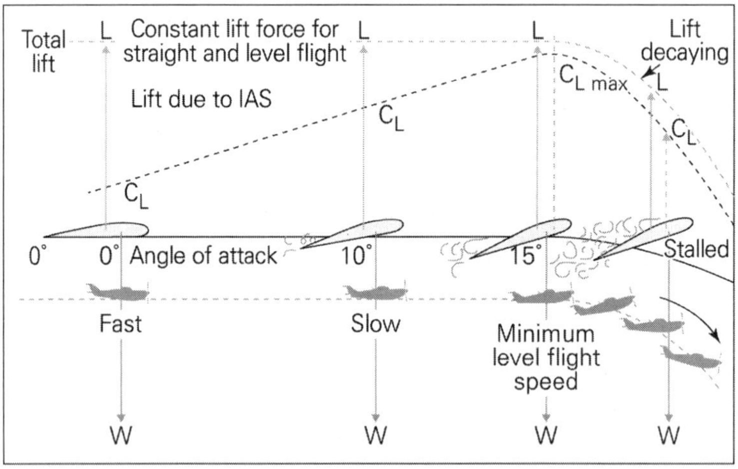

그림 2-60 에어포일(Airfoil)은 임계각(Critical Angle)에서 최대 양력계수(C_{Lmax})에 도달

에어포일 주위에 흐르는 이상적인 공기 흐름을 유선(Streamline)이라 한다. 이러한 유선(Streamline)은 에어포일 표면의 어느 한 점에서 분리(Separation)가 일어나고 난류(Turbulent Flow)로 변하게 된다.

낮은 받음각에서는 이 분리점(Separation Point)이 날개 상면의 뒷부분에서 일어나고 이러한 난류는 항공기에 그다지 큰 영향을 주지 못한다. 그러나 보다 큰 받음각 상태에서는 이 분리점이 앞쪽으로 이동하게 되고 받음각이 증가하게 됨에 따라 임계 받음각에 다다르게 되는데 이 상태에서는 분리점이 갑자기 앞쪽으로 크게 이동하게 되어 날개 전체에 걸쳐 난류를 일으키게 된다.

날개 상면에서의 낮은 정압의 형성은 유선(Streamline)의 붕괴에 의해 감소하게 된다. 난류의 흐름은 더 이상 낮은 정압 상태를 만들어내지 못한다. 그리고 임계각에서 이러한 유선(Streamline)의 붕괴는 현저하게 날개의 양력 발생능력을 떨어뜨린다. 이러한 날개에서의 유선(Streamline)의 붕괴와 난류의 발생을 날개의 실속(Stall)이라고 정의한다. 그리고 최대 양력계수를 만들어내고 이후에 현저하게 양력계수의 값이 줄어들게 되는 이 최대 받음각을 실속각(Stalling Angle) 또는 임계각(Critical Angle)이라고 한다.

받음각이 증가함에 따라 앞쪽으로 이동했던 압력중심(CP) 역시 실속각(Stalling Angle)을 지나면서 급격히 뒤쪽으로 이동하게 되고 또한 큰 항력의 증가를 가져온다.

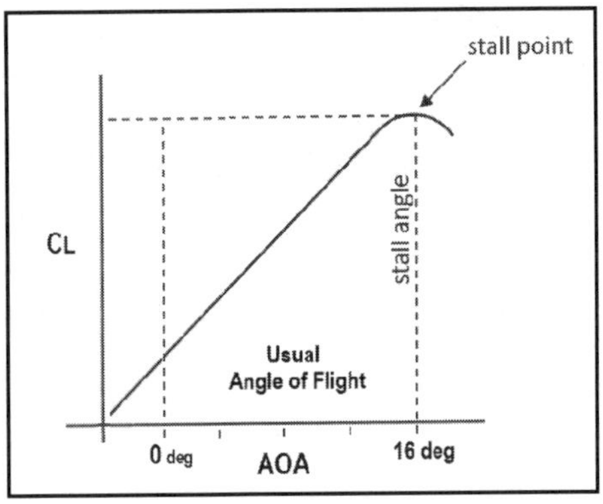

그림 2-61 양력계수(C_L) 그래프

2.3.2 실속(Stall)의 감지

날개 위를 흐르던 유선(Streamline) 흐름은 실속(Stall) 받음각(AOA)에 가까워지면서 붕괴되어 난류(Turbulent Flow)로 변하여 꼬리날개 쪽으로 흐른다. 이때 기체(Airframe)는 이러한 난류(Turbulent) 흐름의 영향을 받아 떨리게 되는데, 이러한 현상을 실속전 요란(Pre-Stall Buffet) 또는 컨트롤 요란(Control Buffet)이라고 한다. 실속 상태에서는 양력의 감소로 항공기는 하강하게 되는데 공력중심(CP)이 뒤쪽으로 이동함에 따라 항공기 기수는 떨어지게 된다.

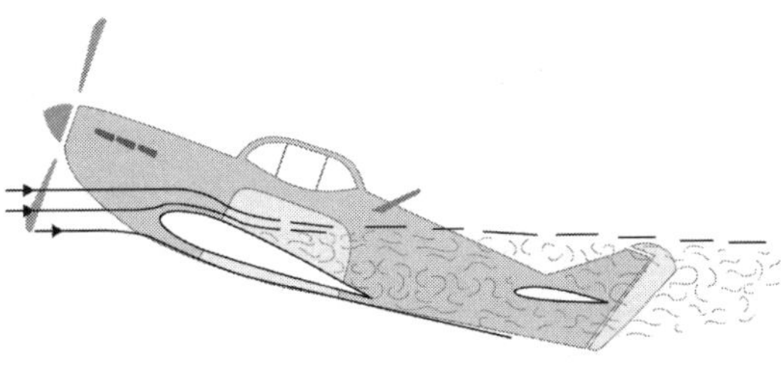

그림 2-62 수평 꼬리날개(Tailplain)를 타고 흐르는 난류(Turbulent Flow)

2.3.3 실속(Stall)과 특정 받음각(AOA)과의 관계

대부분의 훈련용 항공기에서 실속(Stall) 받음각(AOA)은 약 15~16° 정도이다. 최대 양력계수(C_{LMAX})는 실속 받음각에서 생기며 이를 초과하면 감소한다. 실속으로부터 회복하기 위해서는 받음각을 감소시켜야 하며, 이러한 조작은 조종간을 앞쪽으로 밀면 된다.

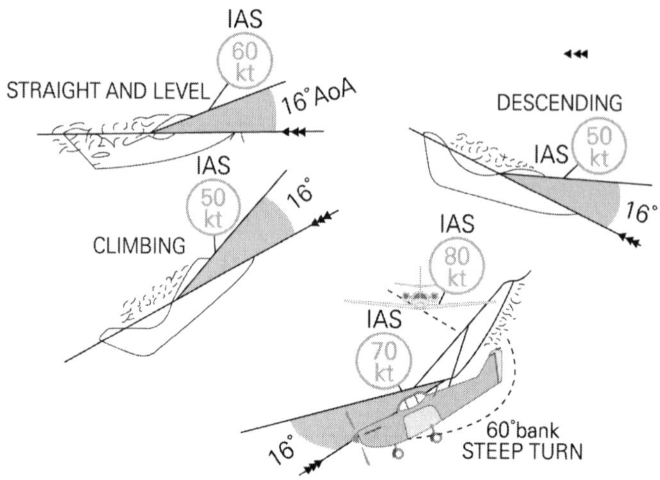

그림 2-63 실속(Stall)은 모든 비행단계에서 똑같은 실속각(Stalling Angle)에 발생

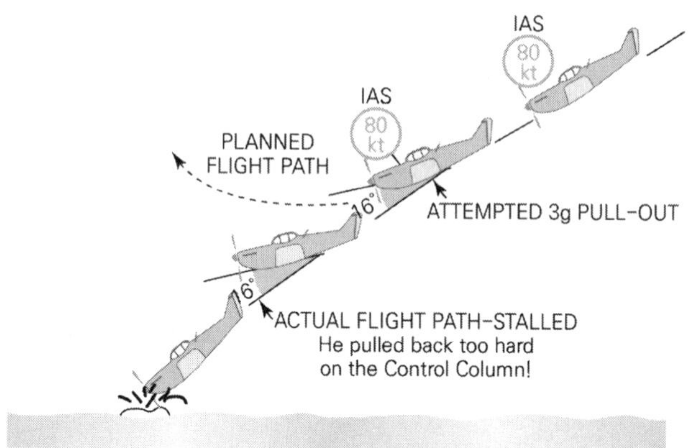

그림 2-64 고속(High Speed)에서의 실속(Stall)

2.3.4 실속각(Stalling Angle)과 실속 속도(Stalling Speed)와의 관계

양력(Lift)= C_L x 1/2 x ρx V^2 x S

양력(Lift)을 결정하는 중요한 요소로서 조종사가 할 수 있는 것은 오직 양력계수(C_L)와 지시대기속도(IAS)를 변화시키는 것이다. 이를 위해 조종사는 양력계수(C_L)에 관련된 항공기 자세(Attitude)나 파워(Power)를 조절할 수 있다.

일단 주어진 에어포일에서 실속은 어느 특정한 받음각(AOA)에서 나타난다. 어떤 에어포일에서 실속 받음각이 16˚라고 한다면 항공기는 IAS와 무관하게 16˚에서 실속이 나타나게 된다. 즉, Stall은 특정 받음각에서 일어나지만 다음과 같은 여러 가지 경우에도 일어날 수 있다.

- 최대 하중(Weight)으로 직진 수평 비행(Straight and Level Flight) 시 50Knots에서 실속(Stall)이 일어난다면,
  - 최대 하중(Weight)보다 가벼울 경우에는 45Knots에서 실속에 들어가고,
  - 30˚로 선회비행 시에는 54Knots에서,
  - 60˚로 선회비행 시에는 70Knots에서,
  - 3G 상태에서는 80Knots에서도 Stall에 들어간다.

실속은 항공기 속도와의 관계가 아니라 직접적으로 받음각과의 관계이다.

그러나 받음각(AOA)과 지시대기속도(IAS)와는 연관이 있다. 즉, 받음각(AOA)과 지시대기속도(IAS)는 아래의 요소에 달려있다.

- 에어포일에서 생기는 양력
- 중력(Weight)
- Load Factor
- Bank Angle
- Power
- Flap(양력계수와 에어포일 형태를 변화시킴)

2.3.5 실속 속도는 양력의 제곱근과 관련이 있음

$$\text{양력(Lift)} = C_L \times 1/2 \times \rho \times V^2 \times S$$

위 식에서 V는 TAS이고 따라서 IAS는 TAS와 비례관계에 있다. 따라서 특정 고도에서 비례상수 K를 가지고 다음과 같이 말할 수 있다.

IAS = K × TAS 또는 IAS = K × V

이때 비례상수 값K는 해면(Sea Level)에서의 공기밀도(ρ)와 특정 고도에서의 항공기 외부의 공기밀도에 비례한다. 따라서, 양력(Lift)은 C_L과 IAS^2의 함수이다. 실속(Stall) 받음각(AOA)에서 C_L은 최대(Max)이므로

Stall 시의 양력(Lift)은 CLmax × $(\text{IAS Stall})^2$의 함수

어느 특정 에어포일에서 최대 양력계수는 일정하므로 이 관계는 다음과 같이 간단히 표현된다.

실속에서의 양력(Lift)은 $(\text{IAS Stall})^2$의 함수

$$(\text{IAS Stall}) \propto \sqrt{\text{양력}(Lift)}$$

이것은 다음과 같이 표현할 수 있다. 즉, 양력 증가가 요구되는 기동(Maneuvering)에서는 (예를 들어, 추가 하중(Load)이나 선회 시 부가적인 G가 요구되는 경우 등) IAS가 증가되어야 한다.

실속 속도(Stalling Speed)는 양력의 제곱근에 비례하고, 양력은 하중(Load)과 하중계수(Load Factor)에 비례한다. 만약 양력이 44%, 즉 원래 양력의 1.44배 증가하였다면 그때 실속 속도는 1.44의 제곱근만큼 증가하게 될 것이다. 직진 수평 비행에서 실속 속도(Stall Speed)가 50Knots이었을 경우, 경사(Bank) 등의 이유로 44%의 양력 증가가 요구되었을 때 $\sqrt{1.44}$ 인 20%가 증가된 60Knots가 실속 속도가 되는 것이다.

하중계수(Load Factor)나 중력가속도(G Force)를 동적하중(Dynamic Loading)이라고도 한다. 특정 Airfoil의 비행기에서 실속(Stall) 받음각(AOA)은 일정하다. 하지만

실속 속도(Stalling Speed)는 동적하중(Dynamic Loading) 또는 하중계수(Load Factor)가 증가할 때마다 증가한다. 물론 조종사가 조종석에 앉아서 이 양력의 제곱근 값을 계산할 수는 없지만, 다음을 인지할 필요가 있다.

- 하중계수(Load Factor)가 증가하면 실속 속도는 증가한다.
- 만약 조종사가 G-Force를 느낀다면 실속 속도는 증가한다.

2.3.6 중력가속도(G) 힘이 가해질 때 실속 속도의 계산 (즉, 하중계수가 1보다 클 때)

하중계수가 1보다 크면 실속 속도(Stalling Speed)는 증가된다. 비록 비행 중에 항공기를 조작하고 있는 조종사가 정확한 계산값을 산출해낼 시간은 없지만, 조종사는 반드시 실속 속도가 경우에 따라 매우 크게 증가할 것이라는 사실을 알아야만 한다. 만약 4G가 되면 실속 속도(Stalling Speed)는 두 배가 된다. 2G의 조작 시(60°의 선회비행 시) 실속 속도는 2의 제곱근 즉 1.41배만큼 증가될 것이다.

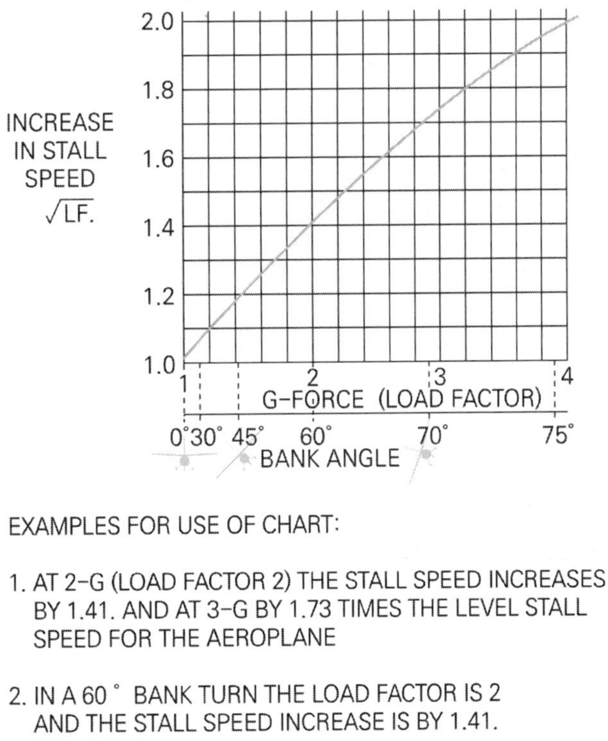

그림 2-65 실속 속도(Stall Speed)는 중력가속도(G)의 함수: 선회는 실속 속도를 증가시킴(이때 하중계수(Load Factor)는 증가)

선회비행 시에는 양력의 증가가 요구된다. 양력성분은 수직성분과 수평성분으로 나뉘어지고 이 중 수직성분만이 항공기 하중과 같아져야 하기 때문이다. 따라서 양력은 중력보다 커져야 하며 하중계수(Load Factor)는 1보다 커야만 한다. 선회비행 시 경사(Bank)를 크게 주면 줄수록 중력가속도(G)는 커지고 실속 속도(Stalling Speed) 또한 커진다. 따라서 조종사가 뱅크를 줄 때 직진 수평 비행의 경우 실속 속도(Stalling Speed)를 알고 이에 대해 몇 퍼센트(%)만큼의 증속이 필요한가를 계산해야 한다.

30° Bank에서 양력은 직진 수평 비행에 대해 100%에서 115%로 증가되어야 한다. 다시 말해 원래 양력의 1.15배 증가하게 되고, 따라서 실속 속도는 1.15의 제곱근 1.07배만큼 증가될 것이다.

- 직진 수평 비행 상태에서 50Knots의 실속 속도는 30° Bank 선회 시 54Knots가 된다.
- 30° Bank 선회 시 실속 속도는 7% 증가한다.
- 45° Bank 선회 시 양력은 수평 직진비행 시보다 1.41배 크다. 따라서 하중계수는 1.41, 그러므로 실속 속도는 1.41의 제곱근 1.19배만큼 증가할 것이다.
- 직진 수평 비행 상태에서 50Knots의 실속 속도는 45° Bank 선회 시 60Knots가 된다.
- 45° Bank 선회 시 실속 속도는 19% 증가한다.
- 60° Bank 선회 시 양력은 수평 직진비행 시보다 2배 크다. 따라서 하중계수는 2가 되므로 실속 속도는 2의 제곱근 1.41배만큼 증가할 것이다.
- 직진 수평 비행 상태에서 50Knots의 실속 속도는 60° Bank 선회 시 71Knots가 된다.
- 60° Bank 선회 시 실속 속도는 41% 증가한다.

2.3.7 하중계수(Load Factor)의 제곱근과 실속 속도와의 관계

날개에서의 양력이 커질 때마다 하중계수는 증가하며 실속 속도도 증가한다. 이 같은 현상은 선회비행 시, 급강하(Dive)에서 벗어날 때, 돌풍 또는 난류(Turbulence)에서 발생한다. 실속 속도와 하중계수의 관계가 [그림 2-66]에 나타나 있는데, 이 그래프를 외울 필요는 없지만 이해할 필요는 있다.

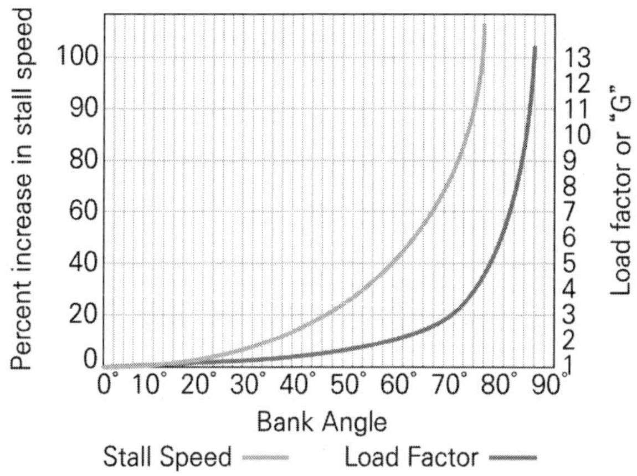

그림 2-66 하중계수(Load Factor) 증가는 실속 속도(Stall Speed)의 증가

2.3.8 하중의 증가에 따른 실속 속도의 증가(실속 받음각은 변화 없음)

직진 수평 비행 상태에서는 하중과 균형을 이룰 만큼의 충분한 양력이 요구된다. 따라서 보다 무거운 항공기에서는 보다 큰 양력이 요구된다. 우리는 이미 앞에서 실속 속도는 양력의 제곱근과 비례함을 배웠다. 만약 항공기 하중이 20% 감소한다면 그때 항공기 실속 속도는 0.8의 제곱근인 0.9배만큼 감소한다.

예를 들어 최대 하중 2,000Kg으로 50Knots의 실속 속도를 가지고 비행하는 항공기는 하중이 1,600Kg으로 줄었을 때 실속 속도는 10% 감소하여 45Knots가 될 것이다. 따라서 항공기 하중의 증가는 실속 속도의 증가를 가져온다. 비행교범(Flight Manual)에는 항공기의 직진 수평 비행 상태와 활공 상태, 그리고 최대 중량 상태에서의 실속 속도가 나와 있다.

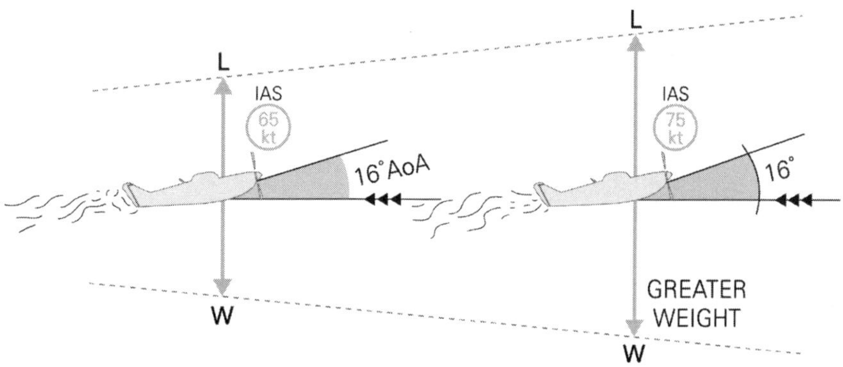

그림 2-67 실속 속도(Stall Speed)는 중력(Weight)의 함수

2.3.9 실속 지시대기속도(IAS)는 고도에 따라 변하지 않는다.

실속 속도는 최대 양력계수와 지시대기속도(IAS)의 함수이다. 고도의 변화는 최대 양력계수에 영향을 주지 못하므로 직진 수평 비행 상태에서의 실속 속도는 고도와 무관하게 항상 같은 실속 지시대기속도(IAS)를 나타낸다.

2.3.10 유동력 실속(Power-On Stall)에서는 실속 속도가 보다 낮다.

유동력(Power-On) 상태에서 프로펠러의 후류(Slipstream)는 항공기에서의 공기 흐름에 운동 에너지를 더해준다. 유동력 상태에서는 각 날개의 내측의 위쪽을 타고 흐르는 공기 흐름의 박리현상이 지연된다. 따라서 보다 낮은 지시대기속도(IAS)에서 실속이 생긴다.

유동력 실속 상태에서 앞쪽 기수(Nose) 부분에서의 상승각은 추력성분이 항공기 하중을 지탱할 수 있도록 도와준다. 따라서 날개에서의 하중(Load)은 줄어들게 되고 필요한 양력도 줄어든다. 이는 작은 양력은 보다 작은 실속 속도를 의미한다.

유동력 실속 상태에서 후류(Slipstream)는 꼬리날개에 보다 빠른 공기 흐름을 제공하여 러더(Rudder)와 승강타(Elevator)가 효과적으로 작동할 수 있도록 도와준다. 그러나 보조익(Aileron)은 이 후류의 영향을 받을 수가 없기 때문에 효과가 적다.

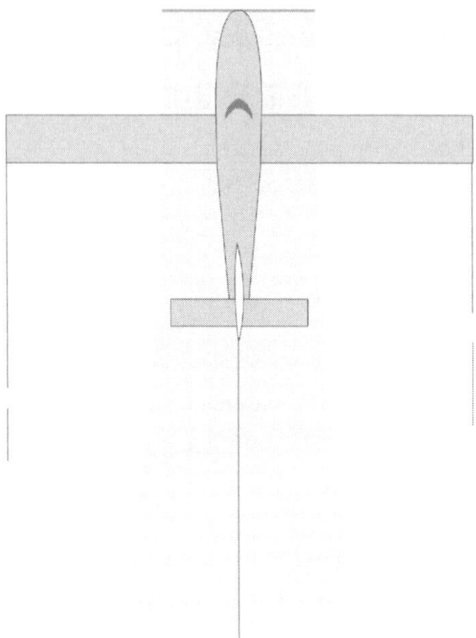

그림 2-68 후류(Slipstream)는 실속 속도(Stalling Speed)를 낮춤

2.3.11 유동력(Power-On) 실속은 보다 명확하며 또한 Wing-Drop을 동반한다.

후류(Slipstream)가 날개의 내측 부분에서 양력 발생을 도와주기 때문에 외측 부분에서부터 실속을 일으킬 것이다. 그리고 두 날개의 외측 부분에서 발생하는 양력의 불균형은 급격한 롤(Roll)을 일으킬 것이다.

2.3.12 실속은 날개 안쪽(Wing Root)에서 시작되는 것이 날개 끝쪽(Wing Tip)에서보다 유리하다.

만약 양쪽 날개의 외측 부분에서 비대칭 실속(Stall)으로 인한 양 날개의 불균형 양력이 발생하게 되면 이는 중력중심(CG)까지의 모멘트-암(Moment Arm)에 따라 강한 롤링(Rolling) 모멘트가 일어나게 하고, 보조익(Aileron)도 영향을 받게 될 것이다.

실속은 날개 안쪽 부분에서 발생하는 것이 더 유리하다. 왜냐하면 날개 안쪽에서의 실속은 꼬리날개에서의 진동(Buffet)이 실속을 감지할 수 있도록 해주고, 또한 날개 바깥쪽에서는 여전히 양력을 생성하여 보조익(Aileron) 사용이 유효하도록 한다. 날개 내측 부분에서 실속은 그렇게 큰 롤링(Rolling) 모멘트를 유발하지는 않는다.

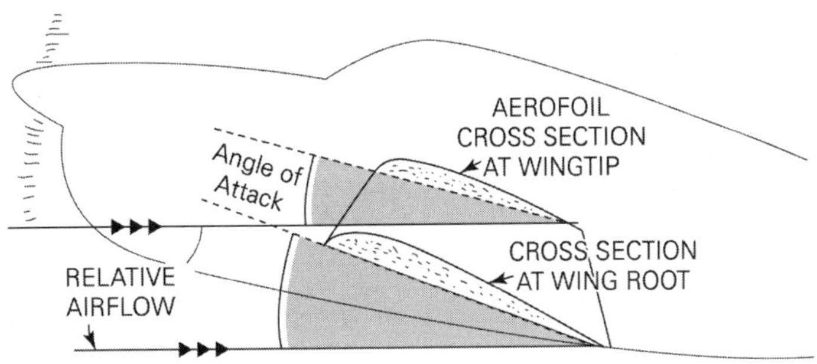

그림 2-69 날개의 비틀림으로 날개 끝(Wingtip)이 날개 붙임쪽(Wing Root)보다 실속(Stall)을 늦춤.

이러한 이유로 날개에 비틀림(Washout)을 주는데, 종류는 기하학적(Geometric) 비틀림과 항공역학적(Aerodynamic) 비틀림이 있다. 이렇게 하면 날개 끝(Wingtip)쪽에서보다 차라리 날개 안쪽(Wing Root)에서 먼저 실속이 나타나도록 하는 것이다. 물론 날개의 비틀림은 날개 끝(Wingtip)쪽에서의 유도항력(Induced Drag)을 줄이는 효과도 있다.

2.3.13 플랩(Flap) 사용은 실속 속도를 감소시킨다.

플랩(Flap) 사용은 증가된 최대 양력계수를 가진 새로운 형상의 에어포일(Airfoil)이 되도록 한다. 따라서 이 새로운 에어포일(Airfoil)은 보다 큰 양력을 갖게 되고, 보다 작은 속도로 같은 하중을 감당할 수 있게 해준다. 그리고 플랩(Flap)은 날개가 최대 양력계수(C_{Lmax}) 가까이 도달하여 실속이 일어나기 직전까지 속도를 줄일 수 있도록 한다.

실속 속도(Stalling Speed)를 줄이는 것은 플랩(Flap) 사용의 중요한 장점이다. 즉, 항공기가 보다 낮은 속도로 안전하게 비행할 수 있도록 도와준다. 특히 이착륙 시 낮은 속도의 접근을 할 경우에 그렇다. 또한 뒷전 플랩(Trailing Edge Flap)을 내리면 기수를 낮춰줄 수 있어 조종석에서 시야를 좋게 해주고 실속각(Stalling Angle)을 낮추기도 한다.

플랩(Flap)을 내린 상태에서의 실속은 윙-드롭(Wing-Drop)을 동반하게 될 것이다. 이를 잡아주기 위해서는 보조익(Aileron)이 아니라 러더(Rudder)를 사용한다. 플랩(Flap)을 다운(Down)한 상태에서 꼬리날개로의 와류(Turbulence)는 승강타(Elevator)의 조작을 나쁘게 할 수 있는데 이런 현상을 승강타(Elevator)의 조작방해(Blanketing)라 부른다. 이와 같은 실속 상태에서 승강타(Elevator)의 조작방해를 피하기 위해 일부 훈련기는 "T"자 형의 꼬리날개를 가지기도 한다.

2.3.14 실속경보장치(Stall Warning Devices)

대부분의 항공기는 실속을 알리는 경보장치로 소리(Horn), 점멸 적색등(Flashing Red Light), 휘슬(Whistle) 등을 갖추고 있다. 이 같은 장치들은 단지 항공역학적인 실속의 경보장치일 뿐이고 조종사는 반드시 실속에 대한 진동(Buffet), 속도 감소, 중력가속도(G) 또는 하중계수의 증가, 컨트롤 효과의 감소 등으로 실속을 인지하는 법을 배워야만 한다.

그림 2-70 실속경보장치(Stall Warning Devices)

2.3.15 결빙에 의한 실속 속도의 증가

결빙(Icing)은 다음 두 가지 영향을 초래한다.

1) 결빙은 항공기 하중을 증가시키고 그에 따라 실속 속도를 증가시킨다.
2) 더욱더 중요한 작용으로 날개에서의 결빙은 평상시의 실속 받음각보다 작은받음각에서 공기 흐름의 박리를 초래한다. 그러므로 실속이 보다 높은 속도에서 유발된다. 따라서 아주 얇은 정도의 결빙이라도 비행 전에 항공기 날개의 표면에서 제거해야 한다. 이 같은 이유로 비행 전에 날개 앞전(Leading Edge)에 곤충이나 작은 소금 알갱이 같은 물질들이 있으면 제거해야 한다.

2.4 스핀(Spin)

스핀(Spin)이란 실속비행 시의 상황으로 나선형의 강하로 표현되고 실속 상태에서 윙-드롭(Wing-Drop) 상태로 요(Yaw)를 수반한다. 스핀 상태의 항공기는 스톨(Stall), 롤링(Rolling), 요잉(Yawing), 피칭(Pitching), 횡요(Sideslipping) 상태, 그리고 급격한 고도상실 상태를 나타낸다.

2.4.1 스핀(Spin)의 발생

스핀(Spin)은 실속비행의 상태로 첫 번째 필요조건은 날개가 높은 받음각을 가지고 있다는 것이다. 이것은 일반적 실속진입단계에서 급격히 조종간을 뒤로 당김으로써 생긴다.

윙-드롭(Wing-Drop)도 스핀(Spin) 단계에 들어가기 위한 필요조건이다. 이것은 저절로 발생하게 되거나 조종사가 러더(Rudder)로 항공기를 요잉(Yawing)시킬 때 또는 실속진입단계에서 보조익(Aileron)의 잘못된 조작으로 발생하게 된다.

미리 예상된 스핀(Spin) 진입상황의 경우 실속 속도 부근에서 조종사가 요잉(Yawing) 조작을 할 때 바깥쪽 날개의 속도는 증가하고 더 많은 양력을 만들어냄으로써 날개를 들어올리고, 이렇게 되면 받음각이 감소하며 실속 속도로부터 벗어나게 된다. 그러나 안쪽 날개의 속도는 감소하고 보다 적은 양력을 만들어냄으로써 하강을 초래하므로 받음각은 증가하고 날개에서 실속을 일으키게 된다(만약 이미 실속 상태였다면 더욱 큰 실속 받음각을 만들게 된다).

윙드롭(Wing Drop)으로 자동회전(Autorotation)을 시작하게 되면 궁극적으로 양력의 감소와 저항의 증가를 가져와 더욱 실속 상태에 빠지게 된다. 항공기는 계속 회전하게 되고 횡요(Sideslip)가 계속 발달하게 되어 기수는 하강하게 된다. 만약 적절한 조작이 취해지지 않는다면 항공기의 회전속도는 더욱 커지게 되고 스핀은 더욱 발달하게 된다. 항공기 기수를 낮추는 것은 더욱 불안정한 조작이 될 것이다. 회전속도는 매우 빨리 증가하게 되고 조종사는 중력가속도의 변화를 경험하게 될 것이다.

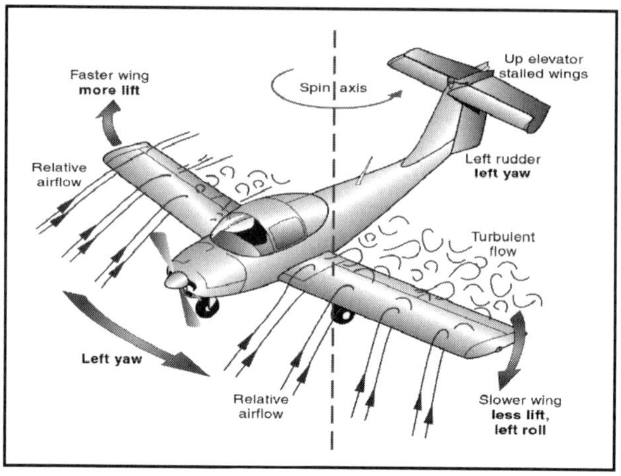

그림 2-71 스핀(Spin) 상태의 비행기

2.4.2 스핀(Spin)의 단계

항공기가 일반적으로 실속 상태에서 바로 스핀(Spin) 상태로 가는 것은 아니다. 일반적으로 항공기에 따라 다양하지만, 중간 변화 단계가 있다. 전형적으로 완전히 발달된 스

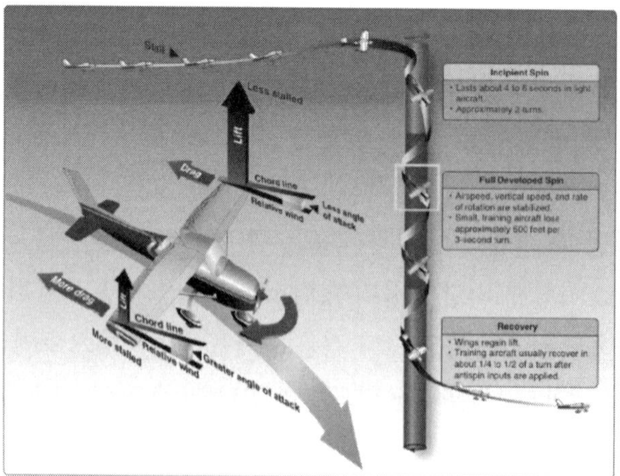

그림 2-72 스핀(Spin)의 단계(Phases)

핀(Spin) 상태로 가기 이전에 2~3번의 불안정한 선회와 급한 자동회전(Autorotation) 단계를 가진다.

2.4.3 항공기에서는 보조익(Aileron)의 잘못된 조작이 스핀(Spin)을 유발할 수 있다.

항공기가 실속 근처의 상태에 있을 때 내려간 날개를 끌어올리기 위해 반대편 보조익(Aileron)을 조작하면 이는 역효과를 가져올 수 있다. 보조익(Aileron)이 내려갈 때 실속 받음각이 급격히 커진다면 스핀(Spin)의 결과로 날개를 끌어올리는 대신 반대로 급격히 떨어뜨릴 수 있다. 이것은 어떤 항공기 타입에서 고의로 스핀(Spin)에 진입하기 위한 기술이기도 하다.

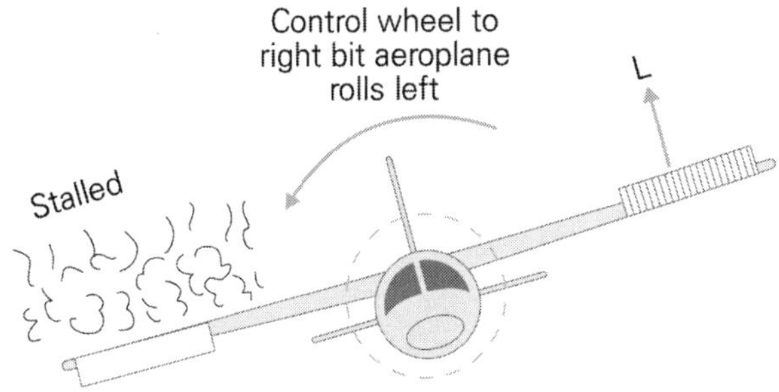

그림 2-73 반대쪽 보조익(Aileron)에 의한 스핀(Spin) 유도

비록 조종사들은 날개가 90°를 지나기 전인 초기 스핀(Spin)단계를 연습하게 되겠지만, 자가용 조종사 교육에서 완전한 스핀(Spin)을 반드시 수행하게 되어있지는 않다. 고성능의 비행기를 교육받는 조종사는 아마 완전한 형태의 스핀(Spin)을 연습할 기회를 가지게 될 것이다.

CHAPTER

03

항공기의 기동성

3.1 직진 수평 비행(Straight and Level Flight)

3.1.1 직진 수평 비행 상태에 작용하는 힘

'등속 직진 수평 비행 상태(Steady Straight and Level Flight)'는 항공기가 균형 상태(Equilibrium)를 유지하고 있는 상황을 뜻한다. 이 상태에서는 항공기에 작용하는 모든 힘이 균형을 이루고 있어, 가속이나 감속을 위한 추가적인 합력(Resultant Force)이 존재하지 않는다. 가속이라는 개념은 속도의 변화, 방향의 변화 혹은 둘 다를 포함한다. 그러나 등속 직진 수평 비행 상태에서는 항공기의 속도나 방향이 변하지 않는다는 것을 알 수 있다.

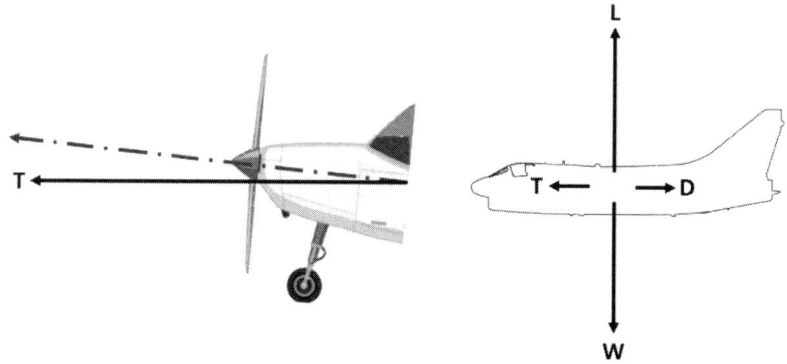

그림 3-1 항공기에 작용하는 4가지 주요 힘

항공기에 작용하는 4가지 주요 힘은 양력(LIFT), 중력(WEIGHT), 추력(THRUST), 항력(DRAG)이다. 여기서 추력은 [그림 3-1]과 같이 비행 방향(Direction of Flight)에 작용한다고 가정한다.

4가지 주요 힘은 각각의 작용점을 가지고 있다.

- 압력중심(CP)을 통하는 양력(Lift)
- 중력중심(CG)을 통하는 중력(Weight)
- 항공기 자세와 모양에 따라 변하고 비행 방향에 평행이며 상반된 의미로 쓰이는 추력(Thrust)과 항력(Drag)
- 프로펠러나 엔진으로 생성되는 추력은 항상 그렇지는 않지만, 일반적으로 비행 방향을 따라 작용한다고 가정해볼 수 있다. 예를 들면, 고도가 높고 속도가 느릴 때 항공기는 프로펠러 축이 수평 비행 방향보다 위를 향하는 Nose-High 자세를 취하게 된다. 이런 상황에서도 추력이 비행 방향을 따라 작용한다는 가정하에 진행하기로 한다.

직진 수평 비행 상태에서

LIFT = WEIGHT,   THRUST = DRAG

물론 Lift/Weight Force는 Thrust/Drag Force보다 훨씬 크다.

3.1.2 Pitching Moments

압력중심(CP)과 중력중심(CG)의 위치는 변화한다. 받음각의 변화에 따라 압력중심이 이동하고, 연료의 소모나 승객 및 화물의 이동으로 인해 중력중심이 이동한다. 이러한 변화에 따라, Lift와 Weight의 관계는 압력중심이 중력중심보다 뒤에 있을 수도, 앞에 있을 수도 있다. 이 위치에 따라 Nose-Down 또는 Nose-Up Pitching Moment가 발생하게 된다. 마찬가지로, Thrust와 Drag의 관계는 Thrust Line이 Drag Line보다 아래에 있는 경우(이는 일반적인 상황이다)나 반대의 경우에 따라 결정된다.

일반적으로 압력중심(CP)은 중력중심(CG)보다 뒤에 위치한다. 이로 인해 Lift와 Weight의 비율은 Nose-Down을 유발하며, Thrust Line은 Drag Line보다 낮은 위치를 가진다. 따라서 Thrust와 Drag의 비율은 Nose-Up을 유발하며, 만약 추력이 감소하게 된다면, Nose-Up의 효과가 약화되고 Nose-Down의 Lift:Weight Couple이 항공기를 하강시키게 만든다. 이러한 하강 속도는 비행 속도를 유지한다. 이는 상당히 안전한 해결 방법으로 간주된다.

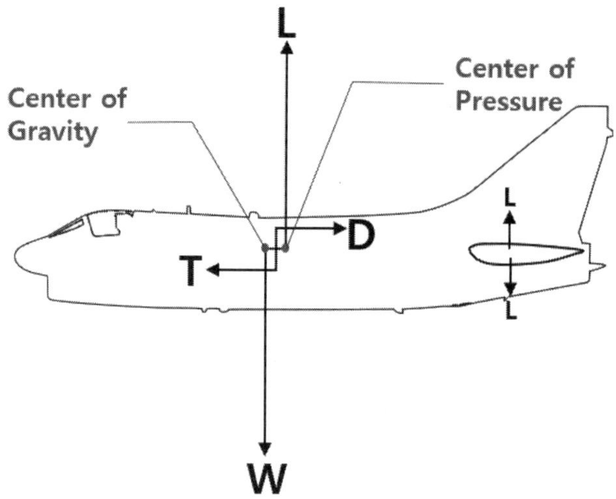

그림 3-2 수평꼬리날개의 균형력

Lift:Weight Couple과 Thrust:Drag Couple은 항공기가 Nose-Down 또는 Nose-Up 위치로 이동하는 잔여 모멘트가 없도록 수평 비행 중에 서로 균형을 이루어야 한다. 하지만 이런 이상적인 상황은 거의 발생하지 않는다. 그래서 꼬리날개나 엘리베이터는 균형력(Balancing Force)을 유지하는 역할을 하도록 설계되어 있다. 이 균형력은 Lift:Weight의 Nose-Down Couple과 Thrust:Drag의 Nose-Up Couple 사이의 관계에 따라 상승력(Up Force) 또는 하강력(Down Force)으로 작용할 수 있다.

엘리베이터가 필요한 균형력을 생성하도록 조종사가 조종대(Control Column)에 압력을 가해야 하는 경우, 이 압력은 승강타 트림 휠(Elevator Trim Wheel)을 통해 조절할 수 있다. 원하는 고도를 유지한 후, 조종사의 부담을 줄이기 위해 승강타 트림 휠을 사용하면 된다.

3.1.3 수평비행 중 속도 변화

수평비행은 Lift = Weight, 양력 공식은

$$L = \frac{1}{2} \times \rho \times \nu^2 \times CL \times S$$

여기서 속도 V가 감소할 경우, 양력이 중량과 동일하게 유지되려면 양력계수(C_L) 또는 받음각(Angle of Attack)이 증가해야 한다. 여기서 V는 진대기속도(True Air Speed, TAS)를 의미하며, 이는 항공기가 공기에 대해 가지는 상대적 속도를 나타낸다. 하지만 조종석의 속도계는 TAS를 표시하지 않고, 대신 동압에 따라 변하는 지시대기속도(Indicated Air Speed, IAS)를 표시한다.

우리는 TAS와 IAS를 구별해야 한다. V를 보면 TAS를 생각하고 $\frac{1}{2}\rho\nu^2$ 공식을 보면 동압과 IAS를 생각하면 된다.

- TAS는 공기 속을 통과한 거리를 의미한다.
- IAS는 공기역학적 효과인 양력과 항력을 결정한다.

3.1.4 수평비행 중 자세

필요한 양력을 얻기 위해, 저속에서는 큰 받음각이, 고속에서는 작은 받음각이 필요하다. 수평비행 중에 조종사는 이 각을 수평선에 대응하는 각으로 해석할 수 있다. 즉, 저속에서는 항공기의 피치(Pitch) 자세가 Nose-Up을 보이며, 고속에서는 Nose-Level이 유지되는 것을 관찰할 수 있다.

그림 3-3 지시대기속도(IAS)는 받음각(AOA)과 반비례로 변화한다.

3.1.5 수평비행 중 중량의 효과

일반적으로 비행 중에는 항공기의 중량이 연료 소모에 따라 점차 감소한다. 항공기가 직진 수평 비행을 유지한다면, 중량의 감소에 따라 양력 역시 점차 줄어들어야 한다. 만약 중량이 급격히 줄어든다면(예를 들어, 낙하산 부대가 탈출하는 경우 등), 직진 수평 비행을 유지하기 위한 양력도 그만큼 감소해야 한다. 이를 위해 받음각(CL)이나 속도(Air

Speed)가 양력 감소분만큼 줄어들어야 한다.

항공기가 특정 받음각으로 비행하고 있다고 가정해보자(최적의 L/D Ratio, 약 4˚). 이러한 효율적인 받음각을 유지하기 위해서는 중량의 감소에 따라 속도 V가 중량과 균형을 맞추기 위해 감소해야 한다. 따라서 고도와 받음각이 일정하다면 속도(Air Speed)는 감소되어야 한다. 추력(Power)은 항력(Drag)과 균형을 이루도록 조정되어야 한다. 효율적인 비행을 위해 순항속도는 중량 감소에 따라 감소하도록 조정되어야 한다.

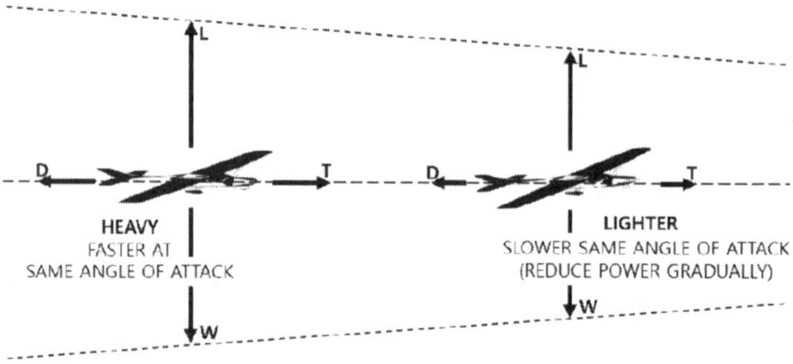

그림 3-4 받음각(AOA)이 같을 때: 가벼운 항공기의 속도가 더 낮다.

중량 감소에도 불구하고 추력을 일정하게 유지하면서 특정 고도를 유지하려면, AOA를 줄여(Decreasing the CL) 양력을 감소시켜야 한다. 이렇게 되면, 속도는 엔진/프로펠러에 의해 생성된 추력이 항력을 극복할 수 있을 만큼의 힘과 균형을 이루기까지 증가할 것이다.

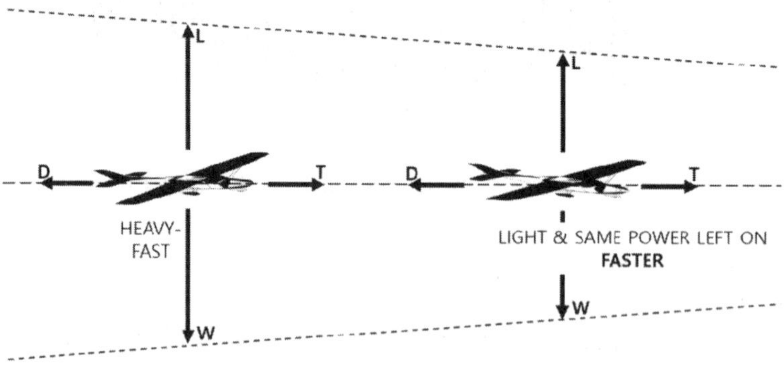

그림 3-5 Power가 같을 때: 가벼운 항공기의 받음각이 더 낮고 속도가 더 빠르다.

만약 속도를 일정하게 유지하면서 고도를 유지하려면, 중량 감소에 따라 양력을 줄여야 한다. 이를 위해선 받음각(AOA)을 줄여, 즉 양력계수(C_L)를 감소시켜야 한다. 순항비행 중에는 이러한 조정이 항력 감소를 의미한다. 그 결과로, 엔진이나 프로펠러로부터 필요한 추력도 줄어들게 된다. 그러나, 중량 감소에도 불구하고 추력이 줄어들지 않는다면, 속도는 증가하게 될 것이다.

만약 목표가 속도를 일정하게 유지하는 것이라면, 속도 증가를 방지하기 위해 기수(Pitch)를 기준보다 높게 유지해야 한다. 추력 감소가 없다면, 항공기는 상승하게 되어 새로운 균형 상태를 만들게 될 것이고, 이 경우에는 더 이상 수평비행은 이루어지지 않을 것이다.

힘 + 자세 = 성능(대기속도 or 상승률)

만약 잉여마력(Excess Power)이 있다면 고도를 유지하면서 속도를 높이거나, 같은 속도로 상승할 수 있다. 비행 중에는 때때로 중량이 증가하는 경우가 있다. 이는 주로 항공기 구조에 착빙이 발생했을 때이다. 중량이 증가하면, 수평비행을 유지하기 위해 더 많은 양력이 필요하게 된다.

착빙은 단순한 중량 증가를 넘어서는 문제를 일으킨다. 날개, 특히 날개의 앞부분(Leading Edge) 근처의 윗면에 얼음이 형성되면, 날개가 생성하는 양력이 크게 감소한다. 또한, 항력이 추가적으로 발생한다. 이로 인해 항공기는 원래의 양력계수를 회복하기 위해 더 큰 받음각으로 비행해야 하며, 이 경우 추가적인 추력이 주어지지 않는다면 속도는 감소하게 된다. 만약 프로펠러 날에 착빙이 발생하면 추력 생성 능력이 줄어든다. 착빙은 전반적으로 성능 감소를 초래하므로 어떤 경우에서든 주의가 필요하다.

3.1.6 수평비행에 있어서의 성능

등속 직진 수평 비행(Steady Straight and Level Flight)을 하기 위한 필요추력(Thrust Required)은 항력과 같다(T = D). 필요추력 곡선은 항력 곡선과 같다. 필요추력 또는 항력 곡선으로부터 알 수 있듯이,

- 높은 추력은 주로 유해 항력을 극복할 만큼의 높은 속도와 낮은 받음각에서 요구된다.
- 최소 추력은 최소 항력 속도에서 필요하다. (수평 직선 비행 시 L = W이고 D는 최소치이기 때문에 최고 양항비 속도이다.)

• 높은 추력은 주로 유도항력을 극복할 만큼의 낮은 속도와 높은 받음각에서 요구된다.

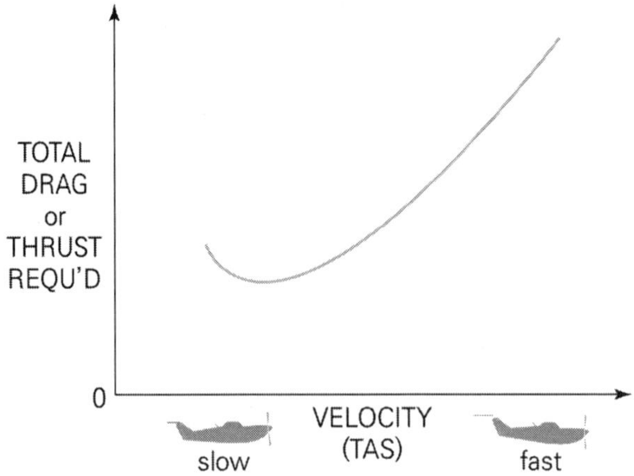

그림 3-6 필요추력 곡선(또는 항력 곡선)

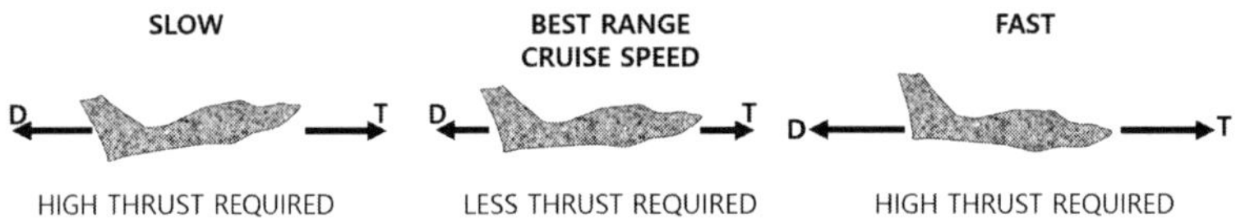

그림 3-7 저속과 고속 모두 높은 추력을 필요로 한다.

엔진-프로펠러는 Power Producer이다(제트엔진의 경우는 Thrust Producer). 엔진/프로펠러에서의 Fuel Flow(Liter/Hr, Gallon/Hr)는 (추력이라기보다) Power의 기능이다. 왕복 엔진의 경우 연료 소비량(Fuel Flow)과 엔진 출력은 거의 비례관계에 있으며 추력이나 항력의 경우 마력으로 성능을 표시하는 경우가 많다.

1마력이란 33,000Pound의 물체를 1분 동안에 수직으로 1feet 들어올리는 것과 같은 일을 하는 것이다. 이를 MKS 단위 시스템으로 환산하면 1마력 = 75kg m/s이 된다. 마력이란 용어는 단위 시간당 일(Work)의 단위를 의미하고 힘이 발생되는 속도의 기능과 같다.

추력 역시 일의 기능으로 질량의 속도 변화를 일으키는 힘을 의미하며 이 힘은 Pound로 측정되지만, 이것은 시간이나 율의 요소를 의미하는 것은 아니다. 즉, 필요마력(Required Power)이란 항력 D(kg)인 항공기가 정상 수평비행 시 속도 V(m/s)를 내기 위한 힘으로서 필요마력 P_r = DV/75이다.

힘이 물체에 작용하고 있는 동안에 물체가 힘의 방향으로 어느 거리만큼 변위를 한 경우 힘은 물체에 일(Work)을 한다고 말한다. 물체가 F의 힘을 받으면서 그 힘의 방향으로 거리 S만큼 이동했을 때 일 W는 힘과 거리의 곱, 즉 W = FS로 표시할 수 있다. 일의 단위는 Joule이고 이는 1Newton의 힘이 물체에 작용하여 힘의 방향으로 물체를 1m 이동시킨 때의 일의 양을 말한다. 같은 양의 일을 하는 데는 빨리 할 수도 있고 천천히 할 수도 있다. 이와 같이 일을 하는 정도, 즉 단위시간에 하는 일을 일률(Power)이라 한다. 시간 t초 동안에 W의 일을 할 때의 일률을 F라 하면 일률 = 일/시간, 즉 P = W/t이고 W=Pt(Joule)이다.

물체가 일정한 힘 F를 t초 동안 받으며 일정한 속도 V로서 힘의 방향으로 S만큼 이동하였을 때 힘이 한 일을 W, 일률을 P라 하면 P = W/t = FS/t이고 S=Vt이므로 FVt/t = FV가 된다. 즉 일률은 힘과 속도를 곱한 값이다.

3.1.7 필요마력과 이용마력

마력은 힘과 거리를 곱하여 시간당 일을 계산하여 나타낸다. 왕복기관이나 터보축 엔진과 같이 구동축을 통해 출력이 나오는 엔진은 비행 속도에 따라 축마력이 거의 일정하므로 성능 분석에 있어 마력을 이용하는 것이 편리하다.

항공기가 일정한 속도를 유지하며 비행하기 위해서는 항력을 이기는 추력이 필요하다. 이렇게 특정 속도를 유지하기 위해 필요한 추력을 필요추력(Thrust Required)이라 한다. 필요추력 이상의 힘이 없다면 해당 비행 상태를 유지할 수 없다.

필요추력은 속도에 따라 변하며, 원하는 비행 속도를 유지하려면 엔진에서 필요추력만큼의 추력이 발생해야 한다. 따라서 필요추력과 엔진에서 발생 가능한 추력을 비교하여 성능을 결정한다. 분사추진기관이 장착된 항공기에서는 엔진의 추력이 속도에 따라 거의 일정하므로 필요추력과 비교하기 쉽다. 그러나 왕복기관이나 터보축과 같이 출력이 추력으로 직접 나오지 않는 엔진을 장착한 항공기의 경우는 속도에 따라 마력이 일정하므로 필요추력을 필요마력(Power Required)으로 환산하여 비교하는 것이 편리하다. 필요마력은 필요추력에 전진속도를 곱하고 단위를 환산하여 구한다.

필요마력은 실속 속도 이상에서 속도의 3제곱에 비례하며, 밀도에 따라 변하므로 고도에 따라 다르게 나타난다. 특정 고도에서는 필요마력이 최소가 되는 속도가 존재하는데, 이는 속도가 매우 작을 때 양력이 커져 양력 대비 항력 비율, 즉 양항비가 작아지는 속도이므로, 속도는 감소하지만 필요마력은 증가하는 현상이 발생한다.

항공기에 장착된 동력장치의 출력이 모두 추진력으로 사용되지는 않는다. 제트 항공기의 경우는 흡입구나 덕트를 지나면서 생기는 손실이 있으며, 프로펠러 항공기는 프로펠러의 효율에 따라 달라진다. 또한, 동력축에 연결된 발전기나 압축기 등에서 소비되는 동력도 있다. 그래서 비행에 이용될 수 있는 실제 동력을 이용마력(Power Available)이라 하며, 이는 엔진 종류에 따라 다르다.

왕복기관의 특성에 따라 축마력은 대체로 일정하게 유지되는 반면, 제트엔진의 경우에는 추력이 대체로 일정하다. 이런 특성 때문에 왕복기관을 사용하는 항공기의 이용 마력은 속도와 관계없이 거의 일정한 그래프를 그린다. 반면에 제트엔진을 사용하는 항공기는 추력이 속도에 따라 일정하므로, 이를 이용 마력으로 환산하면 속도와 곱해져 속도에 따라 직선적으로 증가하는 그래프를 그린다. 고도가 높아짐에 따라 공기밀도가 감소하고 흡입구를 통한 공기량이 줄어들기 때문에, 왕복기관이든 제트엔진이든 그 출력은 감소하는 경향을 보인다. 비행 속도에서 필요한 마력과 이용 가능한 마력 사이의 차이를 '잉여마력(Excess Power)' 또는 '여유마력'이라고 한다. 이런 여유마력이 있으면, 현재의 비행 상태에서 추가적인 가속이 가능하며, 또는 고도를 더 높일 수 있다. 힘은 일률로 정의된다. 예를 들면 물체를 움직일 때의 힘과 그때의 속도의 곱이 그것이다. 따라서 비행에 필요한 힘은;

필요 추력과 비행 속도(TAS)로부터 구할 수 있다.
Thrust Required Curve로부터 Power Required Curve를 만들 수 있다.

즉,

Curve의 특정 Point에서 요구되는 추력 × 그 Point에서의 속도(TAS)

이를 다시 쓰면 D × V = P_r(필요마력)이 된다(왜냐하면 직선 수평 비행 시에는 추력 = 항력이어야 하므로). 즉 아래 그래프에서는 어떤 속도에서 수평 비행을 유지하기 위한 Power Required를 얻을 수 있다.

이 그래프들을 천천히 보면 이해하기 쉽다. 어떤 특정 속도로 비행하고자 할 경우 속도축의 TAS 상 방향의 Power required Curve에서 엔진/프로펠러가 전달해야 하는 힘을 나타낸다. 이 Power는 항력과 균형을 이루고 직진 수평 비행 속도를 유지할 만큼의 충분한 추력을 나타낸다.

직진 수평 비행에서 조종사는 원하는 속도를 위해 비행기 자세를 정하고(속도가 다르면 받음각이 다르다) 이 속도를 유지하기 위해 추력을 조정한다. 물론 조종사가 실제로 이 그래프들을 참조할 필요는 없다.

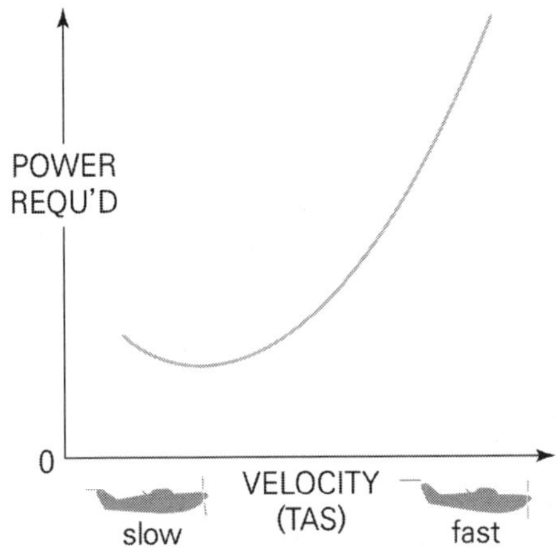

그림 3-8 필요마력(Power Required) 곡선

3.1.8 최대 수평비행 속도

항공기에서 최대 수평비행 속도는 엔진/프로펠러에서 발생하는 이용 가능한 힘(이용마력)이 최대 속도에서의 항력을 균형시키는 데 필요한 힘(필요마력)과 일치할 때 얻어진다. 즉, 이용마력 곡선과 필요마력 곡선이 만나는 지점의 속도가 최대 속도가 된다. 이 속도를 초과하면 여유마력(Excess Power)이 없어져 더 이상 가속할 수 없다. 또한 이 최대 속도는 고도가 높아질수록 감소한다.

수평비행 시의 최대 속도는 엔진 출력을 최대로 했을 때 얻어지는 속도로, 이는 이용마력(P_a)과 필요마력(P_r)이 일치하는 지점($P_a = P_r$)의 속도이며, 이를 VH로 표시한다. 이 속도로 비행하면 엔진 부하가 커져 엔진 수명이 줄어들고 연소 효율이 떨어질 수 있다.

여유마력(Excess Power)은 이용마력과 필요마력의 차이($P_a - P_r$)를 의미하며, 이는 실속 속도(Stall Speed) 근처에서 가장 작고, 특정 속도에서 최대가 되며, 그 이상의 속도에서 점차 줄어들어 이용마력 곡선과 필요마력 곡선이 만나는 속도가 최대 수평 속도가 된다. 항공기는 수평비행 시에 필요한 최소 마력보다 항상 더 큰 동력을 낼 수 있으므로, 항공기를 가속하거나 상승시킬 수 있다.

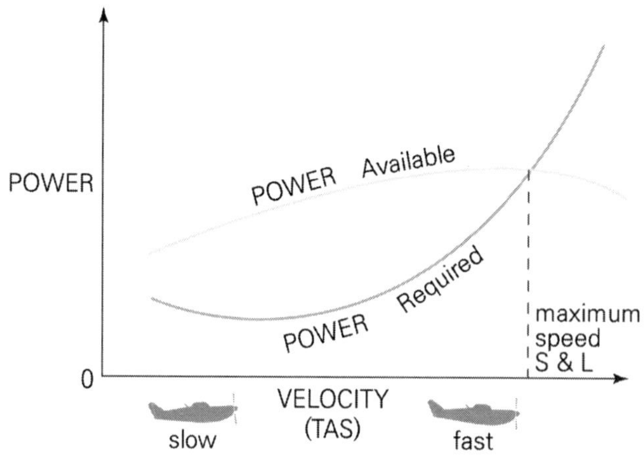

그림 3-9 최대 수평비행 속도

3.1.9 최소 수평비행 속도

낮은 속도에서는(최소 마력 속도보다 낮은 경우), 더 많은 힘이 필요하다. 이는 낮은 속도에서의 항력(주로 유도항력)과 균형을 맞추기 위해 필요한 추력을 생성해야 하기 때문이다. 최소 직진 수평 비행 속도는 동력장치의 성능이 아니라 항공기의 항공역학적 성능에 의해 결정된다. 속도가 감소하면, 동력장치의 한계에 도달하기 전에 실속각에 이르거나, 안정성을 잃거나, 또는 조종 불능 상태에 빠질 수 있다.

다시 말하면, 저속 영역에서의 필요추력(P_r = DV)은 속도가 낮아질수록 증가하며, 실속 속도에서 최대가 된다. 따라서 엔진 출력을 최대로 하여 수평비행이 이루어지도록 하는 속도는 실속 속도(V_s)보다 약간 큰 속도이다. 이를 최소 정상 속도라 한다.

이 경우, 실속 속도에 가까운 저속비행 시에는 실속 상태에 빠져 회복이 어려운 위험성이 있다. 최소 정상 속도는 최소한의 안정성과 조종성을 확보하여 비행할 수 있는 속도로, Minimum Controllable Speed라 부른다. 고도가 높아질수록 엔진 출력은 감소하므로, 최소 정상 속도도 증가한다.

3.1.10 최대 항속거리 속도: 최대 체공 속도

최대 항속거리는 다음 두 가지 조건을 만족하는 속도(True Air Speed, TAS)에서 달성된다.

- 주어진 연료 소비로 최대 비행거리를 달성할 수 있는 속도
- 주어진 비행거리를 달성하기 위해 필요한 최소 연료 소비량을 갖는 속도

단위 연료소비량당 비행거리를 비항속거리(Specific Range, SR)라고 한다. 이는 다음과 같은 관계를 가진다.

$$SR = \frac{\text{비행거리(Nautical Mile)}}{\text{연료소비량(pound of fuel)}} = \frac{\text{비행거리(Nautical Mile)/hr}}{\text{연료소비량(pound of fuel)/hr}} = \frac{\text{Knots}}{\text{Fuel Flow}}$$

비항속거리(SR)를 최대로 하려면 연료소비량(Fuel Flow)당 속도가 최대가 되어야 한다. 항속거리(Range)는 비행시간(Endurance)과 구별되는 개념으로, 항속거리는 비행거리(Air Distance)를, 비행시간은 비행시간(Flying Time)을 의미한다.

$$\text{Specific Endurance} = \frac{\text{Flight Hours}}{\text{lb of fuel}} = \frac{\text{Flight Hours/hr}}{\text{lb of fuel/hr}} = \frac{1}{\text{Fuel Flow}}$$

즉, 항속거리 성능은 일정한 연료를 사용하여 최대 항속거리를 달성하거나, 특정 거리를 비행하는 데 필요한 연료를 최소화하는 것을 목표로 한다. 반면, 체공 시간 성능은 일정한 연료를 사용하여 체공 시간을 최대화하거나, 일정 시간 동안 비행할 때의 연료소비량을 최소화하는 것을 목표로 한다.

단, 여기서 말하는 항속거리는 연료를 최대로 탑재하고 순항할 때 도달 가능한 최대 거리를 의미한다.

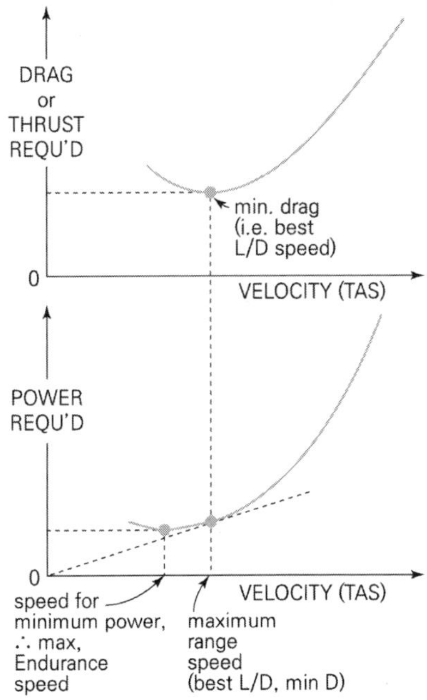

그림 3-10 최대 체공시간과 최대 항속거리

3.1.11 고(高)고도에서의 직진 수평 비행

어떤 고도에서 항공기가 직진 수평 비행을 한다면 양력은 중량과 균형을 이뤄야 한다.

$$Lift = CL \times \frac{1}{2} \times \rho \times \nu^2 \times S$$

고도가 높아질수록 밀도는 감소한다. 이로 인해 필요한 양력을 발생시키고 밀도 감소를 보완하는 한 가지 방법은 조종사가 $\frac{1}{2}\rho\nu^2$의 값을 유지하기 위해 TAS(True Air Speed)를 증가시키는 것이다. 즉, 고도에 따른 밀도의 감소는 $\frac{1}{2}\rho\nu^2$을 유지하기 위해 TAS를 증가시켜 보완할 수 있다.

$\frac{1}{2}\rho\nu^2$, 일명 동압은 조종석의 속도계로 확인할 수 있는 IAS(Indicated Air Speed)와 관련이 있다. $\frac{1}{2}\rho\nu^2$가 같다면 IAS는 같다. 따라서 고도와 관계없이 같은 양력을 얻기 위해서는 동일한 IAS로 비행해야 한다.

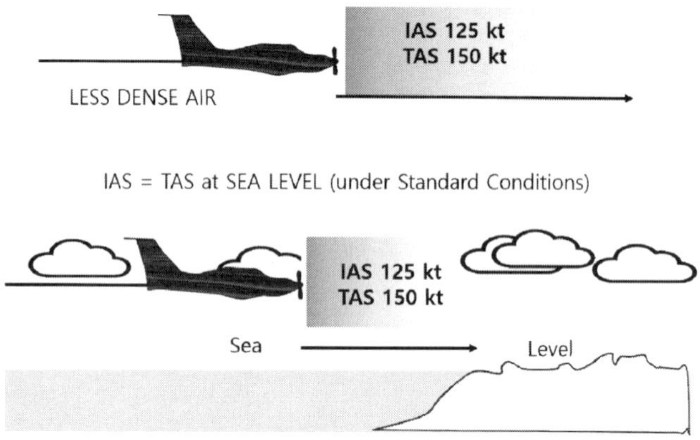

그림 3-11 IAS가 같을 때 고도가 높아지면 TAS가 높아진다.

고(高)고도에서는 Max. Power Available이 Sea Level에서 보다 작다.

3.2 상승(Climbing)

3.2.1 상승 비행에 작용하는 에너지

비행기는 상승할 때 위치 에너지(Potential Energy)를 얻는다. 이는 고도에 따라 변하는 에너지이다. 이러한 상승에는 두 가지 유형이 있다.

- 급상승(Steep Climb): 순간적으로 위치 에너지/고도를 얻지만, 동시에 운동 에너지/속도는 줄어드는 상황을 말한다.
- 정상상승(Steady Climb): 상승 중에 속도, 방향 등이 변하지 않는 상황을 말한다.

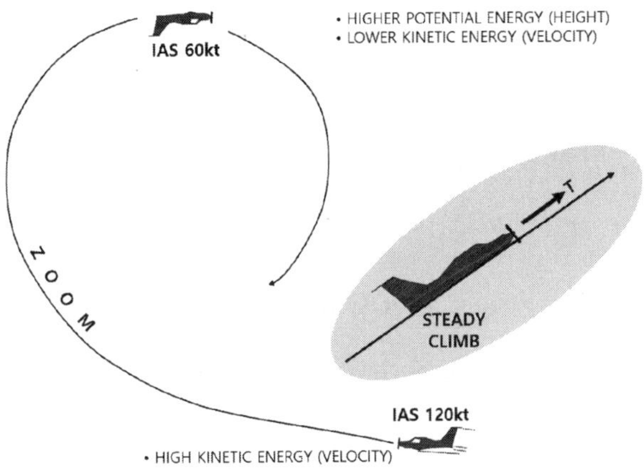

그림 3-12 정상상승(Climbing Steadily)과 급상승(Steep Climb)

상승에는 두 가지 유형이 있다. 첫 번째는 '급상승(Steep Climb)'으로, 이는 순간적으로 속도(Air Speed)가 감소하면서 고도가 증가하는 상황을 말한다. 두 번째는 '정상 상승(Steady Climb)'으로, 이는 계속적으로 속도나 진행 방향이 변하지 않는 상황을 말한다.

'급상승'은 운동 에너지($\frac{1}{2}mv^2$)를 위치 에너지(mgh)로 바꾸는 과정이다. 즉, 속도 V가 고도 h를 증가시키는 상황을 의미한다. '급상승(Zooming)'은 순간적으로 짧은 시간 동안 발생하는 상승 과정을 말하며, 이때의 속도는 일반 비행 속도보다 더 빠르게 설정해야 한다. 비행기의 속도 능력 범위가 넓을수록 고도를 빠르게 증가시키고 급상승을 할 수 있다.

예를 들어, 제트 전투기는 고속 비행을 통해 급상승을 통해 빠르게 고도를 올릴 수 있어야 한다. 또는 곡예 글라이더는 공중회전 시 모든 운동 에너지를 꼭대기에서 위치 에너지로 바꾸는 것이 좋은 급상승의 예시라고 할 수 있다.

두 번째로, 수평비행 시 필요한 추진력을 초과하는 잉여추진력으로 위치 에너지를 얻는 상승 방법이 있다. 이 추진력은 엔진과 프로펠러를 통해 연료 에너지에서 얻어지며, 이 방법을 통해 '정상 상승(Steady Climb)'이 유지된다.

3.2.2 상승 중 작용하는 힘(Forces in the Climb)

정상적인 연속 상승 상황에서, 추력(Thrust)은 비행 방향으로 작용하며, 이는 항력(Drag)과는 반대 방향이다. 양력(Lift)은 비행 방향과 직각을 이루는 방향으로 작용하고, 중력(Weight)은 수직으로 작용한다. 상승 과정에서 중력은 비행 방향과는 반대 방향으로 작용하는 성분을 가진다.

조종사가 일정한 속도(Indicated Air Speed, IAS)로 연속 상승을 유지하려면, 프로펠러 엔진(Engine-Propeller)은 반드시 다음 두 가지 조건을 만족시키는 충분한 추력을 제공해야 한다.

- 첫째, 항력을 극복할 수 있는 만큼의 추력이 필요하다.
- 둘째, 수직 속도(Vertical Speed, rate of climb)로 비행기의 중량을 지탱(들어올릴 수)하도록 하는 양력을 발생시킬 수 있는 만큼의 추력이 필요하다.

'정상 상승(Steady Climb)'에서는 가속이 발생하지 않는다. 4가지 힘(추력, 항력, 양력, 중력)은 평형 상태를 유지하며, 이로 인해 비행기에 작용하는 결과적인 합력(Resultant Force)은 0이 된다. 이러한 평형 상태는 잉여추진력(T - D)이 중량(Weight)과 균형을 이루도록 돕기 때문에 가능하다. 흥미로운 점은, 상승 시 양력(Lift)이 중량보다 적어도 충분하다는 것이다.

만약 상승 각도를 θ로 설정한다면, 양력(L)은 '$L = W \cos\theta$'가 되어 양력값은 중량(W)보다 작아진다. 그리고 추력(T)은 '$T = D + W \sin\theta$'가 되며, 이때 추력은 항력(D)보다 항상 크다. 참고로, 수직 상승을 한다면 '$T = D + W$'가 되고, 일정한 각도로 상승을 한다면 '$T = D + W \sin\theta$'가 된다. 여기서 '$T - D = W \sin\theta$'이고 상승 각도인 '$\sin\theta = (T - D) / W$'이다.

따라서, 상승 각도를 최대로 하기 위해서는 잉여추력(T - D)을 최대로 하는 속도가 필요하다. 이때의 속도를 최대 상승각 속도(Maximum Speed for Best Angle of Climb)라 하며, 일반적으로 V_x로 표시한다. 수식에서 볼 수 있듯이, 상승 각도는 중량(W)이 클수록 작아진다.

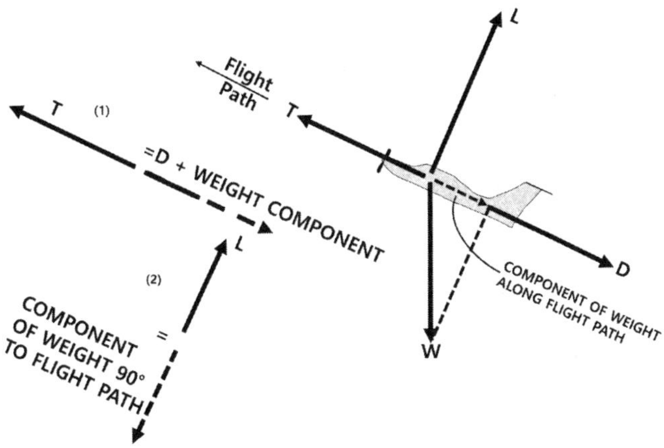

그림 3-13 정상 상승에 관여하는 4가지 힘

3.2.3 상승각(Angle of Climb)

상승각(Angle of climb)은 잉여추력(T – D)과 중량(Weight)과 직접 관련이 있다. 무게가 큰 비행기는 가벼운 비행기에 비해 상승 성능이 떨어진다. 즉 중량이 무거울수록 상승 성능은 감소하며, 반대로 중량이 가벼울수록 상승각도 커진다. 가벼운 비행기는 무거운 비행기보다 더 가파르게 상승할 수 있다.

추력은 항력을 극복하는 데 사용되며, 프로펠러 엔진이 항력과 균형을 이루는 추력을 초과해서 제공할 때, 비행기는 상승할 수 있다. 추력이 클수록, 그리고 항력이 작을수록 상승 각도는 커진다. 좋은 상승 경사도를 위해서는, 비행기는 항력을 최소화해야 한다(이것이 Flaps up을 하는 이유이다). 이는 이륙 시에 중요하다.

이륙 시 플랩을 사용하면 이륙 활주 거리(Take-off Run)를 줄일 수 있지만, 일단 이륙 후에는 플랩으로 인한 증가된 항력이 상승 각도를 줄일 수 있다. 또한, 이륙 속도는 플랩 각도에 상관없이 동일하므로, 가속성을 향상시키려면 플랩각을 작게 유지하는 것이 좋다.

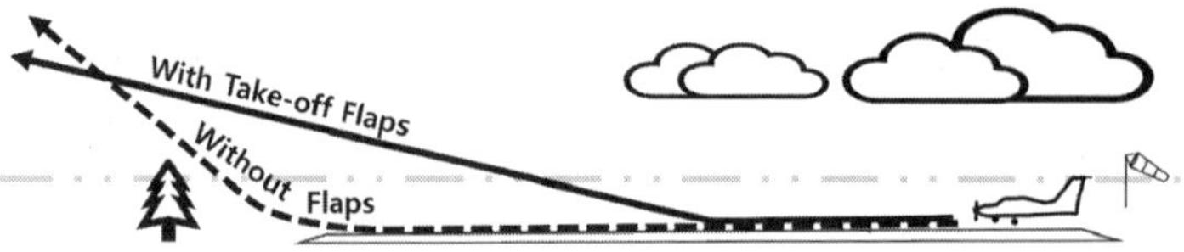

그림 3-14 플랩을 사용하면 상승의 기울기는 낮을 수 있다.

비행 중인 조종사는 대개 비행기의 중량을 변경할 수 없기 때문에, 상승 각도를 향상시킬 수 있는 유일한 방법은 항력을 줄이는 것이다. 이는 비행기를 'Clean' 상태로 유지함으로써 가능하며, 이는 항력을 최소화하는 상태를 의미한다. 또한, 최대의 잉여 추진력을 얻기 위해 최적의 속도로 비행하는 것이 중요하다.

3.2.4 상승률(Rate of Climb)

수직 속도(Vertical Velocity)는 상승률(Rate of Climb)이라고도 불린다. 이는 속도의 수직 성분을 의미하며, 대개 분당 상승 거리로 표현되어 'feet/min' 단위로 나타낸다. 예를 들어, 상승률이 500ft/min이라는 것은 비행기가 1분 동안 500ft 고도를 상승한다는 것을 의미한다. 상승률은 조종실 내의 승강계(VSI)에 표시된다.

잉여마력(Excess Power)이 크면 클수록, 그리고 중량이 적을수록 상승률은 커진다. 최대 상승률은 대개 최대 양항비(Best Lift/Drag Ratio) 근처의 속도에서 발생하며, 이는 최대 상승각 속도보다 빠르다. 최대 상승률 속도(Best Rate of Climb Speed, V_x)는 가장 짧은 시간에 고도를 얻는 속도를 의미한다.

[그림 3-13]에서, 비행기가 V(TAS)라는 속도로 상승할 때 '$ROC = V \sin\theta$'이며 '$\sin\theta = (T - D) / W$'이다. 따라서 '$ROC = V \times (T - D) / W = (TV - DV) / W = (P_a - P_r) / W$'가 된다.

결국, 상승률(ROC)을 최대로 하기 위해서는 이용마력(P_a)에서 필요마력(P_r)을 뺀 잉여마력이 최대일 때, 즉 ($P_a - P_r$)이 최대일 때 최대가 된다. 이때의 속도를 최대 상승률 속도(Best Angle of Climb Speed, V_y)라고 한다.

3.2.5 상승 속도(Climb Speeds)

상승 성능(Climb Performance)을 논할 때는 상승각과 상승률을 고려해야 한다. 조종사는 어떤 형태의 상승을 선택할지 결정해야 한다. 장애물을 피하기 위한 최대 상승각 속도(V_x)는 수평 거리에 대한 고도 획득을 의미한다. 예를 들어, 이륙 후의 비행경로에 높은 장애물이 있어 그것을 피하기 위해 고도를 빠르게 상승해야 하는 경우가 있다. 이럴 때는 엔진을 최대 출력으로 하고, 속도를 V_x로 유지하도록 피치를 조절한다. 항공 매뉴얼의 성능표에는 해당 비행 조건(고도, 외부 온도, 기체 중량 등)에서 얻어진 상승각 또는 상승 구배가 나와 있으므로 참고하면 된다. 다발엔진에서 한 개의 엔진이 고장난 경우의 최대 상승각 속도를 V_{xse}(Best angle of climb speed with a single operating engine in a light, twin-engine aircraft)라고 한다. V_x는 일반적으로 V_y보다 약 10Knots 낮고, 세 가지 상승 속도 중 가장 낮다.

최대 상승률 속도(V_y)는 가능한 한 빨리 순항고도에 도달하기 위한 속도이다. 플랩을 올리고, 착륙 장치를 올릴 경우 필요마력이 줄어들어 잉여마력이 많아져 높은 상승률을 얻을 수 있다. 즉 잉여마력이 최대가 되는 속도가 최대 상승률을 얻을 수 있는 속도이다. 최대 상승률 속도는 대개 최대 양항비(Best Lift/Drag) 근처의 속도이다.

순항 상승(Cruise Climb) 속도는 너무 많은 시간을 지체하지 않고 순항고도에 도달하면서 동시에 목적지에 빨리 도착할 수 있는 속도를 말한다. 또한, 이는 고속이므로 적절한 엔진 냉각이 필요하다. 이 속도에서는 상승각이 그렇게 크지 않다.

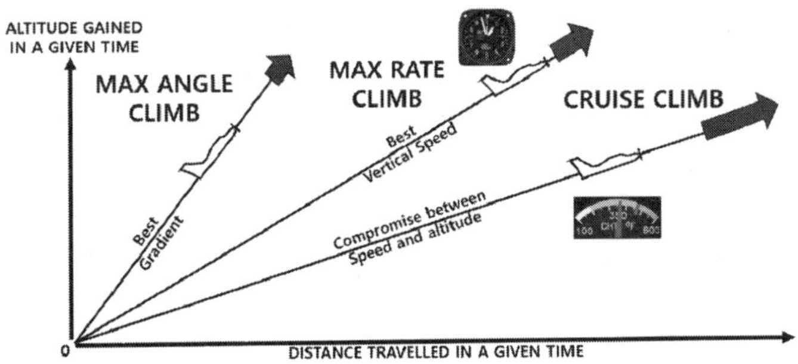

그림 3-15 최대 상승각, 최대 상승률, 순항 상승: 상황에 맞게 이용

3.2.6 상승 성능(Climb Performance)

증가된 중량은 상승 성능을 감소시킨다. 대기 온도가 높아지면 공기의 저밀도로 인해 상승 성능을 떨어뜨린다. 고도가 높아질수록 상승 성능은 감소한다. 프로펠러 엔진에서 이용 가능한 파워는 고도와 함께 줄어든다. 해수면에서의 성능은 과급에 의해 고(高)고도에서 유지될 수 있지만, 결국에는 파워는 감소하게 된다.

따라서, 상승 성능은 고도에 따라 감소하며, 상승 성능이 0에 가깝게 떨어져서 정상 상승이 더 이상 유지될 수 없는 고도를 '실링(Ceiling)'이라고 한다. 전문 용어로, '실용상승한도(Service Ceiling)'는 연속 상승률이 거의 100ft/min까지 떨어진 고도를 의미하며, '절대상승한도(Absolute Ceiling)'는 상승 속도에서 얻을 수 있는 연속 상승률이 0인 고도(더 이상 상승할 수 없는 고도)를 가리킨다.

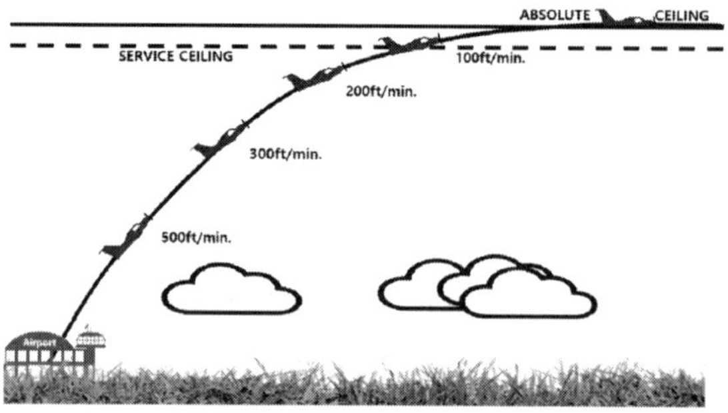

그림 3-16 고도가 높아질수록 상승 성능은 감소한다.

MAXIMUM RATE OF CLIMB

CONDITIONS:
Flaps Up
Full Throttle

NOTE:
Mixture leaned above 3000 feet for maximum RPM.

WEIGHT LBS	PRESS ALT FT	CLIMB SPEED KIAS	RATE OF CLIMB - FPM			
			-20°C	0°C	20°C	40°C
1670	S.L.	67	835	765	700	630
	2000	68	735	670	600	535
	4000	65	635	570	505	445
	6000	63	535	475	415	355
	8000	62	440	380	320	265
	10000	61	340	285	230	175
	12000	60	245	190	135	85

Note that RoC decreases with temperature

Note that climbing IAS for best RoC decreases with altitude

Note that RoC decreases with altitude

그림 3-17 상승 성능표의 예

NOTE

공기밀도가 감소(High Altitude, High Air temperature)함에 따라 상승 성능(Climb Performance)도 감소한다. 고도가 상승함에 따라 최대 성능(Best Performance)을 나타내는 상승 속도(Climbing IAS)는 감소한다.

속도가 너무 빠르게 비행하면 상승 성능(Climb Performance)이 감소한다.

권장 속도보다 빠르게 비행하면, 즉 추력(Thrust)과 항력(Drag)이 동일하며 이용마력(P_a)과 필요마력(P_r)이 같아지면, 상승각을 유지할 수 있는 잉여추력이나 상승률을 유지할 수 있는 잉여마력이 사라진다. 이런 경우 비행기는 오직 수평비행만이 가능해진다. 높은 속도에서는 추력 부족과 파워 부족으로 인해 비행기는 상승하기보다는 하강하게 된다.

너무 느리게 비행하면 상승 성능(Climb Performance)이 감소한다.

권장 속도보다 느리게 비행하면, 높은 받음각(High AOA)으로 인해 증가된 항력을 극복할 수 있는 잉여추력과 잉여마력이 감소하게 된다. 이로 인해 상승 성능이 감소하게 된다. 저속에서 프로펠러 엔진은 효율성이 떨어져 추력 발생이 줄어든다. 또한, 비행기는 저속에서 높은 유도항력을 가지게 된다. 결과적으로, 너무 천천히 비행하면 실속(Stall)이 발생할 수 있다.

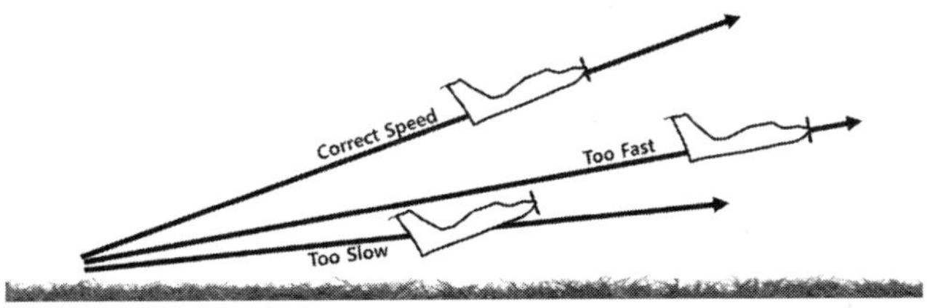

그림 3-18 가장 좋은 성능을 얻기 위해서는 정확한 상승속도로 비행해야 한다.

상승 비행은 프로펠러 엔진이 잉여추력을 공급할 수 있는 충분한 파워를 발생하는 속도 범위에서 가능하다. 저속에서는 실속각(Stalling Angle)에 의해 제한받는다.

높은 대기 온도는 상승 성능을 감소시킨다. 공기의 온도가 높으면 밀도가 낮아진다. 이로 인해 프로펠러 엔진과 기체 모두 효율이 떨어지며, 결과적으로 비행기의 성능은 차가운 날보다 더운 날에 더욱 감소하게 된다.

3.2.7 안정적인 바람에서의 상승 효과(Climbing Effect)

비행기는 공기 중을 날아간다. 안정적인 바람(Steady Wind) 조건에서 상승률과 상승각은 영향을 받지 않는다.

그러나 지상에서 상승각을 고려하면, 즉 비행경로를 고려하면, 정풍(Head Wind)은 지상에서 상승경사도를 증가시키고, 배풍(Tail Wind)은 경사도를 감소시킨다. 바람을 맞고(정풍, Head Wind) 이륙하는 상황은 장애물을 피하는 데 분명한 이점이 있다.

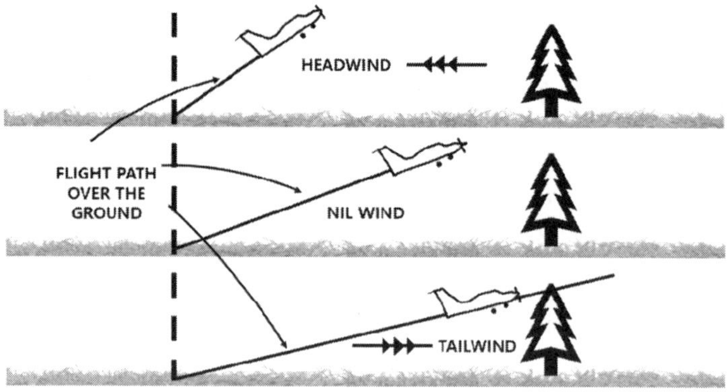

그림 3-19 바람의 영향에 따른 비행경로

3.2.8 윈드시어(Windshear)의 영향

윈드시어(Windshear)는 공간에서 바람의 방향이나 속도가 변화하는 현상이라고 정의할 수 있다. 즉, 윈드시어는 변화하는 바람을 의미한다. 이는 조종사가 다른 고도로 상승 혹은 하강할 때 속도가 변하는 바람을 가리키며, 장소를 이동하면서 방향이 변하는 바람을 의미하기도 한다. 또한, 비행기가 통과해야 하는 상승 기류나 하강 기류를 의미하기도 한다. 윈드시어는 일반적으로 짧은 거리 또는 짧은 시간 동안의 바람 변화를 지칭한다.

3.2.9 오버수트 효과(Overshoot Effect)

상승 기류를 통해 비행하면, 지상과 비교했을 때 상승률과 상승각이 증가한다. 반면, 하강 기류를 통한 비행은 반대의 효과를 가져온다. 비행기는 자체의 관성에 의해 정풍이 증가하는 방향으로 비행하게 되며, 이때 지상 속도를 유지하려는 경향이 나타난다. 따라서, 정풍이 증가하는 방향으로의 비행은 속도를 일시적으로 증가시키는 결과를 가져온다. 또한, 정확한 상승속도를 유지하기 위한 시도는 상승 성능을 일시적으로 향상시킨다.

이러한 방식으로, 정풍이 증가하거나 배풍이 감소하는 지역, 또는 상승 기류를 통한 비행은 상승 성능을 향상시키며, 이로 인해 비행기는 기존의 비행경로를 초과하게 된다. 즉, 기존 비행경로보다 더 높이 상승하거나, 속도가 일시적으로 증가하여 목표 지점을 초과하는 현상이 발생하는데 이를 '오버슈트 효과(Overshoot Effect)'라고 한다. 이는 비행기의 움직임을 이해하고 예측하는 데 중요한 요소로 작용한다.

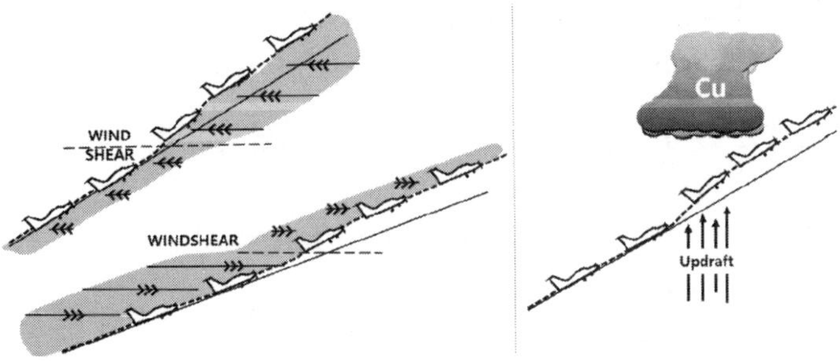

그림 3-20 Overshoot 효과: (일시적인) 성능의 증가

이륙 시에는 정풍이 주는 이점이 있다. 일반적으로 바람의 강도는 지상에서 높이가 상승함에 따라 증가하는 경향이 있다. 따라서 이륙은 주로 정풍이 증가하는 방향으로 진행된다. 이는 상승 성능의 향상을 의미한다. 또한 장애물이 존재하는 경우, 이를 회피하기 위해 더 가파른 상승 경사도(Steeper Climb-Out Gradient)를 얻을 수 있는 장점이 있다. 이는 효과적인 장애물 회피를 가능하게 하며, 안전한 이륙을 돕는다.

3.2.10 언더슈트 효과(Undershoot Effect)

Downwind 속으로의 이륙은, 배풍이 증가하는 방향으로 상승하는 것을 의미한다. 비행기는 자체의 관성 때문에 일시적으로 원래의 속도를 유지하려고 하며, 이는 속도 감소를 초래한다. 정상적인 상승 속도를 유지하기 위해, 조종사는 항공기의 기수를 낮춰야 한다. 이 경우, 상승 성능은 감소한다.

상승 성능 감소는 배풍이 증가하거나 정풍이 감소하는 곳, 또는 하강 기류에서 나타난다. 비행기는 원래의 비행경로보다 아래로 떨어지는 경향이 있거나 속도를 잃게 되는데, 이를 '언더슈트 효과'라고 한다.

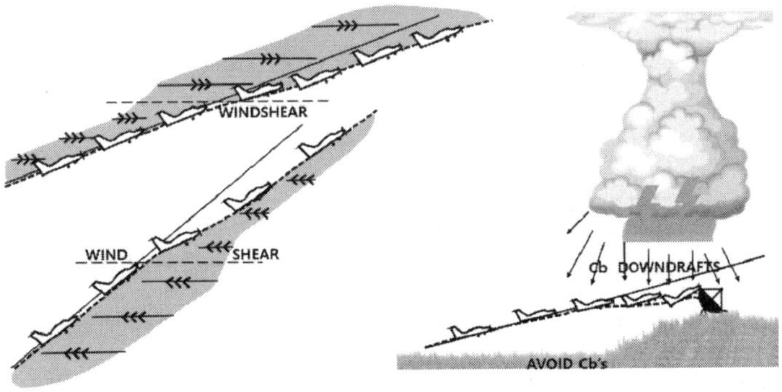

그림 3-21 Undershoot 효과: 성능의 감소

초기 오버슈트 효과는, 적난운(Cb) 구름 아래의 정풍이나 마이크로버스트에 부딪힌 후, 그 뒤에 이어서 배풍으로 비행하면서 발생하는 심각한 언더슈트 현상을 말한다. 따라서 적난운(Cb) 구름 근처로의 비행은 피하는 것이 바람직하다.

3.2.11 좌측 회전 경향(Left Turning Tendencies)

프로펠러가 구동되는 항공기의 경우, 특히 상승 중에는 일련의 항공역학적 특성으로 인해 왼쪽으로 회전하는 경향이 발생한다. 이러한 현상은 주로 토크(Torque), 자이로스코픽 프리세션(Gyroscopic Precession), 비대칭 추력(Asymmetrical Thrust), 나선형 슬립스트림(Spiraling Slipstream) 등에 의해 일어나며, 이들 요인이 결합하여 항공기가 상승 중에 왼쪽으로 회전하려는 경향을 만들어낸다. 이 현상은 엔진 출력이 높고 속도가 느릴 때 가장 크게 나타난다.

1) 토크(Torque)

토크(Torque)는 뉴턴의 제3법칙인 '작용 반작용의 법칙'을 통해 이해할 수 있다. 단발 프로펠러 항공기에서는 대부분의 경우 프로펠러가 시계방향으로 회전한다. 이때, 프로펠러의 시계방향 회전에 대한 반작용으로 인해 항공기는 종축(Longitudinal Axis)을 중심으로 반시계방향으로 회전하려는 경향이 생긴다. 이 현상을 토크라고 한다.

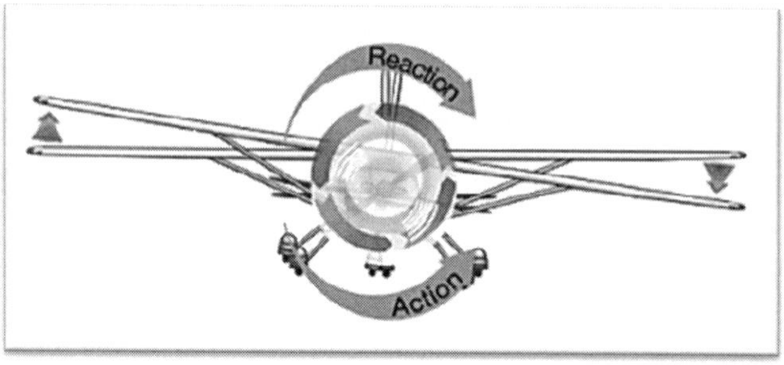

그림 3-22 토크는 회전하는 프로펠러에 대한 반작용의 힘

2) 자이로스코픽 프리세션(Gyroscopic Precession)

항공기의 회전하는 프로펠러는 자이로(Gyro)와 유사한 특성을 가진다. 자이로의 특성은 공간 속의 경직성(Rigidity in Space)과 섭동(Precession)인데, 항공기가 왼쪽으로 돌아가도록 영향을 미치는 힘은 Gyroscopic Precession이다. Gyroscopic Precession은 회전하는 판(Disc)의 테두리에 힘이 가해졌을 때 그 결과가 회전 방향의 90° 방향에서

나타나는 특성이다. 이런 현상은 오직 항공기의 자세가 변화했을 때만 경험할 수 있다.

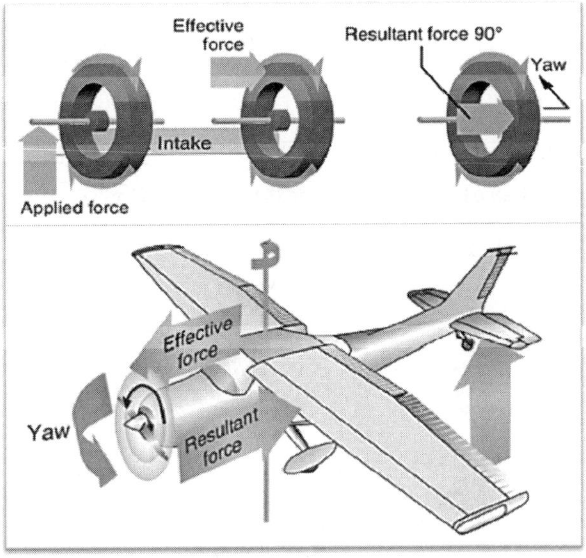

그림 3-23 Gyroscopic Precession의 예 – 테일휠 항공기가 이륙을 위해 꼬리를 들 때

3) 비대칭 추력(Asymmetrical Thrust, P-Factor)

프로펠러 항공기가 높은 받음각 상태(High Angle of Attack)에서 비행 시, 항공기의 프로펠러가 회전할 때 내려가는 날과 올라가는 날의 받음각이 달라지므로 발생하는 추력(Thrust)도 달라지게 된다. 이를 추력의 불균형(Asymmetrical Thrust)이라고 하며, P-Factor라고도 한다. 내려가는 쪽의 프로펠러 날이 더 많은 추력을 생성하고, 보통의

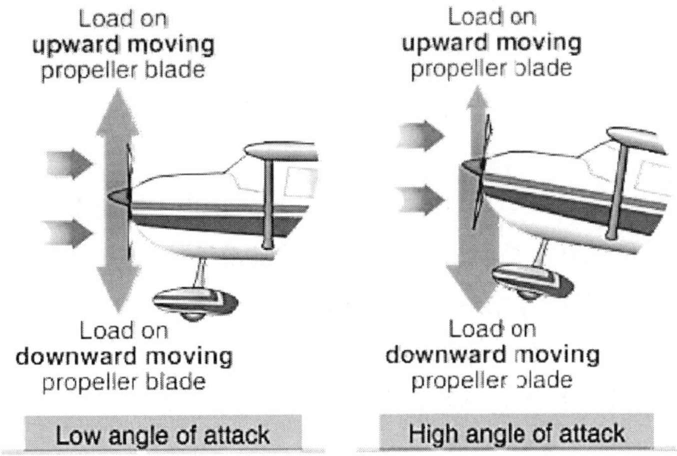

그림 3-24 Asymmetrical Thrust(P–Factor)

경우 조종석에서 보기에 오른쪽에 위치하므로, 이 힘이 항공기를 왼쪽으로 틀어지게 만든다.

4) 나선형 슬립스트림(Spiraling Slipstream)

프로펠러가 회전함에 따라서 뒤로 흘러가는 공기의 흐름(후류: Slipstream)이 생기는데, 이 후류가 항공기를 감싸고 돌면서 항공기의 수직안정판(Stabilizer)에 힘을 가하게 된다. 프로펠러의 회전 방향으로 인해 이 후류가 수직안정판의 왼쪽에 힘을 가하게 되고, 이 힘으로 인해 항공기가 회전하려는 성질이 생긴다.

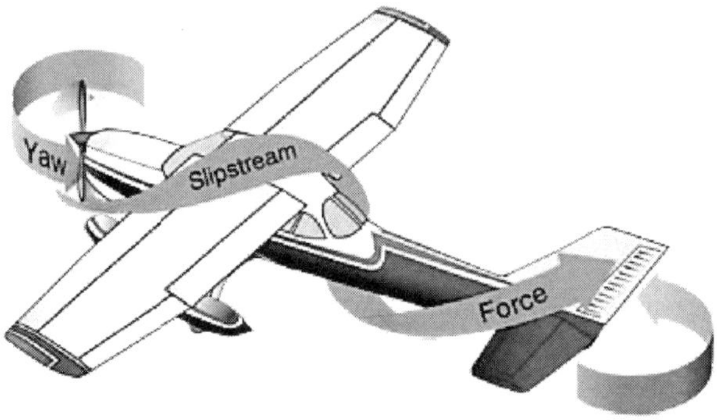

그림 3-25 나선형 슬립스트림(Spiraling slipstream)의 영향

3.3 강하(Descending)

3.3.1 강하에 작용하는 힘과 양항비

강하(Descending)는 특정 고도에서 착륙을 위해 고도를 감소시키는 행위를 말하며, 활공(Gliding)은 모든 엔진이 작동을 멈춘 상태에서 불가피하게 고도를 낮추는 것을 의미한다.

만약 항공기가 엔진이나 프로펠러로 생성되는 추력 없이 고도를 감소시키고 있다면, 주요한 4가지 힘 중 3가지 힘 중력, 양력, 항력만이 항공기에 작용하게 된다. 활공 중에는 항공기에 영향을 주는 총 합력이 0이므로, 이 3가지 힘이 평형 상태에 놓이게 된다.

항공기가 직진 수평 비행 상태에서 추력이 0이라고 가정해보자. 이때, 비행경로 방향으로 작용하는 중력 성분이 항력과 균형을 이루기에 충분하지 않다면, 항공기는 속도를 감소시키게 될 것이다.

이렇게 되면, 항공기는 하강하게 되며, 이는 고도에 따른 위치 에너지를 운동 에너지로 변환함으로써 항공기가 속도를 유지할 수 있게 한다.

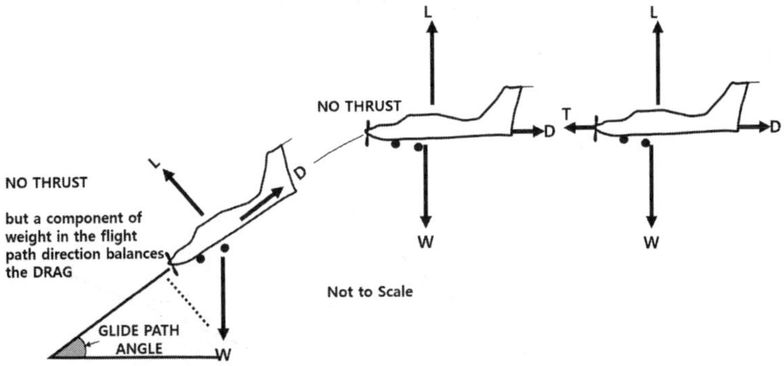

그림 3-26 활공 중에는 중력의 성분 중 일부가 항력과 균형을 이룬다.

위 그림에서 정상(등속도) 강하일 때의 관계식을 보면

$$L = W\cos\theta$$
$$D = T + \sin\theta$$

로 표시할 수 있으며, 여기에서 All Engine Out 시 T = 0이므로

$$D = W\sin\theta$$

로 쓸 수 있다. 이 경우

$$\sin\theta = D / W$$

이다.

비행경로의 방향을 고려할 때, 항공기가 하강함에 따라 중력의 성분이 항력과 균형을 이루며 항공기의 속도에 영향을 미친다는 것을 확인할 수 있다. 힘의 수직 분석을 통해, 중력은 결국 양력과 항력의 결과 힘과 균형을 이루게 된다. 이는 항공기의 비행 동안 지속적으로 유지되는 물리적 균형 상태를 나타낸다. 이 균형 상태는 항공기의 안정적인 비행을 가능하게 한다.

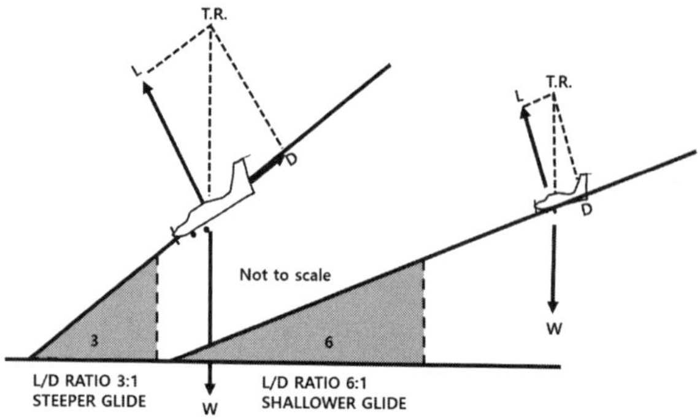

그림 3-27 활공 중에는 양력(Lift)과 항력(Drag)이 중력(Weight)과 균형을 이룬다.

항력이 증가하면 활공각(Glid Angle)도 함께 커지게 된다. 활공각이 작다는 것은, 요구되는 양력에 비해 항력이 최소일 때, 즉 양력 대 항력의 비율(L/D Ratio)이 가장 클 때를 의미한다.

양항비(L/D Ratio)가 크다면, 강하각(Descent Angle)이 작아질 것이므로 항공기는 더 멀리 활공할 수 있다. 반대로 양항비가 작다면(즉, 요구되는 양력에 비해 항력이 크다면), 항공기는 더 큰 강하각을 가지게 되어, 활공 거리가 짧아진다. 따라서, 양항비는 항공기의 활공 성능에 큰 영향을 미친다. 이 비율을 최대로 유지하면, 항공기는 가능한 한 멀리 활공할 수 있다. 이 내용에서는 두 가지 중요한 항공역학적 원칙이 도출된다. 첫 번째는, 효율적인 항공기는 높은 양력 대 항력 비율(L/D Ratio)을 가지고 비행할 수 있다는 것이다. 이는 낮은 양항비를 가진 항공기에 비해 더 적은 고도 손실로 더 멀리 활공할 수 있는 능력을 의미한다. 두 번째는, 높은 양항비를 가진 항공기는 가장 효율적인 받음각(Angle of Attack)으로 더 멀리 활공할 수 있다는 것이다. 이 최적의 받음각은 대체로 약 4°다.

다만, 조종사는 직접적으로 받음각을 알 수 없다. 그러므로, 적절한 활공 속도 또는 강하 속도를 유지하고 있다면, 항공기는 가장 효율적인 받음각에 근접해 있다고 볼 수 있다. 이는 항공기의 비행 성능과 효율성에 중요한 역할을 한다.

3.3.2 강하율(Rate of Descent)을 최소로 하는 조건

엔진이 모두 정지하거나 공회전 상태에서는 추력이 0이므로,

$$강하율(R/D) = V\sin\theta$$

로 표현된다. 앞에서

$$\sin\theta = D/W$$

로 정의했으므로,

$$R/D = V\sin\theta = V \times D/W = DV/W = P_r/W$$

로 표현할 수 있다. 이때 R/D를 최소화하려면 P_r이 최소가 되는 속도를 선택하면 된다. P_r을 줄이기 위한 방법으로는 항력이 최소인 받음각을 선택하거나, 최적의 양항비를 가지는 방향으로 비행하는 등의 방법이 있다. 이때의 양항비를 활공비(Glide Ratio)라고 한다.

속도가 너무 빠르거나 느린 경우, 활공각이 가파르게 된다. 항공기가 더 작은 받음각으로(따라서 더 빠르게) 비행하면, 양항비는 작아지고, 항공기는 멀리 활공하지 못하게 된다. 이 경우, 항공기는 더 빠르고 가파른 각도로 지면을 향해 '곤두박질'하게 된다.

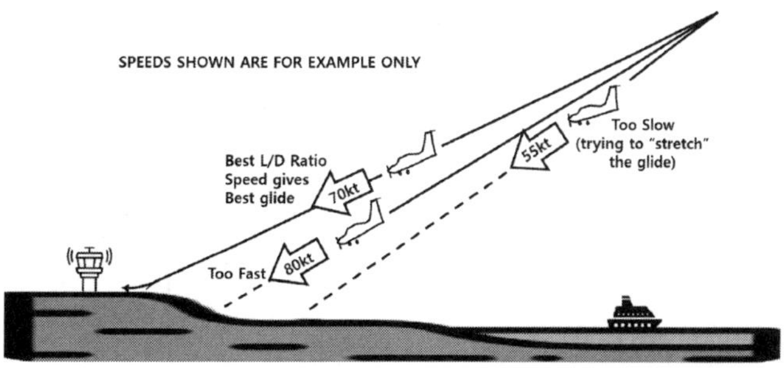

그림 3-28 가장 Flat한 Glide는 Best L/D Air Speed에서 이루어질 수 있다.

반대로, 항공기가 최적의 양항비보다 큰 받음각으로, 즉 더 느린 속도로 비행하면, 양항비는 줄어들고, 최적의 활공각을 얻을 수 없게 된다. 이 경우, 항공기는 가파르게 하강하고 있지만, 고도는 상대적으로 높게 유지된다.

잔잔한 공기에서 보다 멀리 활공하려면 최적의 양항비(L/D Ratio)를 갖는 Recommended Air Speed(즉 Angle Of Attack)로 비행해야 한다.

비행 중에는 추천된 대기속도(Recommended Air Speed)를 유지하면서 활공을 해야 한다. 만약 목표 지점에 도달하지 못할 것 같다고 판단되더라도, 기수를 높여 활공 거리를 늘리려는 시도는 삼가야 한다. 높은 기수는 활공 거리를 길게 하려는 시도로 보일 수 있지만, 실질적으로는 활공 거리를 줄이게 된다.

플랩(Flap)은 활공각을 가파르게 만드는 역할을 한다. 플랩 설정은 양력보다 항력을 더욱 증가시킨다. 이로 인해 양항비가 감소하게 되고, 더 가파른 하강 각도를 유발하게 된다.

낮은 플랩 설정(Low Flap Setting)은 항력을 약간 증가시키는 반면, 양력을 크게 증가시킨다. 그래서 때때로 낮은 플랩 설정은 'Lift Flap'이라고 불리기도 한다. 반면에 큰 플랩 설정(Large Flap Setting)은 양력을 약간 증가시키는 한편 항력을 크게 증가시킨다. 따라서, 큰 플랩 설정은 'Drag Flap'이라고 불린다. 큰 플랩 설정은 하강각을 급격하게 만들며, 이는 조종사에게 더욱 좋은 시야를 제공한다.

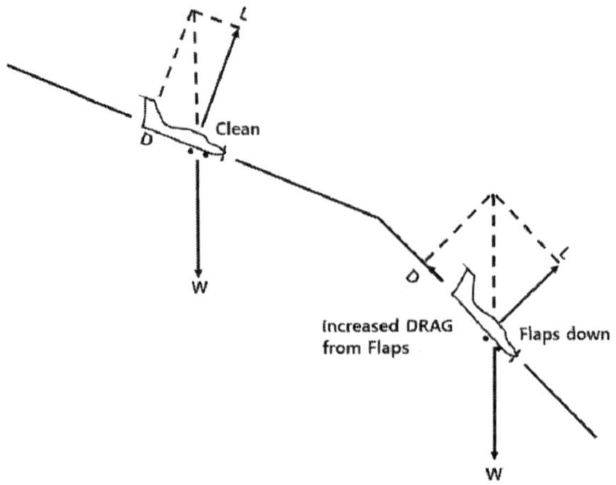

그림 3-29 Flap은 활공각을 깊게 한다.

3.3.3 활공 거리를 최대로 하는 조건

활공 거리를 최대화하려면, 활공 각도를 최소화해야 한다. 이전에 제시된 [그림 3-20]에서 활공 각도는 θ로 표현되며, 이는

$$\tan\theta = D/L = 1/(\frac{L}{D}) = 1/(\frac{CL}{CD})$$

로 정의된다. 따라서 tan θ를 최소화하려면 (L/D)를 최대로 만들어야 한다. 이는 활공 거리를 최대화하려면 θ가 작아야 하며, θ가 작아지려면 양항비가 커야 함을 의미한다.

중력(Weight)의 감소는 강하 각도(Glide Angle)를 변화시키지 않는다. 그저 강하 속도(Glide Speed)만 감소시킨다. 만약 중력(Weight)이 감소하면, 특정 받음각(Angle Of Attack)에서 비행기는 중량이 더 많았을 때에 비해 더 낮은 대기속도(Air Speed)를 가지게 된다.

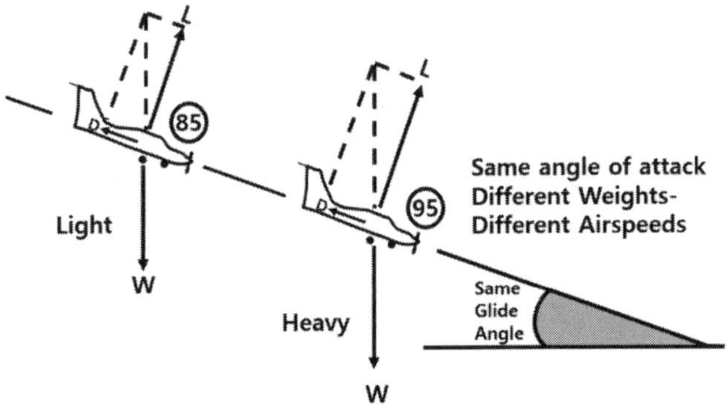

그림 3-30 최대 활공각(Best Glide Angle)은 모든 중량(Weight)에서 동일하지만, 속도는 항공기가 가벼울수록 낮아진다.

최적의 Lift/Drag 비율을 가지는 받음각(Angle Of Attack)에서 비행기의 대기속도(Air Speed)는 줄어들지만 강하각(Glide Angle)은 변하지 않는다. 이는 가벼운 항공기의 강하율(Rate of Descent)이 낮다는 것을 의미한다. 추천 활공 속도는 항공기의 최대 전체 중량(Maximum All-Up Weight)을 기준으로 설정된다.

3.3.4 바람의 영향과 지상에서의 활공 거리(Gliding Distance)

정풍(Headwind)은 항공기가 공중에서 이동하는 활공 거리(Gliding Distance)나 강하율(Rate of Descent)에는 영향을 주지 않는다. 하지만 지상에서 볼 때의 활공 거리는 줄어들게 된다. 여기서 활공각(Glide Angle)은 공기질량(Air Mass)에 대한 각도를 의미하며, 비행경로(Flight Path)는 지면에 대한 경로를 나타낸다.

항공기는 공기를 통해 비행한다. [그림 3-31]을 보면 항공기가 공기 중에서 활공하는 3가지 경우를 확인할 수 있다. 이 세 경우는 모두 같은 속도, 같은 기수 자세, 같은 받음각(AOA), 그리고 같은 강하율을 가지고 있다. 따라서 지면에 도달하는 시간도 동일하다.

이 세 경우에서 차이점은 공기가 지면 위에서 3가지 다른 방향으로 움직이며 항공기를 이동시킨다는 점이다. 두 번째 그림은 바람이 없는 상태(Nil Wind)를 보여주며, 첫 번째 그림은 정풍이 불고 있는 상태(Headwind)를, 마지막 세 번째 그림은 배풍이 불고 있는 상태(Tailwind)를 나타낸다. 이 3가지 상황에서 지상 거리는 각각 다르게 나타난다.

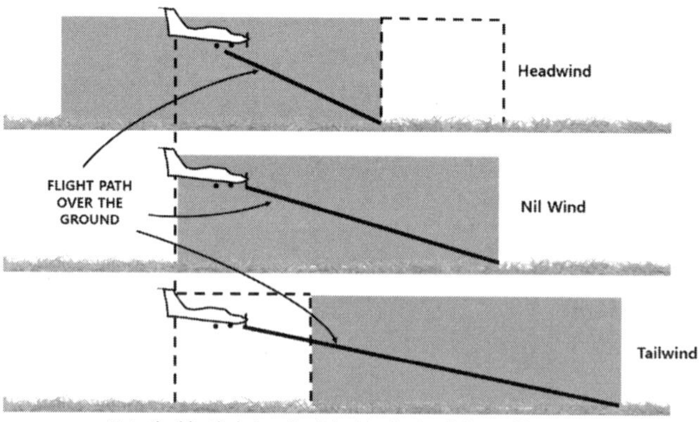

그림 3-31 배풍의 영향을 받으면 지상 활공 거리가 증가하고 정풍의 경우는 줄어든다.

배풍(Tailwind)은 지면에서 볼 때의 활공 거리(Gliding Distance)를 증가시킨다. 그러나 이는 공기 중에서의 활공 거리나 강하율(Rate of Descent)에는 영향을 미치지 않는다.

잔잔한 공기 중에서의 활공 거리와 활공 중에 작용하는 힘에 관한 표를 보면, 최대 양항비에서 활공 거리가 가장 길어지는 것을 알 수 있다. 예를 들어, 양항비가 5:1인 경우, 비행기는 내려오는 수직 거리보다 5배 멀리 활공하게 된다. 즉, 1NM(6,000ft) 높이에서는 약 5NM을, 약 12,000ft(2NM) 높이에서는 대략 10NM을 활공하게 된다. 양항비가

12:1인 비행기는 잔잔한 공기 중에서 수직 거리의 약 12배 멀리 활공하게 된다. 강하 중에 비행기에 작용하는 항력(Drag)과 양력(Lift)이 수직 거리와 수평 거리에 어떻게 영향을 미치는지는 [그림 3-32]와 같이 그려보면 쉽게 이해할 수 있다.

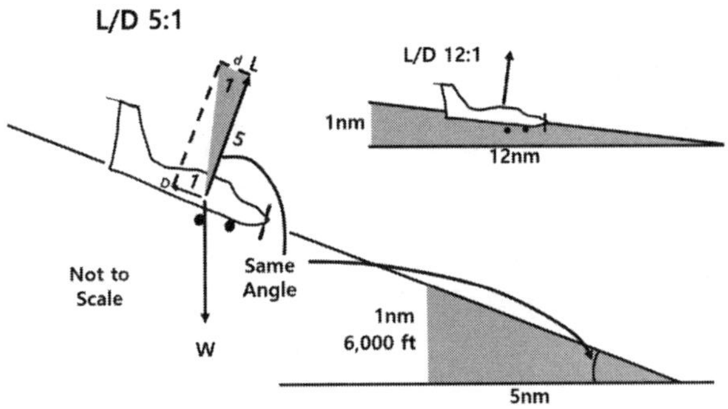

그림 3-32 양력/항력의 비율은 공기 중에서 이동한 거리/고도와 같다.

3.3.5 마력을 증가시키면 강하각을 낮출 수 있다.

엔진이나 프로펠러가 마력을 생성하는 경우, 이는 추력(Thrust)을 통해 항력(Drag)을 극복하게 된다. 이 결과, 비행기는 엔진 구동 없는 활공(Power-Off Glide)보다 더 작은 강하각과 강하율을 가지게 된다. 충분한 마력이 제공되면, 강하각은 0이 되어 수평비행이 가능하게 된다. 더 많은 마력이 제공되면, 비행기는 상승까지 가능하게 된다.

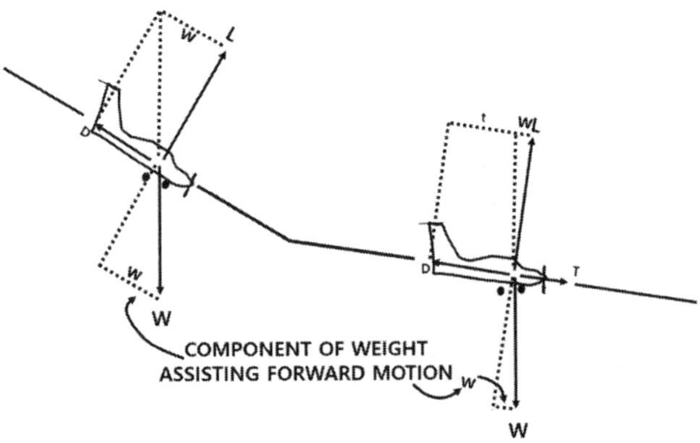

그림 3-33 파워의 증가는 강하를 완만하게 해준다.

원하는 비행경로보다 낮게 내려가게 되면, 이를 수정하기 위해 약간의 힘을 가하고 기수 자세를 변경해야 한다. 단지 기수만 높이게 되면 강하각이 커져서 상황을 악화시킬 수 있다. 만약 강하 중에 원하는 경로보다 높게 비행하게 되면, 힘을 줄이거나 항력(Drag)을 증가시켜 강하각을 늘릴 수 있다. 즉,

- 추력(Thrust)을 줄인다.
- 항력(Drag)을 증가시킨다. 이는 플랩을 확장(Flap Extension)하거나 착륙 장치를 내림(Landing Gear Down)으로 수행할 수 있다.

3.3.6 항공기 형상(Configuration)의 영향

플랩이나 착륙 장치와 같은 항공기의 외부 형태는 강하율에 영향을 미친다. 항공기의 형태가 일반적인 형태(Clean Configuration)에서 착륙을 위한 형태(Landing Configuration)로 변하면, 항력(Drag)이 증가하게 된다. 이에 따라 항력을 상쇄하기 위한 중력(Weight)이 더 필요하게 된다. 이때, 최적의 활공 속도(Best Glide Speed)를 유지하기 위해 항공기의 기수를 낮추게 되며, 이로 인해 동일한 항공기가 동일한 고도 손실에 대해 전진하는 거리가 줄어들게 된다.

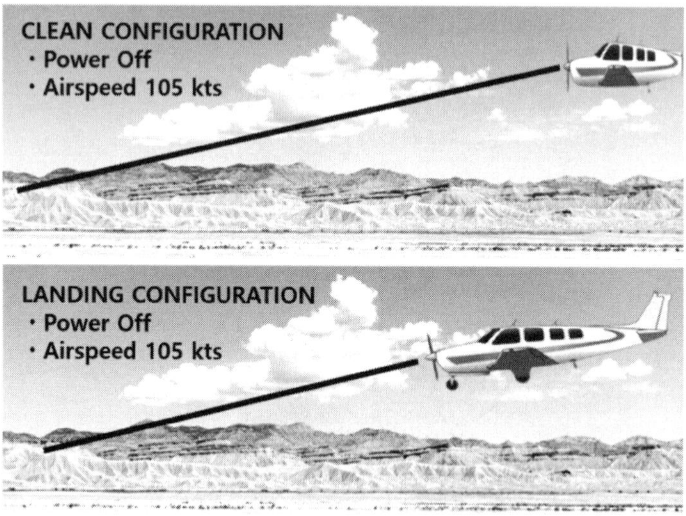

그림 3-34 동일한 속도일 때 형상에 따른 활공 거리의 변화

3.4 선회(Turning)

3.4.1 선회에 작용하는 힘

움직이는 물체는 일정한 속도로 직선 운동을 유지하려는 성질을 가지고 있다(뉴턴의 제1법칙). 이 상태를 변화시키기 위해(즉, 물체를 가속하거나 감속하여 속도나 방향을 변화시키기 위해)는 힘이 물체에 작용해야 한다(뉴턴의 제2법칙).

곡선 경로로 움직이는 물체는 직선으로 움직이려는 경향이 있다. 즉, 곡선 경로의 접선 방향으로 튕겨 나가려 한다. 곡선 경로를 유지하려면 힘이 끊임없이 회전의 중심 방향으로 작용해야 한다. 이러한 힘을 구심력(Centripetal Force)이라고 한다.

끈에 매단 돌을 들어 올릴 때, 돌의 중량 방향과 반대 방향으로 동일한 크기의 양력을 가해야 한다. 만약 끈을 잡고 돌을 회전시킨다면, 돌의 중량을 균형 잡기 위한 수직 힘(Vertical Force)과 더불어 돌의 회전을 유지하기 위한 구심력(Centripetal Force)을 가해야 한다. 돌을 회전시키면 끈에 작용하는 총 힘(Total Force)이 증가하며, 이 힘은 돌을 잡는 손에 느껴진다.

등속 수평 비행에서는 양력(Lift)이 중력(Weight)과 같아야 하지만, 회전 시에는 중력과 원심력에 상응하는 양력이 필요하다.

여기에서 {중력(Weight) + 원심력} = 양력(Lift)이면 수평 선회가 되고
{중력(Weight) + 원심력} 〈 양력(Lift)이면 상승 선회가 되며
{중력(Weight) + 원심력} 〉 양력(Lift)이면 강하 선회가 된다.

수평 선회는 고도, 속도, Bank, 선회반경(Radius)을 일정하게 유지하는 원운동을 말한다.

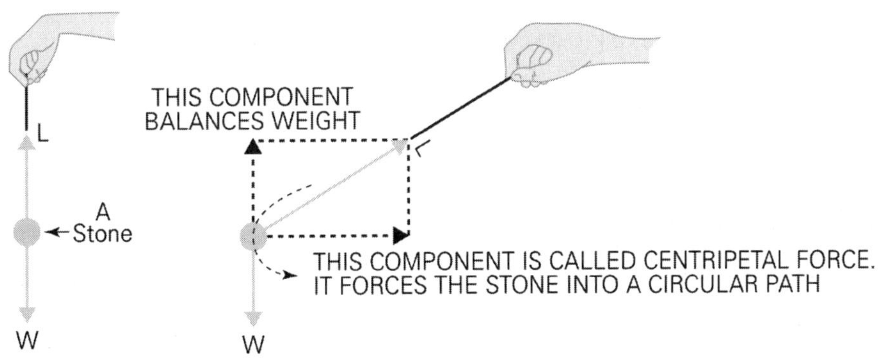

그림 3-35 구심력이 동체를 선회하도록 잡아당긴다.

비행기가 선회(Turn)하기 위해서는, 회전 중심 방향으로 향하는 어떤 힘의 발생이 필요하다. 즉 비행기에 Bank를 주게 되면 경사각만큼 양력 성분이 기울여짐으로써 가능하다.

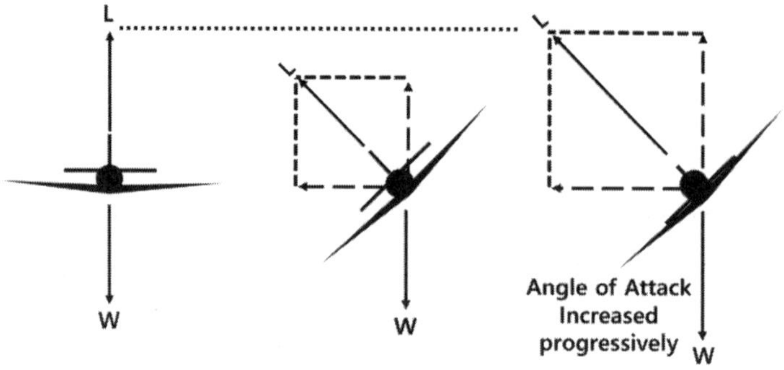

그림 3-36 고도유지를 위한 양력의 수직 성분을 얻기 위해 AOA를 높인다.

직선 및 수평 비행을 할 때, 날개에서 발생하는 양력은 비행기의 중량을 상쇄하고 균형을 유지한다. 비행기가 회전(Turn)할 때, 날개는 비행기의 중량을 균형 잡기 위해 수직 방향의 힘을 필요로 한다(하강하지 않는다는 가정하에). 또한, 회전의 중심 방향으로 작용하는 구심력은 비행기의 회전을 가능하게 한다.

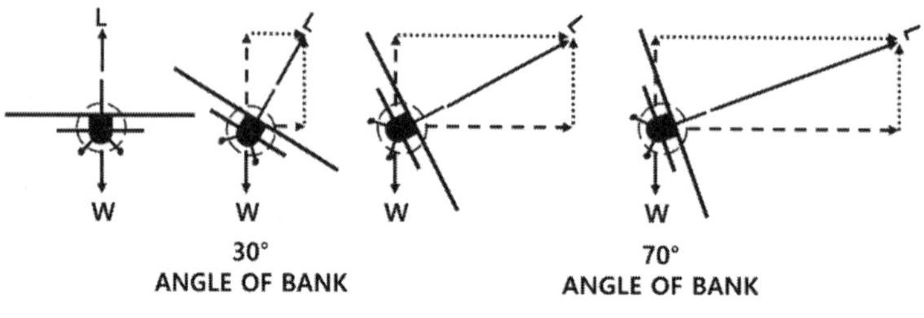

그림 3-37 고도를 유지하기 위해서는 뱅크가 깊어질수록 더 많은 양력이 요구된다.

비행기가 수평으로 회전할 때, 발생하는 양력(Lift)은 직선 수평 비행 시의 양력보다 커야 한다. 같은 속도에서 이 증가된 양력을 얻기 위해서는 받음각(AOA)이 조종 간의 상승 조작에 따라 증가되어야 한다.

수평 회전은 회전 각도가 클수록 더 큰 양력이 요구된다. 조종사는 회전 각도를 주기 위해 에일러론(Ailerons)을, AOA와 양력을 증가시키기 위해 승강타(Elevator)를 사용하여 비행기를 선회(Turn)시킨다. 또한, 조종사는 선회각(Bank Angle)과 고도를 유지하기 위해 에일러론과 승강타를 사용한다. 여기서 우리는 러더(Rudder)의 사용을 배제하겠다.

비행기의 설계상 안정성은 아마도 선회를 지탱할 수 있게 되어있을 것이다. 따라서, 약간의 러더 조작(예: 왼쪽 선회를 위해 왼쪽 러더를 사용)으로 인한 꼬리 부분의 움직임은 기수가 선회 방향으로 이동하도록 돕는다. 즉, 러더는 선회의 균형을 유지하는 역할을 한다. 조종사는 비행기가 선회함에 따라 자신도 선회하게 되며, 이를 조종석에 앉아서 체감하게 된다. 이는 마치 자신의 체중이 증가한 것처럼 느껴질 수 있다.

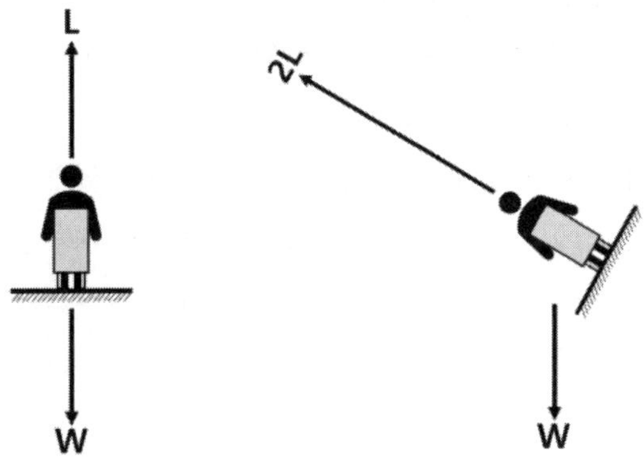

그림 3-38 뱅크가 깊어질수록 G-Force도 증가한다.

3.4.2 역요(Adverse Yaw)

항공기가 선회를 시작할 때, 선회 방향의 안쪽 에일러론이 위로 들리고 바깥쪽 에일러론이 아래로 내려간다. 선회 방향의 바깥쪽 에일러론이 아래로 내려가면, 날개의 받음각

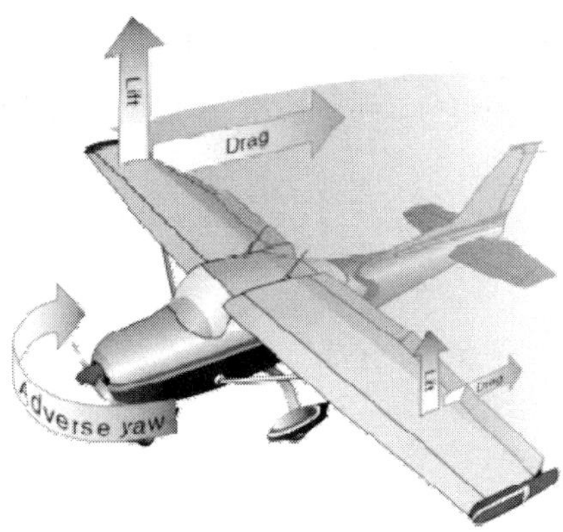

그림 3-39 Adverse Yaw 현상

(AOA)이 증가하여 더 많은 양력이 발생한다.

날개에서 양력이 발생하면 유도항력(Induced Drag)도 함께 발생하게 된다. 따라서, 선회의 바깥쪽 날개에서는 더 큰 항력이 발생하게 된다. 이로 인해 항공기가 선회를 시도할 때, 선회 방향의 반대쪽으로 기체가 틀어지려는 경향이 발생한다. 이런 현상을 역요(Adverse Yaw)라고 한다.

3.4.3 선회(Turn) 시에는 날개 하중계수(Wing Load Factor)가 증가한다.

직진 수평 비행 시, 날개는 비행기의 중량과 동일한 크기의 양력을 발생시킨다(L = W). 이때의 하중계수(Load Factor)는 1이며, 조종사는 평상시 몸무게와 동일한 힘을 조종석에서 체감하게 된다. 즉, 조종사는 1G의 힘을 느끼게 된다.

60° 선회(Turn) 시, 날개는 중력(Weight)의 두 배 크기의 양력을 발생시킨다(L = 2W). 이는 날개의 하중이 직진 수평 비행에 비해 두 배가 되었음을 의미한다. 날개의 단위 면적당 양력은 60° 선회 시 직진 수평 비행에 비해 두 배가 된다. 조종사는 이때 자신의 몸무게의 두 배에 해당하는 힘(2G)을 체감하게 된다. 이때의 하중계수(Load Factor)는 2라고 할 수 있다. 하중계수는 비행기의 중력에 비해 날개에서 발생하는 양력의 비율을 나타낸다.

하중계수(Load Factor) = 양력(Lift) / 중량(Weight)
= Wing Loading in Maneuver / Wing Loading S&L

60° 이상의 선회에서는 날개에서 발생하는 양력이 비행기의 중력을 상쇄하고 균형을 유지하기 위해 크게 증가해야 한다. 그렇지 않다면 고도를 잃게 될 것이다. 날개에서 증가하는 양력은 날개의 하중 증가와 하중계수의 증가를 의미한다. 선회각과 하중계수(Load Factor)의 관계를 나타내는 그래프를 통해 선회각에 따른 하중계수를 확인할 수 있다.

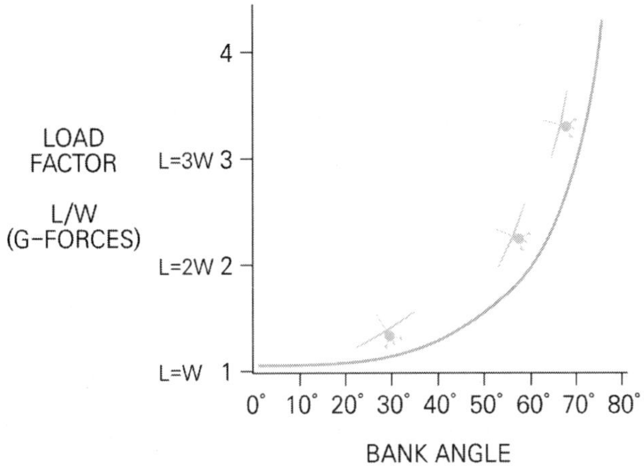

그림 3-40 하중계수(Load Factor)와 선회각(Bank Angle)의 관계

[그림 3-40]에서 알 수 있듯이,

- 30° 선회(Turn) 시, 조종사는 1.15g의 힘을 체감한다. 이는 날개가 직진 수평 비행 시보다 15% 많은 양력을 발생시킨다는 것을 의미하며, 그 결과 조종사는 자신의 몸무게의 15%를 더 느끼게 된다.
- 60° 선회 시, 하중계수(Load Factor)는 2이다. 이는 날개가 고도를 유지하기 위해 중력의 두 배에 해당하는 양력을 발생해야 함을 의미한다. 이때 G-Force는 2G이며, 조종사는 자신의 몸무게의 두 배에 해당하는 힘을 느끼게 된다.
- 70° 선회 시, 하중계수(Load Factor)는 3이다.
- 80° 선회 시, 하중계수(Load Factor)는 6이다. 이는 비행기가 고도를 유지하면서 80° 선회를 하기 위해 날개가 직진 수평 비행 시보다 6배 많은 양력을 발생해야 한다는 것을 의미하며, 이는 매우 높은 성능을 요구한다.
- 90° 선회 시, 양력은 수평이 된다. 이때의 양력은 크기는 무한하나, 중력과 균형을 유지할 수 있는 수직 성분이 없다. 따라서 이 상황에서는 고도를 유지할 수 없다.

선회(Turn) 시 고도와 속도를 유지하기 위해서는 추가적인 추력이 필요하다. 선회 중에는 날개에서 증가하는 양력이 고도를 유지하는 데 필요하다. 이는 조종사가 받음각(AOA)을 증가시키기 위해 조종 간에 상승 조작을 가하는 방식으로 이루어진다. 선회각이 커질수록 더 큰 받음각과 상승 조작이 요구된다. 항력에 대해 알다시피, 증가하는 받음각은 항력의 증가를 유발한다. 선회 중에 일정한 대기속도(Air Speed)를 유지하려면, 증가하는 항력을 상쇄하고 균형을 유지하기 위해 추력의 증가가 필요하다. 하지만 실제로는 중간 정도의 선회(Medium Turn)를 할 때, 힘은 일정하게 유지되며 조종사는 대략 5Knots 정도의 속도 감소를 감수해야 한다.

추가 추력이 가해지지 않는다면, 수평 선회 시 대기속도는 감소하게 된다. 대기속도는 비행기의 고도 감소를 통해 유지될 수 있다. 이는 위치 에너지와 운동 에너지의 교환 개념으로 이해할 수 있다.

3.4.4 Stalling AOA Occurs at Higher Air Speeds in a Level Turn

선회(Turn) 시 받음각은 같은 대기속도의 직진 수평 비행 때보다 커져야 한다. 이는 선회 중에는 효과적인 받음각이 더 높은 대기속도에서 달성된다는 것을 의미한다. 선회각이 클수록 효과적인 받음각은 더 높은 대기속도에서 결정된다.

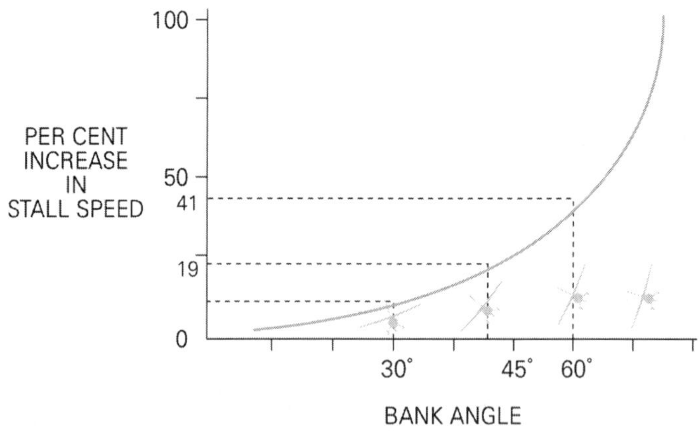

그림 3-41 실속 속도의 증가(%)와 선회각의 관계

- 30° 선회 시, 실속 속도(Stall Speed)는 직진 수평 비행 시의 실속 속도(Stall Speed)보다 7% 증가한다.
- 45° 선회 시, 실속 속도(Stall Speed)는 19% 증가한다.
- 60° 선회 시, 실속 속도(Stall Speed)는 41% 증가한다.
- 75° 선회 시 실속 속도(Stall Speed)는 100% 증가한다.

직진 수평 비행 시 50Knots에서 실속(Stall)이 발생한다면, 60° 선회 시에는 70Knots에서 실속이 일어난다, 이는 50Knots의 140%에 해당하는 대기속도로, 상당히 두드러진 증가이다. 급선회(Steep-Turn) 시에는 이런 높은 대기속도에서 실속이 시작되는 것을 체감하게 될 것이다.

3.4.5 수평 선회나 상승 선회 시에는 Over Bank 경향이 있다.

수평 선회를 위해 조종사는 에일러론을 이용해 비행기에 뱅크(Bank)를 주게 된다. 비행기가 선회를 시작하면, 바깥쪽 날개는 안쪽 날개보다 빠르게 움직이게 되어 더 큰 양력을 발생시킨다. 이러한 현상은 선회각을 증가시키는 경향을 만들어낸다. 수평 선회 시 과도한 기울기(Over Bank) 경향을 극복하기 위해, 조종사는 선회 시 비행기에 Bank를 준 후 추가적인 Bank가 발생하지 않도록 조정해야 한다.

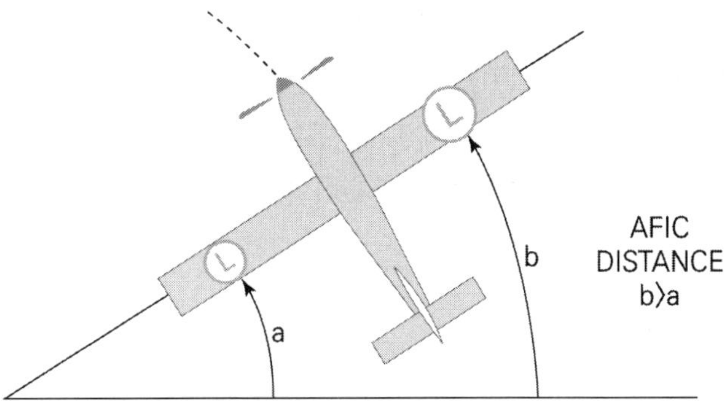

그림 3-42 바깥쪽 날개의 움직임이 빠르므로 더 많은 양력이 발생한다.
- 수평 선회 중에는 Bank를 막아주어야 한다.

상승 선회 시에도 바깥쪽 날개는 안쪽 날개보다 빠르게 움직이며 더 큰 양력을 발생시킨다. 또한, 두 번째 고려해야 할 현상은 안쪽 날개와 바깥쪽 날개가 같은 고도로 상승할 때, 선회의 바깥쪽에 위치한 바깥쪽 날개가 더 많은 수평 거리를 이동한다는 점이다. 바깥쪽 날개의 받음각은 안쪽 날개보다 크므로, 상승 선회 시 바깥쪽 날개에서 발생하는 양력은 더 클 것이다. 상승 선회의 경우, 조종사는 급선회가 이루어지는 것을 방지하기 위해

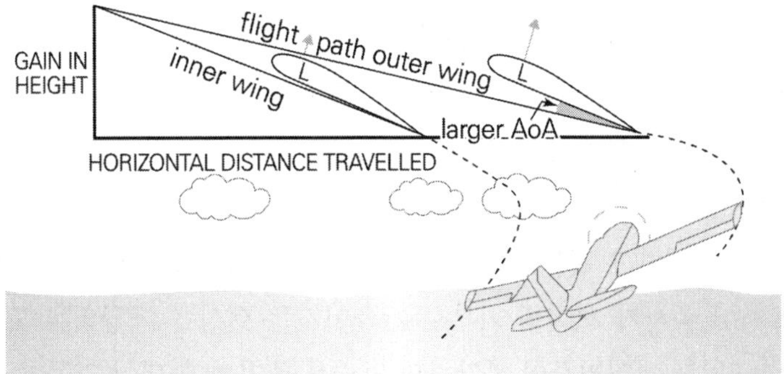

그림 3-43 상승 선회 중의 Over bank 경향

Bank량을 막아(Hold-Off Bank)주어야 한다. 이러한 사항을 미리 계획할 필요는 없다. 단지 발생하는 상황을 관찰하고 에일러론을 이용해 필요한 Bank량을 유지하면 된다.

3.4.6 강하 선회 시의 Under Bank/Over Bank

강한 선회 동작 중에는 외부 날개가 내부 날개보다 빠르게 움직이면서 더 큰 양력을 생성하려 한다. 그러나 동시에 내부 날개는 강하로 인해 외부 날개와 비교하여 동일한 고도 손실에 대해 더 적은 수평 거리를 이동하며, 따라서 더 큰 받음각(AOA)을 가진다. 이로 인해, 내부 날개 역시 상당한 양력을 생성하는 경향이 있다.

결론적으로, 내부 날개의 더 큰 받음각으로 인한 양력 증가는 Under Banking 경향을 보이지만, 외부 날개의 더 높은 속도에 따른 양력은 이를 상쇄시킨다. 이러한 현상을 이해하고 적절히 조절하는 것은 효과적인 항공기 조종에 중요하다.

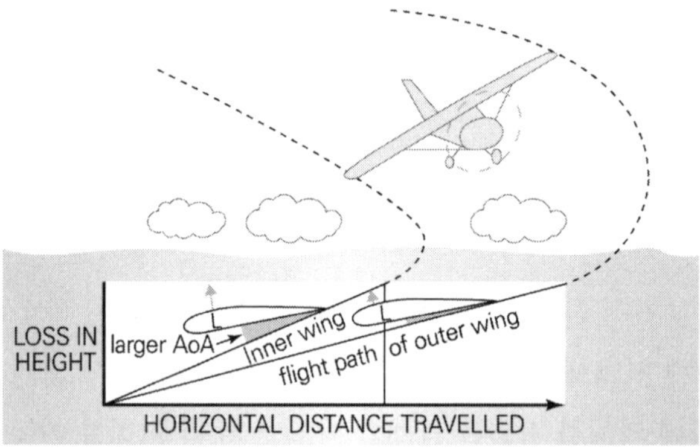

그림 3-44 안쪽 날개의 AOA가 크기 때문에 강하 선회 시에는 Under banking 경향이 나타난다(바깥쪽 날개의 속도가 빠르기 때문에 상쇄된다).

3.4.7 Balancing the Turn

조종사는 에일러론(Ailerons)을 활용하여 항공기에 Bank(Bank angle)를 부여하며, 받음각(AOA)을 증가시키고 양력을 생성하기 위해 조종간에 상승 조작을 가해 승강타(Elevator)를 움직인다. 항공기의 자연적 안정성은 중심 중력(CG) 뒤에 위치한 Keel Surface의 Sideslip Effect로 인해 기수가 선회 방향으로 기울어지도록 유도한다. 이러한 물리적 원리를 이해하고 적용하는 것은 항공기의 정확한 조종을 위해 필수적이다.

선회 과정에서 조종사가 선회의 외부로 기울어지는 현상을 에일러론 드래그(Aileron Drag)라고 한다. 외부 에일러론이 하강하면 양력은 증가하게 되어 기울기(Bank)가 생성되지만, 동시에 항력도 증가한다. 위로 향하는 외부 날개에 발생하는 이 항력은 비행기의 기수를 선회의 반대 방향으로 밀어내는데, 이는 바람직하지 않은 현상이다. 이 시점에서 항공기는 선회 방향으로 미끄러지는 것처럼 보이는데, 이를 '선회 방향으로 미끄러짐(Slipping into the Turn)'이라고 한다. 이때 러더 볼은 선회의 하향 쪽에 위치하게 된다. 이러한 상황에서 조종사는 마치 항공기가 아래로 미끄러지는 것처럼 느낄 수 있다. 이러한 현상을 이해하고 적절히 대응하는 것은 항공기의 안정적인 선회를 위해 중요하다.

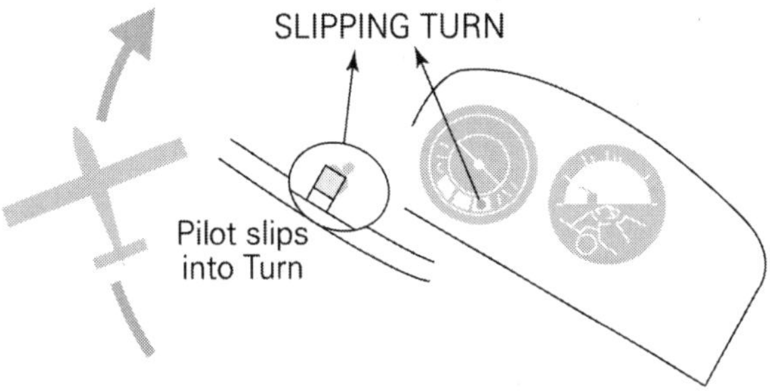

그림 3-45 Slipping Turn: 오른쪽 러더가 부족한 상태

러더 볼을 중앙으로 유지하기 위해 러더를 발로 차 줌으로써 항공기의 기수와 꼬리는 항공기의 종축이 선회 경로에 맞춰 경로를 수정할 수 있다. 이를 통해 러더 볼은 중앙에 위치하게 되고, 선회는 균형 상태를 유지하게 된다. 이러한 조정을 통해 조종사는 미끄러지는 느낌을 갖지 않고 조종석에서 안정감을 느낄 수 있다. 항공기의 안정성을 유지하고 효과적인 선회를 위한 중요한 고려사항이다.

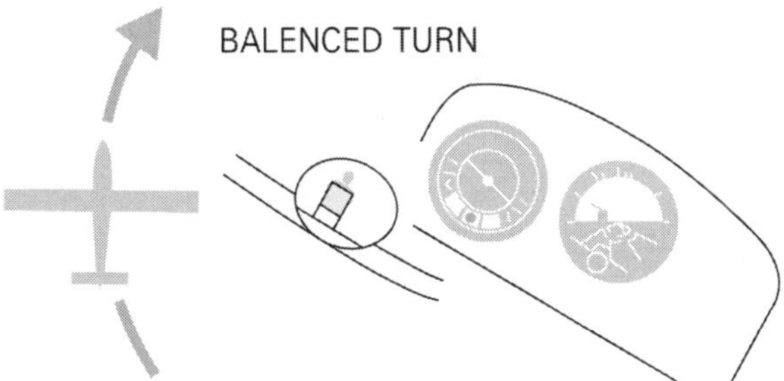

그림 3-46 균형 잡힌 편안한 선회상태

만약 항공기의 꼬리 부분이 선회의 외부 방향으로 외활선회(Skid)하게 되면, 러더 볼(그리고 조종사)은 외부 방향으로 향할 것이다. 만약 볼이 왼쪽으로 치우쳐지면, 조종사는 왼쪽 러더를 밟아 러더 볼이 중앙으로 이동하도록 조정해야 한다. 이러한 조정은 항공기의 안정성을 유지하고 효과적인 선회를 하기 위해 중요하다.

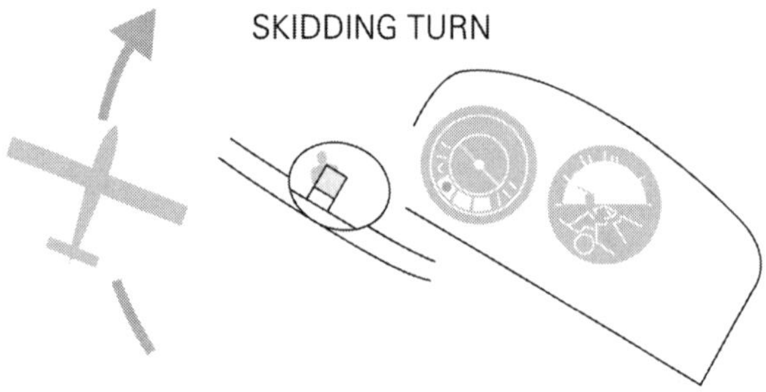

그림 3-47 과도한 오른쪽 러더 사용으로 인한 Skidding Turn

3.4.8 일정각 선회(Constant Angle Turn)

30˚ 선회량(Bank)을 가진 항공기는 속도에 따라 다른 선회 경로를 따르게 된다. 즉 선회는 고속 선회(Hight Speed Turn)에 비해 선회 반경이 상대적으로 작게 나타난다. 이러한 관찰은 항공기의 선회 동작에 대한 이해를 갚게 하고, 효과적인 조종을 가능하게 한다.

선회율 = 속도 / 선회 반경

즉, 선회율은 속도가 빠르면 크고, 선회 반경이 작으면 커진다.

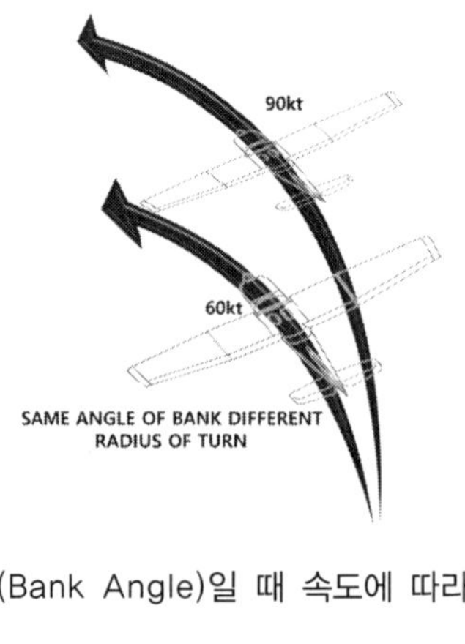

그림 3-48 같은 선회각(Bank Angle)일 때 속도에 따라 선회반경이 다르다.

3.4.9 일정 속도 선회(Constant Speed Turn)

일정한 속도에서는 선회각이 커지면, 선회(Turn)는 점점 더 강화되어 선회 반경이 줄어들고 초당 선회각도, 즉 선회율이 증가한다.

$$r = V^2 / g\tan\theta$$

선회 반경(r) 위의 공식에서 V가 상수일 때, 선회량(θ)이 증가하면 r은 감소하며, r이 감소하면 선회율은 증가한다. 이러한 이론적 배경은 항공기의 선회 동작을 이해하는 데 중요한 요소이다.

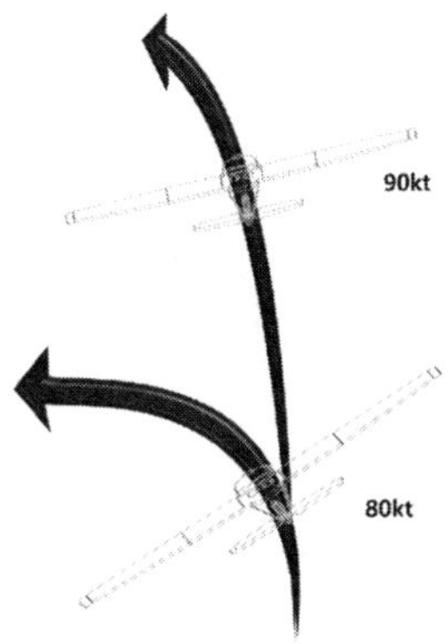

그림 3-49 속도가 같을 때 선회각이 클수록 선회 반경이 작아진다.

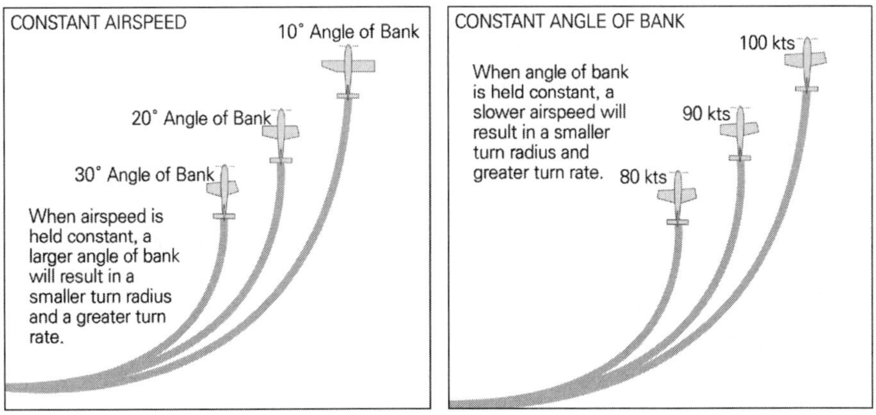

그림 3-50 일정 속도와 일정 선회각에 따른 다양한 선회 반경

3.4.10 일정 선회 반경 선회(Constant Radius Turn)

빠른 속도로 같은 선회 반경을 선회하기 위해서는 보다 큰 Bank Angle이 요구된다.

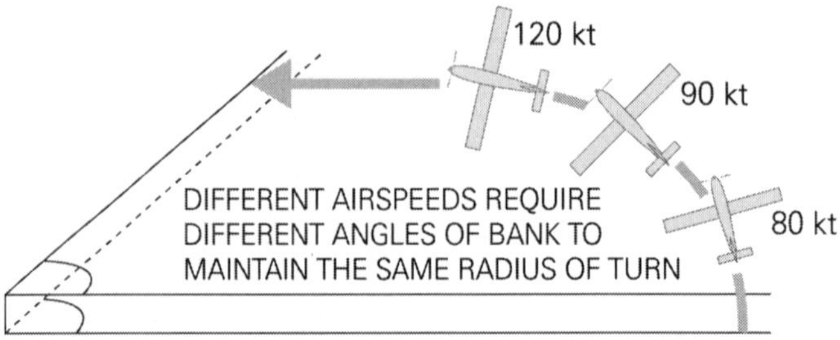

그림 3-51 같은 선회 반경 유지를 위해서는 속도에 따라서 다른 선회각이 요구된다.

3.4.11 일정 선회율 선회(Constant Rate Turn)

항공기의 선회율은 매우 중요한 요소이다. 일반적으로 계기 비행에서는 초당 3°인 Rate 1 선회가 요구되는데, 이는 1분 내에 180 ° 선회하고, 2분 내에 360° 선회하는 것을 의미한다. 높은 속도에서 Rate 1 선회를 유지하려면 더욱 급한 선회각도가 필요하게 된다.

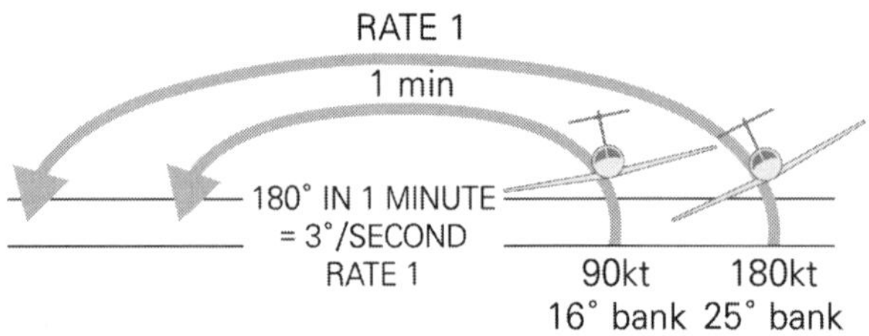

그림 3-52 Rate 1 선회 시 고속일수록 깊은 선회각이 필요하다.

Rate 1 선회에 해당하는 선회각을 계산하는 간편한 방법은 다음과 같다:

항공기의 속도를 (Knot 단위로) 10으로 나눈 값에 7을 더한다. 예를 들어, 120Knots의 속도에서 Rate 1 선회를 수행할 때의 선회각은 120Knots / 10 + 7 = 19°로 계산된다. 이와 비교하여, Rate 2 선회는 초당 6°이다.

CHAPTER

04 항공기의 성능

4.1 고양력장치, 플랩(Flaps)

항공기는 비행 단계, 특히 착륙 시와 같이 항공기 속도를 낮추더라도 필요한 양력을 생성할 수 있는 날개 구조가 필요하다. 플랩(Flap)의 주요 목적은 낮은 항공기 속도에서도 필요한 양력을 얻는 것이다.

특정 상황에서는 항공기의 속도를 줄이거나 강하율을 증가시키기 위해 항력을 증가시키는 것이 필요할 수 있다. 날개로부터 더 많은 양력을 생성하는 것은 분명한 이점을 제공한다.

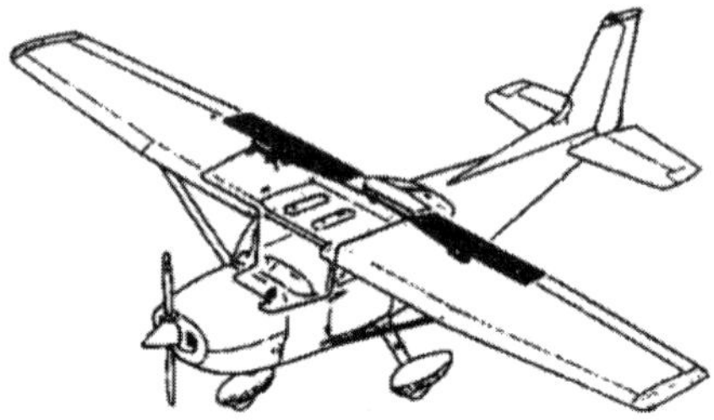

그림 4-1 세스나(Cessna) Wing Flap System

직진 수평 비행(Straight and Level Flight)에서 항공기 중량(Weight)은 양력(Lift)과 균형을 이룬다.

$$LIFT = WEIGHT = CL \times \frac{1}{2}\rho V^2 S$$

플랩은 날개의 유효 캠버(Effective Camber)를 증가시키고 코드 라인(Chord Line)을 변화시킴으로써 받음각(Angle of Attack, AOA)을 증가시키고, 이를 통해 양력을 증가시킨다(항력도 동시에 증가한다). 특정 상황에서는 날개의 표면적을 증가시키는 방식으로 양력을 증가시키기도 한다.

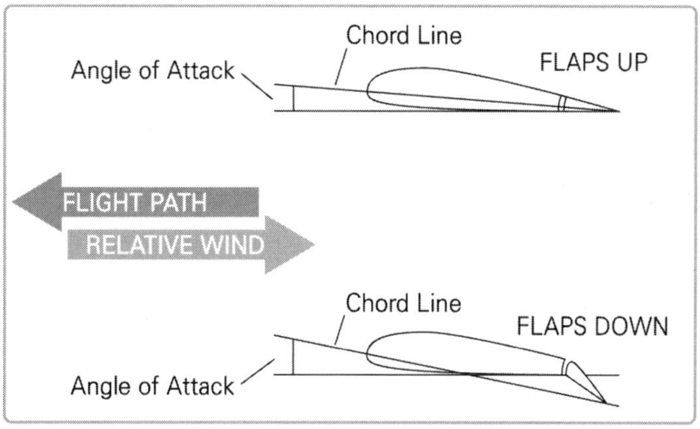

그림 4-2 Flaps 사용에 따른 받음각의 변화

어떠한 방식으로든 기본 에어포일(Airfoil)의 형태를 수정하여 양력계수와 날개 면적을 증가시키면, 더 낮은 속도에서도 필요한 양력을 생성할 수 있다. 최대 양력계수는 대체로 받음각이 큰, 즉 실속 받음각(Stalling AOA) 부근에서 얻어진다. 실속각(Stalling Angle)에 도달했을 때, 플랩을 사용한 경우 항공기의 속도는 플랩을 사용하지 않은 경우보다 훨씬 느리다. 이는 플랩을 사용하는 이륙(Take-off), 접근(Approach), 착륙(Landing) 속도가 플랩을 사용하지 않는 경우에 비해 낮아진다는 것을 의미하며, 이는 착륙 거리를 줄일 수 있다는 장점을 제공한다.

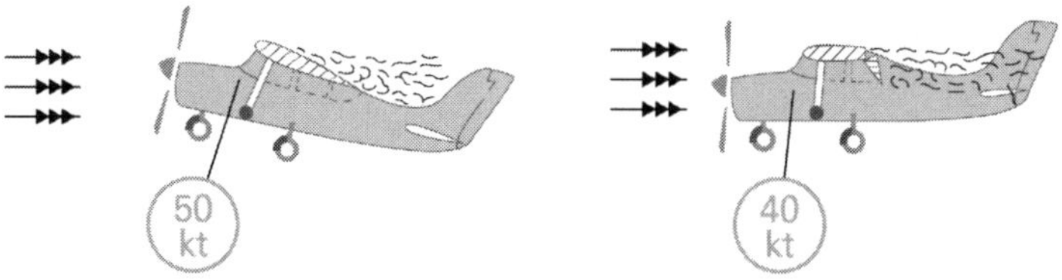

그림 4-3 Flaps는 실속 속도를 낮춰준다.

4.1.1 고양력 장치(High Lift Device)를 이용한 C_{Lmax}의 증가

최대 양력계수(C_{Lmax})를 증가시키는 고양력 장치(High Lift Device)에는 주로 슬랏(Slats)과 슬롯(Slots), 그리고 플랩(Flap)이 있다. 슬랏과 슬롯은 자동으로 작동하거나 조종사에 의해 조정되며, 플랩은 조종사에 의해 조정되고, 후방 또는 전방 모서리에 위치할 수 있지만, 대부분의 항공기에서는 후방에 위치한다.

고양력 장치의 주요 목적은 최대 양력계수(C_{Lmax})를 증가시켜 실속 속도를 줄이고, 접지 속도(Touchdown Speed)를 감소시키는 것이다. 이를 통해 착륙 거리를 줄일 수 있다. 또한 증가된 항력으로 인해 속도를 증가시키지 않고도 강하각(Descent Angle)을 크게 하여 장애물을 피해갈 수 있다.

4.1.2 조종석 내에서의 Flap 조작

Wing Flap은 다음 2가지 방법 중 하나로 작동된다.

- 전기플랩 액추에이터(Electric Flap Actuator): 조종사가 이륙, 중간, 완전 플랩 등에 대해 미리 설정한 대로 작동된다.
- 기계적 레버 또는 핸들(Mechanical Lever Or Handle): 플랩 레버(Flap Lever)가 작동됨에 따라 양쪽 날개의 플랩이 동일하게 움직인다. 비행 전에 외부 점검(Preflight External Inspection)을 통해 플랩이 안전하게 부착되어 있는지, 양쪽 모두 같은 각도로 움직이는지, 표면에 손상이 없는지 확인해야 한다.

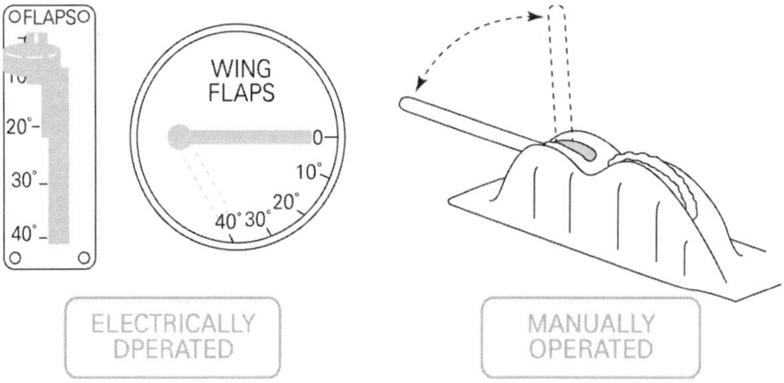

그림 4-4 Flap 조작장치와 지시계

4.1.3 이륙 시의 플랩 설정(Flap Management)

이륙 시의 플랩 설정은 이륙 가능 거리(Take-Off Run Available, TORA)와 이륙 경로(Take-off Path)상의 장애물 회피 보장(Obstacle Clearance)을 고려하여 적절하게 선택해야 한다. 이륙 후 상승 비행 중에는, 플랩을 올리기 전에 항공기가 충분한 속도를 가지고 있는지를 확실히 확인해야 한다. 만약 속도가 너무 낮은 상태에서 플랩을 철회(Retract)한다면, 항공기는 불충분한 양력을 발생시키며, 이는 하강 또는 실속을 유발할 수 있다.

플랩을 철회함으로써 발생하는 날개의 양력 감소는 항공기의 하강을 초래한다. 이러한 하강에 대응하기 위해, 조종사는 항공기의 기수를 들어서 받음각과 양력계수를 증가시켜야 한다. 플랩이 철회됨으로써 손실된 양력을 보상하기 위한 기수 상승 동작을 하지 않는다면, 항공기는 양력 손실을 보상하기 위한 충분한 속도를 얻을 때까지 하강하게 될 것이다.

플랩을 철회할 때, 날개 후단의 캠버(Camber)의 감소는 압력중심(CP)을 날개 전방으로 이동시키며, 항력에도 변화가 발생한다. 일반적으로 항공기는 기수 상승(Nose-up) 경향이 있으며, 이 경우 트림(Trim) 조작이 필요하게 된다. 상승 또는 순항을 위해 속도를 높이게 되면, 속도 증가에 따른 지속적인 트림 조작이 필요하게 된다.

플랩을 철회할 때, 플랩이 펼쳐져 있던 상태와 동일한 양력을 얻기 위해서는 항공기의 기수를 들어주어야 한다. 조종사가 플랩을 철회하면서 항공기의 기수를 약간 올리면, 양력계수는 동일한 상태를 유지하게 된다. 이로 인해 항공기는 하강하지 않는다. 비록 양력계수는 동일하지만, 플랩을 철회함으로써 항력계수는 감소하게 된다. 이러한 항력 감소는 항공기의 속도 증가를 초래한다.

4.1.4 뒷전 플랩(Trailing Edge Flaps)

플랩은 에어포일 섹션의 캠버를 변화시킨다. 에어포일은 많은 양력을 발생시키기 위해 캠버를 가지고 있으며, 평균 캠버 라인(Mean Camber Line)의 곡률이 클수록 날개의 양력 발생 능력, 즉 최대 양력 발생 가능성이 증가한다. 고양력 날개는 낮은 항공기 속도에서도 필요한 양력을 생성할 수 있다.

대부분의 고속 비행기는 평균 캠버 라인이 거의 직선에 가깝고 캠버가 크지 않다. 만약 뒷전(Trailing Edge) 또는 앞전(Leading Edge)이 아래 방향으로 설치되면, 이는 고캠버 에어포일 섹션을 형성하게 되며, 이 경우 더 낮은 항공기 속도에서도 필요한 양력을 얻을 수 있다. 이러한 날개는 고양력 날개가 될 수 있다.

실제로 모든 항공기는 뒷전 플랩(Trailing Edge Flap)을 가지고 있으며, 항공기가 커질수록 특히 후퇴각 날개(Sweep-Back Wing)를 가진 경우 종종 앞전 플랩(Leading Edge Flap)을 가지고 있다. 이는 날개의 캠버를 증가시킴으로써 양력 발생 효율성을 증가시킨다는 점에서 뒷전 플랩과 유사한 기능을 가진다.

뒷전 플랩(Trailing Edge Flap)은 양력을 증가시킨다. 뒷전 플랩은 양력을 증가시키는 역할을 한다. 캠버의 증가는 양력의 증가를 초래하며, 이는 동일한 항공기 속도에서 더 큰 양력을 생성하거나 더 낮은 항공기 속도에서 동일한 크기의 양력을 발생시킨다.

플랩을 내림으로써 초래되는 초기 효과(Initial Effect)는 양력의 증가이다(양력계수가 증가하며 동일한 속도에서 더 큰 양력을 발생시킨다). 플랩을 내리는 순간, 만약 조종사가 받음각을 줄이기 위해 기수를 낮추지 않는다면, 항공기는 일시적으로 원하지 않는 상승(Balloon)을 경험할 수 있다. 그러나 이 효과는 잠시뿐이며, 증가된 항력으로 인해 항공기의 속도가 감소하면서 양력도 줄어들게 된다.

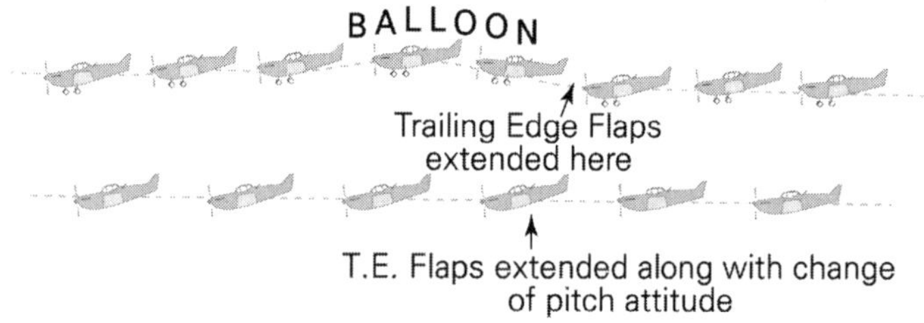

그림 4-5 Flap을 낮추는 것은 조종사가 Pitch 자세를 맞추지 않는 한 원치 않는 상승(Balloon)을 야기할 수 있다.

뒷전 플랩(Trailing Edge Flap)을 확장(Extend)시키면 기수(Nose)가 Pitch Down 된다. 뒷전 플랩을 확장하면 날개 뒤쪽의 캠버가 증가하므로, 플랩이 내려갈수록 압력 중심(CP)이 뒤쪽으로 이동하게 된다. 이에 따라 양력-중량 커플(Lift-Weight Couple)이 변화하게 된다. 또한 항력의 변화로 인해 추력-항력 커플(Thrust-Drag Couple)의 관계도 변화하게 된다. 결과적인 피칭 효과는 양력-중량 커플에 의한 기수 하강 효과와 추력-항력 커플에 의한 기수 상승 효과 중 어느 커플이 우세한지에 따라 다양하게 나타난다.

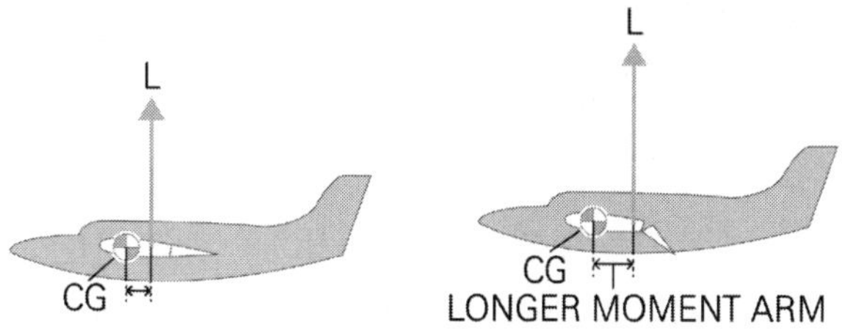

그림 4-6 Flap 전개 시 기수 Down 현상 발생

뒷전 플랩(Trailing Edge Flap)은 양항비(L/D Ratio)를 감소시킨다. 플랩이 내려가면 양력은 증가하지만, 반면에 항력도 증가한다. 최적의 양항비를 제공하는 받음각을 고려할 때, 항력의 증가는 양력의 증가보다 훨씬 큰 비율로 증가한다. 즉, 플랩을 내리면 양항비는 감소하게 된다. 양항비의 감소로 인해 항공기는 플랩을 내리지 않았을 때처럼 멀리 비행할 수 없다. 또한 가파른 상승 각도로 오르는 것도 어렵다. 플랩을 내린 상태에서 순항하면 더 많은 연료를 소비하게 된다.

뒷전 플랩(Trailing Edge Flap)은 항력(Drag)의 증가를 초래한다. 플랩이 확장되면 양력과 마찬가지로 항력도 증가한다. 플랩 확장의 초기 단계에서는 항력이 약간 증가하고 양력의 증가가 두드러지지만(항공기가 순항 중 원치 않는 상승 현상 발생 가능), 후반 단계에서는 항력의 증가가 더욱 두드러진다.

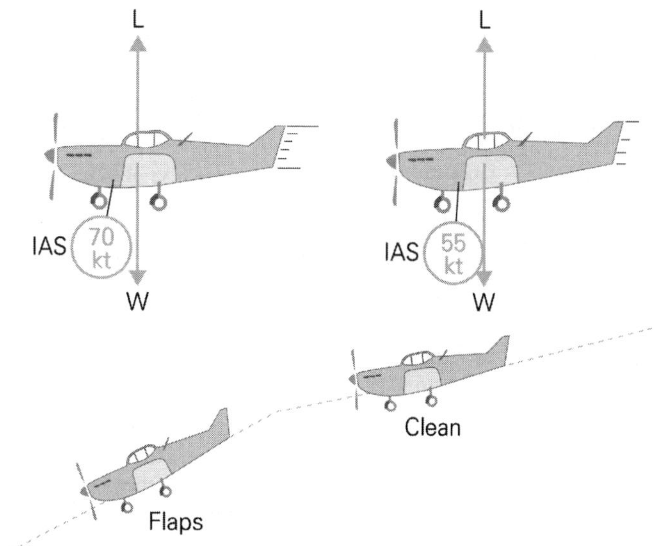

그림 4-7 Extending Flap - 증가된 항력(Drag)에 균형(Balance)을 맞추기 위해 더 많은 추력이나 더 깊은 강하가 필요하다.

따라서 조종사는 뒷전 플랩이 초기 단계에서는 양력 플랩으로 작용하고(날개의 양력이 항력보다 두드러지게 증가), 완전히 확장된 후에는 항력 플랩으로 작용한다는 점을 이해해야 한다. 플랩이 확장되면, 항력이 증가함에 따라, 추력을 증가시키지 않는 한, 속도가 감소하거나, 하강률이 증가하게 된다.

뒷전 플랩(Trailing Edge Flaps)은 실속 받음각(Stalling Angle Of Attack)을 낮춘다. 원래 플랩이 확장되기 전의 에어포일의 코드라인에 비해 받음각은 원래 플랩이 없는 날개의 코드라인에 대해 측정된다. 이는 비행의 모든 단계에서 받음각이 일정한 기준선을 가진다는 것을 의미한다. 뒷전 플랩은 뒷전 전체에서 확장되는 것이 아니라 일반적으로 내부 섹션에서만 확장되기 때문이다. 플랩은 양 날개에서 동시에 동일한 각도로 확장된다.

플랩이 내려가면 실속 받음각은 플랩이 없는 날개의 실속 받음각보다 작아진다. 즉, 플랩이 내려진 상태에서의 실속은 플랩을 내리지 않은 상태에서보다 기수가 더 내려가 있는 상태이다.

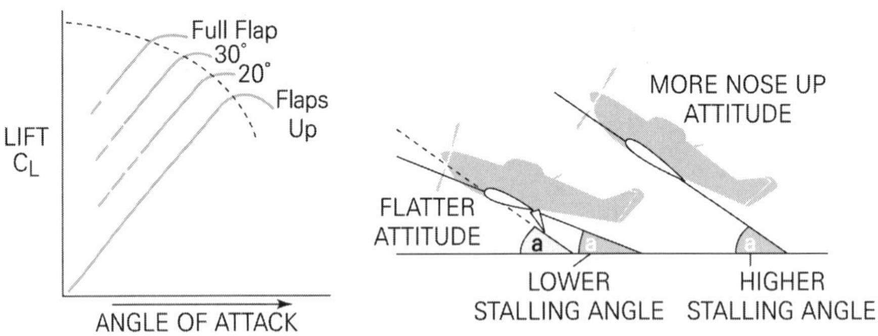

그림 4-8 Extending Flaps - 실속 받음각이 작아진다.

받음각과 항공기의 자세는 서로 다른 개념이므로 혼동하지 않아야 한다. 항공기가 기동하는 동안의 받음각은 항공기의 자세와는 별개이다. 항공기의 자세는 수평선에 대한 항공기의 각도를 나타내며, 반면에 받음각은 상대풍(Relative Wind)에 대한 항공기의 각도를 나타낸다.

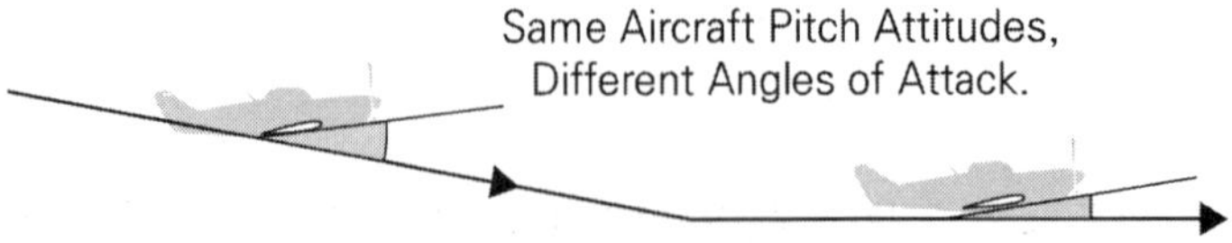

그림 4-9 같은 자세(Same Attitude)이지만 다른 받음각(Different Angles of Attack)

항공기 운영 매뉴얼(AOM)에 명시된 대로 이륙 플랩을 적용하면, 상대적으로 적은 항력에 비해 충분한 양력의 이득을 얻을 수 있다. 증가된 양력계수는 낮은 항공기 속도에서 요구되는 양력의 양이 얻어지고, 실속 속도가 감소한다는 것을 의미한다. 이를 통해 항력이 약간 증가하더라도 항공기는 더 낮은 속도에서 비행할 수 있고, 이륙거리가 짧아질 수 있다. 상승 기울기(Climb-out Gradient)는 항공기마다 다르며, 동일한 항공기에서도 선택된 플랩의 양에 따라 달라진다.

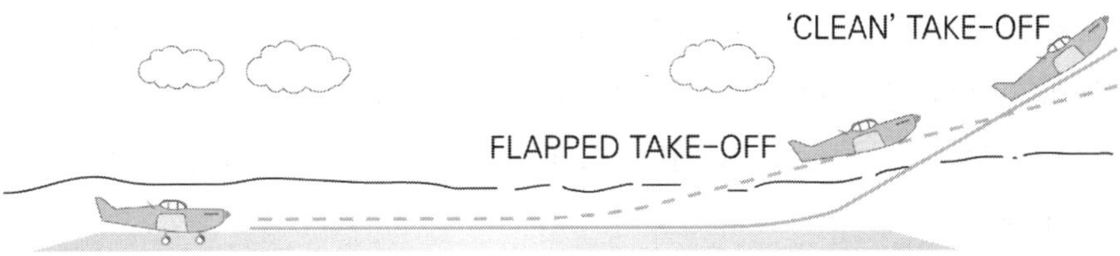

그림 4-10 Flaps는 짧은 이륙거리(Take-Off Ground Run)를 만들어준다.

이륙 시 권장된 각도보다 더 큰 각도로 플랩을 설정하면, 아주 작은 양의 양력 증가에 비해 항력이 더 크게 증가하게 된다. 이 경우 크게 증가한 항력은 지상 이륙 활주 도중 가속율을 감소시키고, 상승 성능을 약화시킬 것이다.

착륙 시에 플랩을 확장시키면, 비교적 느린 항공기 속도에서도 증가된 양력계수에 의해 필요한 양력이 발생한다. 이로 인해 낮은 접근 속도를 유지할 수 있게 된다. 증가된 양력계수에 의해 실속 속도는 상당히 낮아지고, 접근 형태(Approach Configuration)에서 1.3V_S를 이룰 수 있게 된다.

플랩을 확장할 때 고려해야 하는 몇 가지 사항은 다음과 같다:

- 권고된 속도 이상의 빠른 속도에서 플랩을 확장하지 않아야 한다. 비행 매뉴얼에는 플랩을 확장할 수 있는 최대 속도인 V_{FE}가 나와 있으며, 이는 속도계의 흰색 아크의 가장 높은 끝에 표시된다.
- 뒷전 플랩이 내려가면서 양력계수가 증가하게 되는데, 이때 자세를 낮추는 조치가 따르지 않으면 항공기는 원치 않는 상승 현상을 경험하게 된다.
- 플랩을 확장할 때는 일반적으로 항공기의 기수 하강 경향이 있으므로, 조종사는 이러한 현상을 이해하고 대응할 수 있어야 한다.
- 플랩을 확장함에 따른 증가된 항력은 항공기 속도와 고도를 유지하거나 일정한 하강

률을 유지하기 위해 더 많은 추력을 필요로 하게 된다. 만약 급격한 하강각을 원한다면, 플랩을 확장하고 추력을 조정하지 않음으로써 이를 달성할 수 있다.

뒷전 플랩(Trailing Edge Flaps)은 조종사 시야를 증가시킨다. 뒷전 플랩을 확장하면 항공기는 Nose-down된다. 이는 조종사의 시야를 개선하는 효과를 가져온다. 이는 특히 접근과 착륙 시에 중요하다.

때로는 예방적인 순항(Precautionary Cruise)이 필요할 때가 있다. 이때는 낮은 순항 속도가 사용된다. 예를 들어, 지면을 확인하거나, 시야가 열악한 상황에서 항로를 찾아야 할 때 등이다. 일정 정도 플랩을 확장함으로써 순항 속도를 낮추면서도 여전히 실속 속도보다 여유를 유지할 수 있게 된다. 또한 이는 조종석에서의 향상된 시야를 확보하는데 도움이 된다.

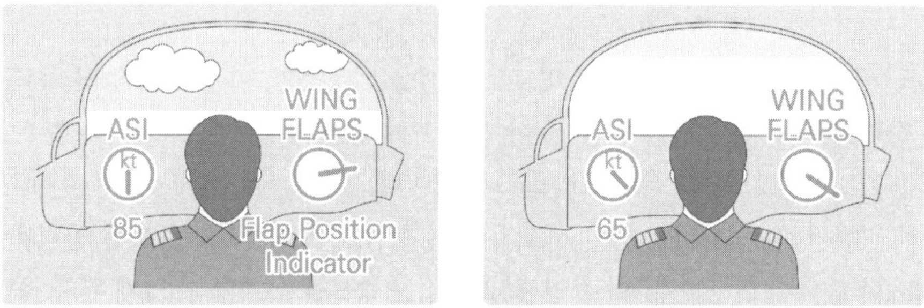

그림 4-11 Extended Flaps는 조종사의 전방 시야를 증진시킨다.

※ 뒷전 플랩(Trailing Edge Flap)의 종류

- 단순 플랩(Plain Flap): 플랩을 사용하면 플랩은 날개의 곡률을 증가시키고, 코드라인을 변화시켜 날개의 양력을 증가시킨다.
- 분할 플랩(Split Flap): 날개의 아랫면만 움직이며 양력을 증가시킨다. 그러나 자체적인 와류를 생성하기 때문에 단순 플랩(Plain Flap)에 비해 더 큰 항력을 만들어낸다.
- 슬롯티드 플랩(Slotted Flap): 날개 아랫면의 고에너지 공기를 슬롯을 통해 플랩 윗면으로 흐르게 함으로써 실속을 낮춘다.
- 파울러 플랩(Fowler Flap): 파울러 플랩은 후방과 하방으로 동시에 움직인다(즉 날개 면적도 증가한다).

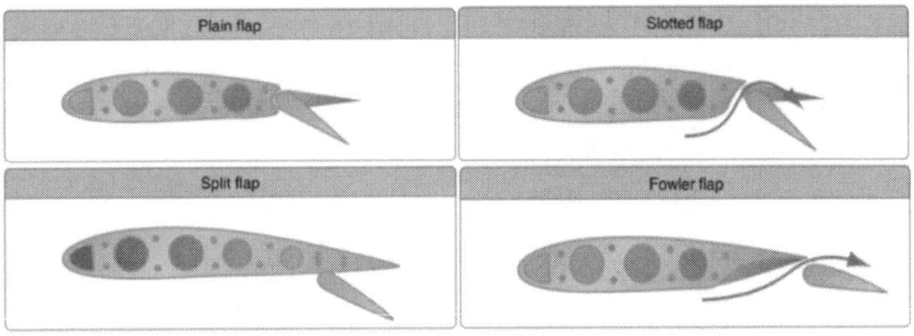

그림 4-12 뒷전 플랩(Trailing Edge Flaps)의 다른 종류들

4.1.5 앞전 장치(Leading Edge Devices)

일부 항공기는 날개 하부의 고에너지 공기를 슬롯(Slot)을 통해 날개 상부로 흐르게 하는 Leading Edge Devices를 장착하고 있다. 이를 통해 공기의 분리와 실속을 지연시켜, 항공기가 더 높은 받음각과 낮은 속도에서도 비행할 수 있게 한다.

이러한 기능은 슬롯에 의해 수행될 수 있다. 이 슬롯은 일반 비행 시에는 날개 상부의 Leading Edge 부분에 위치하고 있으나, 슬롯을 생성하기 위해 앞쪽으로 동시에 아래로 펼쳐질 수 있다. 일부 날개에는 고정된 슬롯이 날개 앞전(Leading Edge)에 설치되어 있지만, 이는 순항 시에 높은 항력을 유발하므로 드문 경우이다. 고성능 항공기에서는 약간 복잡하지만, 확장 가능한 슬랏을 장착하고 있다.

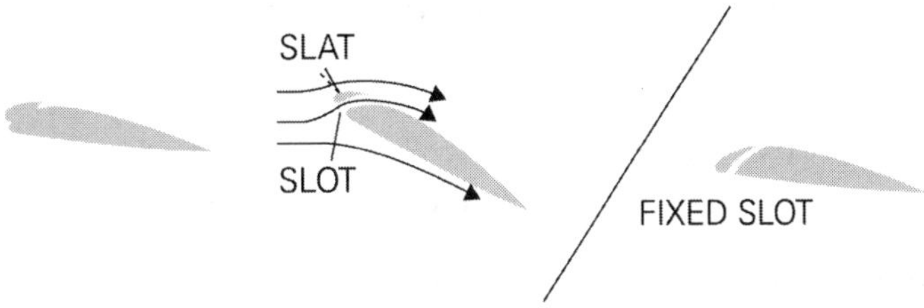

그림 4-13 Slots는 실속(Stall)을 지연시킨다.

4.1.6 플랩 설정(Flap Management)은 비행 조작에서 매우 중요한 부분이다.

Flap management: DO's and DON'Ts

- DO use the recommended flap setting for high performance takeoffs
- DO follow recommended flap retraction procedure during Go-Around
- DO NOT use full flaps for takeoffs and Go-Around
- DO NOT raise full flaps all at once

When raising flaps, DO increase the AOA to maintain the same CL.
When lowering the flaps, DO decrease the AOA to avoid ballooning.

- DO be alert to pitching moment changes. Retrim after every change of flap setting.
- DO adhere to flap extension and retraction speeds.
- DO NOT use flaps as speed brakes.
- DO use an amount of flaps dictated by the wind & runway conditions.

플랩 관리: 주의사항 및 금지 사항
- 고성능 이륙을 위한 권장 플랩 설정을 사용하십시오.
- 고고도 상황에서 권장 플랩 철회 절차를 따르십시오.
- 이륙 및 고고도 상황에서 전체 플랩 사용을 하지 마십시오.
- 전체 플랩을 한번에 올리지 마십시오.

플랩을 철회할 때, 동일한 양력계수(C_L)를 유지하기 위해 받음각(AOA)을 증가시키십시오.
플랩을 확장할 때, 상승 현상(Ballooning)을 피하기 위해 받음각(AOA)을 감소시키십시오.

- 피칭 모멘트 변화에 대해 경계하십시오. 플랩 설정의 모든 변경 후에 다시 트림을 맞추십시오.
- 플랩 확장 및 철회 속도를 준수하십시오.
- 플랩을 속도 제어 장치로 사용하지 마십시오.
- 풍향 및 활주로 조건에 따라 플랩의 양을 사용하십시오.

4.2 항공기 기체 한계(Airframe Limitations)

4.2.1 중량 한계(Weight Limitations)

항공기의 총 중량에는 한계(Limitation)가 있다. 이 한계 중 하나는 항공기의 구조적 한계로, 항공기는 지정된 제한된 한계 내에서 특정 하중을 운반하거나 주어진 작업을 수행하도록 설계 및 제작되어 있다.

또 다른 한계는 성능한계(Performance Limitation)에 관한 것으로, 대기의 온도, 압력, 활주로 상태 등이 원인이 되어 이륙 및 착륙 시의 항공기 중량에 영향을 미치는 한계이다.

1) 최대 이륙 중량(Maximum Take Off Weight, MTOW)

이는 구조적 한계(Structural Limitation)이다. 최대 이륙 중량(MTOW)은 비행기가 이륙 시 허용되는 최대 총 중량이다. 최대 이륙 중량(MTOW)은 MBRW(Maximum Brake Release Weight)이라고도 불린다.

2) 최대 착륙 중량(The Maximum Landing Weight, MLW)

이 역시 구조적 한계로, 비행기 착륙 시의 최대 총 중량(Maximum Gross Weight)을 의미한다.

3) 최대 무 연료 중량(Maximum Zero Fuel Weight, MZFW)

비행기에서 사용 가능한 연료(Usable Fuel)가 없는 최대 허용 중량이 최대 무 연료 중

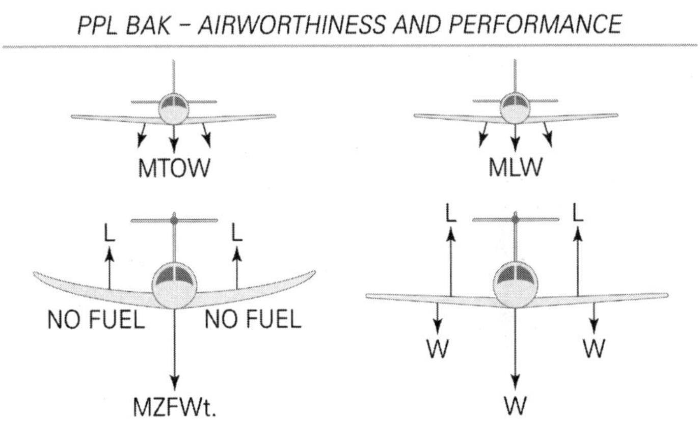

그림 4-14 최대 이륙 중량(MTOW), 최대 착륙 중량(MLW), 최대 무 연료 중량(MZFW)

량(MZFW)이다. 비행기의 날개는 중량과 균형을 위해 상승력(Upward Lift Force)을 발생시키는데, 이 힘은 날개를 위쪽으로 향하게 한다. 연료 탱크가 비어 있을 경우 날개가 휘는 정도는 더욱 커진다. 날개에서 가장 큰 상승 휨 동력(Upward Vending Moment)은 항공기가 무거울 뿐 아니라 날개에 연료가 적게 있을 때 발생한다.

4.2.2 속도 한계(Speed Limitation)

항공기는 최대-최소 실속 속도(Stalling Speed) 범위 내에서 운항되어야 하며, 출력 또한 속도에 한계가 있다. 유해항력(Parasite Drag)을 초과할 수 있는 충분한 출력은 높은 속도를 위해 필요하지만, 항공기는 그러한 압력(Stress)을 견디도록 구조적으로 설계 및 제작되어 있지 않다.

항공기는 직진 수평 비행(Straight and Level Flight) 시 자신의 중량과 동일한 하중인 1G가 걸린다. 속도계에 표시되는 지시 속도(Indicated Air Speed, IAS)는 공기역학적 측면에서 중요한 속도이다. 지시 속도는 양력과 항력을 발생시키는 공기역학적 힘인 동압과 관련이 있다. 따라서 모든 공기역학적 속도 제한은 지시 속도로 표시된다.

NOTE

수정 속도(Calibrated Air Speed, CAS)는 동압관(Pitot Tube)과 정압구(Static Vent) 위치의 부정확성으로 인한 속도이다. 소형비행기에서는 1-2Knots 정도로 그 차이가 크지 않아 지시 속도와 같은 값으로 간주해도 무방하다.

수평비행을 할 때 1G의 중력이 작용하지만, 회전이나 급강하 등의 기동을 할 때는 항공기에 걸리는 하중이 달라진다. 예를 들어, 60° 회전을 할 경우 2G의 하중이 작용하며, 이는 항공기 중량의 2배에 해당하는 힘이 걸리는 것을 의미한다.

그림 4-15 1G와 2G의 체험

난류(Turbulence)와 돌풍(Gust)은 받음각(AOA)에 급작스러운 변화를 가져오는데, 이는 항공기 구조에 미치는 스트레스와 양력에 큰 변화를 가져온다. 이 스트레스는 하중계수 또는 G-Force로 알려져 있다.

$$LOAD\ FACTOR\,(n) = \frac{LIFT\,(\mathrm{Pr}oduced\ by\ wing)}{Weight\,(of\ Aeroplane)}$$

비정상적인 비행 자세(Steep Turn, Steep Dive, Spiral Dive 등)에서 회복할 때, 조종사는 과도한 "G"를 피해야 한다. 이는 과도한 G로 인한 항공기의 비틀림(Distortion), 외판 구김(Skin Wrinkle), 갈라짐(Crack), 리벳 돌출 또는 절단 등을 방지하기 위함이다.

곡예 비행기(Acrobatic Aeroplane)는 일반(Normal) 또는 유틸리티(Utility) 카테고리의 항공기에 비해 더 큰 하중계수에 견딜 수 있도록 설계되어 있다. 정지 하중계수(Static Load Factor) 또는 G뿐만 아니라 고속에서의 동적 불안정성(Dynamic Instability), 조작표면(Control Surface)의 불균형 진동(flutter) 등과 같은 동적 강도도 고려해야 한다. 이는 심할 경우 구조적 결함까지 이어질 수 있기 때문이다.

속도 한계에 있어서, 고속 측면에서의 V_{NE}(Never-ExceedSpeed)와 저속 측면에서의 V_S(StallingSpeed)는 절대 속도 한계(absolute Speed Limit)이다. 이러한 극단적인 상하 한계 이내의 범위에서, 높은 쪽을 정상 운용 제한 속도(Normal Operating Limit Speed)라 하고, 낮은 쪽은 실속으로의 진동(Stall Buffet)이라고 한다.

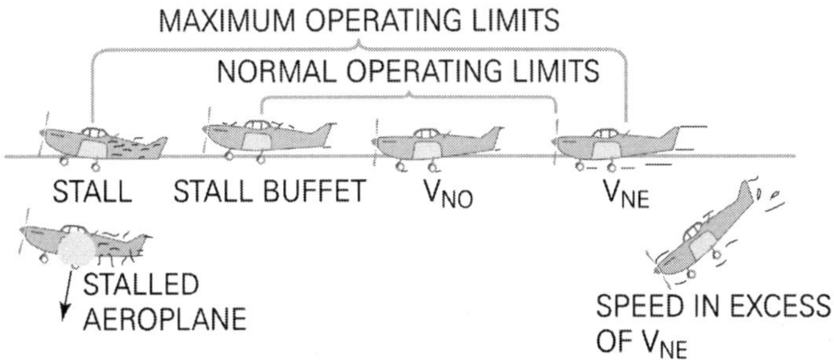

그림 4-16 비행기의 속도 범위

1) THE NEVER EXCEED SPEED(V_{NE})

V_{NE}는 항공기가 초과해서는 안 되는 절대 최고 속도(Absolute Maximum Speed)를 나타내며, 속도계에서 빨간색 부분으로 표시된다. V_{NE} 근처나 초과 속도에서의 기동이나 돌풍(Gust)은 항공기의 분해나 결함을 일으킬 수 있다. 따라서 조종사는 정상적인 상황에서 V_{NE}를 초과해서는 안 된다.

2) THE NORMAL OPERATING LIMIT SPEED(V_{NO})

V_{NO}는 항공기가 정상 운용 상황(Normal Operating Condition)에서 운용되어야 하는 최고 속도(Maximum Speed)를 말한다. V_{NO}는 속도계에 녹색으로 표시되며, 그 이상은 노란색이나 오렌지색으로 표시되고, 이를 넘어서면 V_{NE}이다. 안정된 대기(Smooth Air)에서 안전할지라도 돌풍이 기체에 과도한 압력(Overstress)을 줄 수 있으므로, V_{NO}를 넘어서 운용해서는 안 된다.

3) THE MANEUVERING SPEED(V_A or V_{MAN}) – (Speed For Maximum Control Deflection)

조종사가 항공기를 기동할 때, 조종면, 날개, 꼬리날개 부분에는 하중이 증가한다. V_A는 어떠한 기동 중 주요 조작 표면(Primary Control Surface)을 최대한도로 조작했을 때 항공기에 과도한 압력이 걸리지 않는 최고 속도이다. 만약 이 속도를 초과하면, 조작 표면에 구조적 손상이 발생할 수 있다. AFM에는 경우에 따른 V_A가 명시되어 있는데, 경량(Lighter Weight)인 경우는 무거운 중량일 때보다 V_A가 더 낮다.

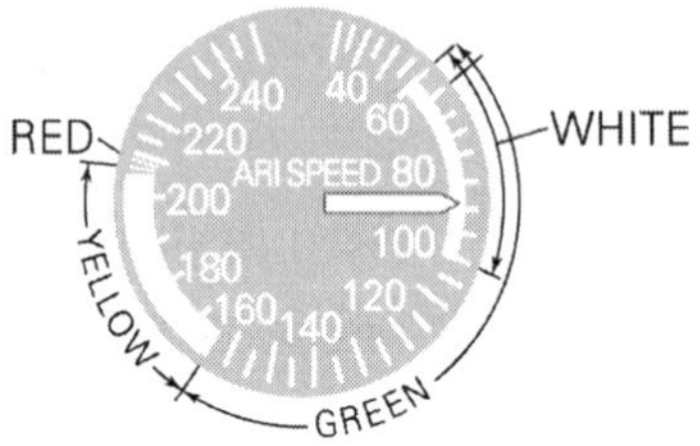

그림 4-17 속도계의 색상 부호화

4) 기타 제한 속도

- V_{FE} : 플랩을 확장하고 비행할 수 있는 최대 속도를 의미한다.
- V_{LO}, V_{LE} : 접이식 착륙 장치(Retractable Landing Gear)가 장착된 항공기는 시스템 설계에 따라 1개 또는 2개의 추가 속도 제한이 요구된다.
- V_{LO}(The Maximum Speed for Operating the Landing Gear)는 일반적으로 V_{LE}(Landing Gear Extended Speed)보다 낮다.

일부 항공기에서는 착륙 장치 도어가 열리고 닫힐 때 공기 하중으로 인해 도어가 다시 닫히는 경우가 있다. 착륙 장치가 확장되었을 때 착륙 장치 구조를 강화하고 자동으로 접혀지는 것을 방지하기 위해 잠금장치(Locking Device)가 설치되어 있다.

4.2.3 난류 내에서의 비행(Flying in Turbulence)

난류(Turbulence)나 돌풍(Gust)은 바람의 흐름과 받음각을 갑작스럽게 변화시킬 수 있다. 높은 받음각으로 비행하는 경우, 상승 돌풍은 받음각과 날개 하중을 증가시켜 날개 실속에 이를 수 있다.

난류 내에서 빠르게 비행하는 것은 마치 항공기가 돌풍에 충돌하는 것과 같으며, 저속 때보다 스트레스를 더 주게 된다. 항공기에 스트레스를 줄일 수 있지만, 실속의 가능성이 그만큼 증가한다는 것을 인지해야 한다. 난류를 빠르게 통과하는 것은 낮은 속도로 통과하는 것보다 진동이나 스트레스를 더 많이 받는다.

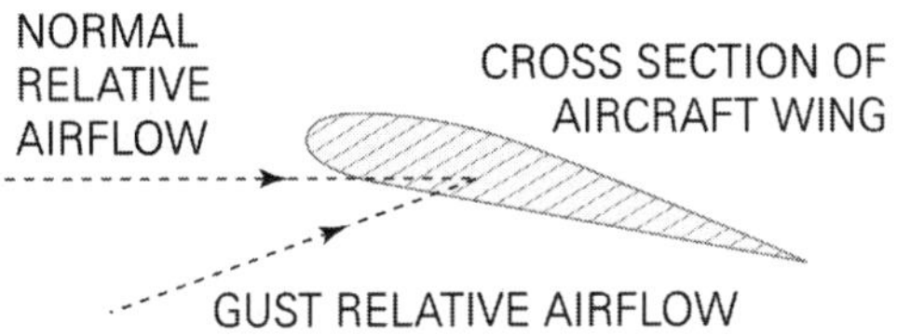

그림 4-18 돌풍은 받음각을 증가 혹은 감소시킬 수 있고, 높은 날개 하중을 야기하거나 날개의 실속각을 초과할 수도 있다.

난류를 통과할 때, 난류 통과속도(V_B 또는 V_{TURB})나 거친 공기 속도(V_{RA}, Rough Air Speed)가 주어진다. 이 속도는 낮은 비행 속도에서의 G 실속과 빠른 비행 속도에서의 과도한 날개 하중을 피할 수 있도록 설정된 속도이다. 만약 V_B 또는 V_{RA}가 명시되어 있지 않다면(주로 소형비행기의 경우), V_A로 비행하여 비행기에 가해질 수 있는 구조적 손상을 피해야 한다.

※ 난류(Turbulence)를 통과할 때의 일반적인 요령

- 난류 통과 속도(Turbulence Penetration Speed)는 '목표' 속도이다. 난류 내에서 대기속도는 급격하게 변동할 수 있으며, 이때 엘리베이터를 조작하거나 출력을 변경하는 것은 과도한 스트레스를 줄 수 있다. 이때는 V_B 근처에서 변동을 허용하되, V_B가 명시되어 있지 않다면 V_A를 난류 통과 목표 속도로 설정해야 한다. 난류 내에서 V_{NO}를 초과하지 않도록 주의해야 한다.

- 에일러론으로 날개의 수평을 조정하되, 엘리베이터는 급격한 조작을 피해야 한다. 엘리베이터는 중력중심(CG)에서 멀리 떨어져 있어서, 난류 내에서 급격한 조작이 발생하면 과도한 스트레스가 발생할 수 있다.
- 고도를 일정하게 유지하려고 하지 말아야 한다. 지면이나 다른 항공기와의 안정적인 거리가 유지되는 한, 공기의 흐름에 따라 항공기의 고도가 변하게 해야 한다.
- 출력 변화를 부드럽게 조절해야 한다.

4.2.4 속도/하중계수 도표(The Velocity/Load Factor(or V-n) Diagram)

V-n 다이어그램은 항공기의 비행운용강도(Flight Operating Strength)에 대한 그래프를 나타낸다. 항공기 카테고리별로 한계하중계수(Limit Load Factor)와 제한 속도가 정해져 있으며, 이 한계를 초과하면 항공기는 구조적 손상을 입거나, 경우에 따라 파괴될 수 있다. 고속 한계는 V_{NE}로, 초과해서는 안 되는 속도를 의미하며, 저속 한계는 실속에 의해 제한된다.

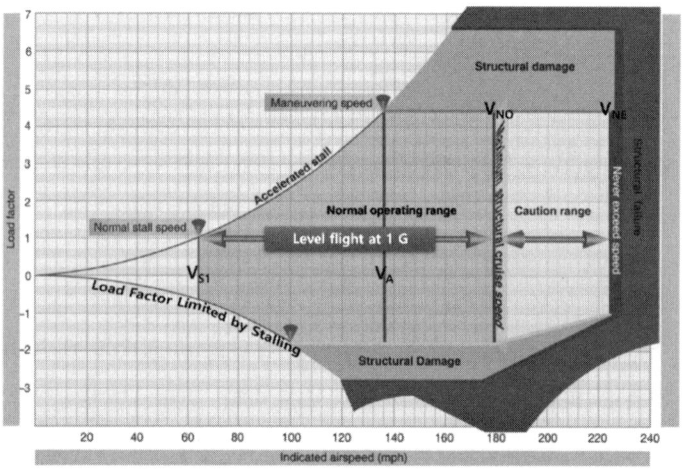

그림 4-19 속도계 표식과 연관된 전형적인 속도/하중계수 도표

실속 속도는 하중계수에 의해 결정되며, 고속에서는 G에 의해 제한된다. V_S 1G는 1G 실속 속도로, S & L FLT에서의 속도를 나타낸다. 조종간(Control Column)을 최대한 뒤로 당기면 G 하중이 증가하여 실속이 발생하게 되며, 저속에서 실속은 한계 하중계수 직전에 일어난다. 그러나 고속에서 한계하중계수는 실속이 일어나기 전에 도달할 수 있으므로, 조종사는 조종간을 최대한 뒤로 당기지 않아야 한다. 기동속도 V_A 이상에서는

조종사가 급격한 조작이나 큰 조작을 피해야 한다.

돌풍은 하중계수 변화의 원인이 되며, 난류 속에서는 주의해야 한다. 정상 운용속도인 V_{NO}는 안정된 대기가 아닌 상태에서는 초과해서는 안 되는 속도이다(V_{NE}가 절대 한계로 설정되어 있을 때). 강한 난류에서는 V_B로 운항해야 하며, V_B가 설정되지 않았을 경우에는 과도한 하중이나 항공기의 구조적 손상을 방지하기 위해 V_A로 비행해야 한다.

4.2.5 비행기에 가해지는 과도한 Stress 점검

예상치 못한 심한 난류나 강력한 착륙(Heavy Landing)은 항공기에 과도한 스트레스를 줄 수 있다. 이런 상황에서는 날개 구조가 과도한 하중을 받게 되고, 강력한 착륙의 경우에는 착륙 장치와 그 주변의 항공기 부분에 심한 하중이 가해진다.

조종사의 책임 중 하나는 다음(Next) 조종사에게 항공기의 성능을 확인시키는 것이다. 만약 자신이 조종한 항공기에 과도한 스트레스를 가했을 경우, 다음 조종사가 그 사실을 정비사에게 확인할 수 있도록 해야 한다. 비행 전 검사에서 손상을 발견하지 못하는 경우가 있기 때문에, 항공기가 과도한 스트레스를 받았다면 정비사에게 알려 다음 비행에 앞서 검사를 할 수 있도록 해야 한다.

많은 소형비행기는 세미 모노코크(Semi-Monocoque) 구조를 가지고 있어, 내부 구조뿐만 아니라 외부 표면에까지 하중이 전달되며, 이러한 손상은 항공기 전체를 약화시키게 된다. 점검을 수행하는 정비사는 스트레스를 받은 부분을 찾아야 하며, 주요 외부 항목(Main External Item)으로는 다음이 포함된다.

- 구조의 뒤틀림(Distortion of Structure)
- 균열(Cracks)
- 리벳의 돌출(Popped or Sheared Rivets)
- 표면의 구겨짐(Wrinkles in the Skin)

극심한 과부하는 날개나 지지대 부분에 균열이나 왜곡을 일으킬 수 있으며, 강력한 착륙을 한 경우에는 착륙 장치와 그 주변 부분을 점검해야 한다.

NOTE

구조적 손상은 외부로 표시되지 않는 경우가 많다. 따라서 경험이 풍부한 사람에게 조언을 구해야 한다.

4.3 Take-Off and Landing Performance

4.3.1 이륙 성능 요구 조건

이륙을 위해선 조종사의 섬세한 조종 능력뿐만 아니라 철저한 사전 계획과 준비가 필수적이다. 만일 항공기 이륙 후 회피 불가능한 장애물을 만나게 된다면, 섬세한 이륙도 무의미하게 된다. 항공기의 이륙 성능은 실제 이륙 전에 활주로의 조건과 주변 장애물을 고려하여 결정되어야 한다.

> **NOTE**
>
> 이 섹션에서의 '항공기'는 최대 이륙 중량(MTOW)이 5,700kg를 초과하지 않는 것을 의미한다.

1) 이륙 관련 용어 정의

- 이륙거리(Take-Off Distance): 평평하고 건조한 짧은 잔디 지면(Level Short Dry Grass surface)에서 항공기가 정지 상태에서 최대 이륙 출력으로 출발하여 이륙 안전 속도에 도달하여 활주로 상공 50ft에 이르는 데 필요한 수평 거리를 의미한다.
- 이륙안전속도(Take-Off Safety Speed): 실속 속도에 적절한 여유(Margin)를 곱한 속도를 의미한다. 이 속도는 1.2V_S 이상으로, 결국 V_S에 적어도 20%의 여유를 더한 지시대기속도(IAS)를 의미한다.
- 이륙필요거리(Take-Off Distance Required): 평균적인 조종 기술을 가진 조종사가 시험 비행을 통해 계산한 거리에 안전 여유를 더한 거리를 말한다. 이는 숙련된 시험 조종사가 새로운 항공기(Brand-new Airplane)를 사용하여 수행한 시험 비행 결과로 얻은 거리가 아니다. 이륙필요거리는 항공기 비행 매뉴얼에 명시되어 있으며, 이는 가능한 이륙가용거리(runway Take-Off Distance Available, TODA)를 초과하지 않아야 함은 물론이다.

2) 이륙필요거리(Take-Off Distance Required, TODR)는 여러 가지 요인의 영향을 받는다.

(1) 항공기 중량이 증가하면 이륙필요거리(TODR)도 증가한다.

무거운 중량은 지상이나 공중에서 이륙필요거리 증가의 요인이 된다. 여기서 '공중'이라 함은 이륙거리를 계산할 때 활주로 상공 50ft에 이르는 데까지의 수평 거리를 포함하기 때문이다.

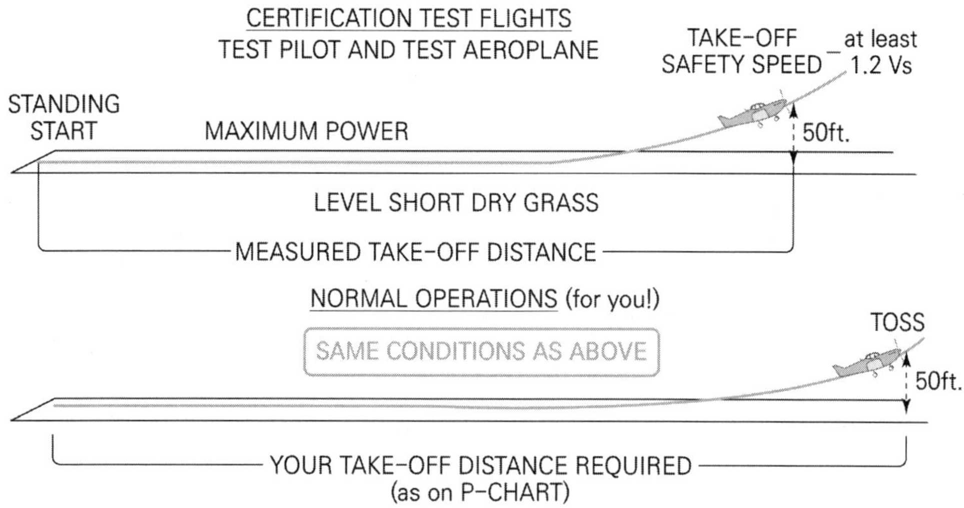

그림 4-20 이륙필요거리(Take-Off Distance Required)

항공기의 중량 증가는 가속도 감소와 이륙거리 증가를 초래한다. 이는 더 큰 마찰력이 발생하며, 이는 이륙거리를 늘리는 요인이 된다. 공중에서는 중량 증가가 실속 속도를 증가시킨다. 실속 속도는 부양 속도와 밀접한 관계가 있으므로, 실속 속도의 증가는 부양 속도와 이륙 안전 속도의 증가를 뜻한다. 항공기가 부양 직후, 중량 증가는 상승 성능(상승률 및 상승 각도) 감소와 이륙거리의 증가를 의미한다. 이는 항공기가 이륙 후 50ft 고도에 도달하기까지의 수평거리가 늘어나는 것을 의미하며, 이 구간은 이륙거리의 일부이다.

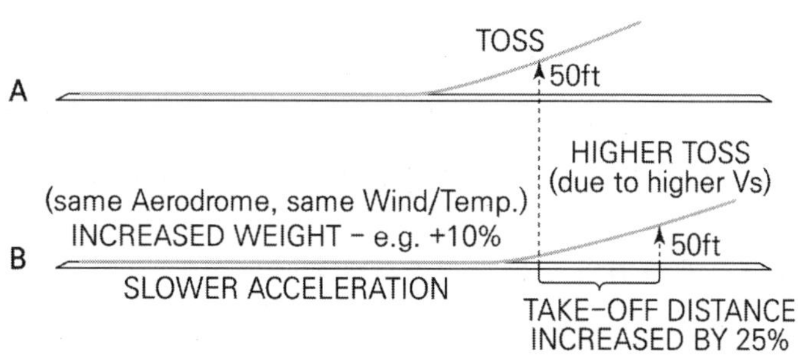

그림 4-21 증가된 중량은 이륙성능을 감소시킨다.

항공기의 중량 증가는 이륙거리의 증가를 야기한다. 특히, 항공기 중량이 10% 증가하면 이륙거리는 약 25% 증가한다.

참고로 이륙거리(S)

$$S = \frac{W}{2g} \times \frac{V^2}{T - F - D}$$

에서 중량 W가 증가하면 속도 V의 증가가 요구되며, 따라서 S도 증가되어야 한다. 이는 이륙거리가 항공기 중량, 항공기 속도, 추력, 마찰력 및 항력에 의존하기 때문이다.

(2) 높은 비행장 고도는 비행기 성능을 감소시킨다.

(Higher Airport Elevation decreases Airplane Performance.)

이는 밀도 고도의 증가, 즉 공기밀도의 감소가 이륙거리를 늘리기 때문이다. 공기밀도 감소의 주요 요인 중 하나는 낮은 기압인데, 이는 공기밀도 감소를 뜻한다. 특히, 고고도에서의 활주로는 공기밀도가 낮아, 이로 인해 이륙거리가 늘어나게 된다.

(3) 높은 온도는 밀도의 감소를 유발시킨다.

(High Temperatures decreases Airplane Performance.)

공기밀도의(ρ) 감소는 엔진 및 프로펠러의 출력 성능을 저하시키며, 이는 추가적인 이륙거리를 필요로 하게 된다. 또한, 공기밀도의 감소는 항공기의 항공역학적 성능 또한 감소시키게 된다. 필요한 양력을 생성하는 데 있어서, 공기밀도의 감소는 진대기 속도의 증가를 요구하게 되며, 이는 더 긴 이륙거리를 필요로 하게 된다. 지시 속도는 동압을 나타내므로 공기밀도의 감소에 따라 변하지 않는다. 즉, 부양 속도는 지시 속도로 표시되며, 이는 공기밀도와 무관하다. 그러나 공기밀도가 변하면, 지시 속도는 변하지 않지만 진대기 속도가 변하게 되고, 이는 이륙거리의 변화를 초래한다. 공기밀도는 항공기의 항공역학적 특성에 영향을 미치는 것 외에도, 엔진 실린더 내에서의 공기와 연료의 혼합 비율을 감소시키는 데 영향을 미치며, 이는 엔진 출력 감소의 원인이 된다.

(4) 습도는 비행기와 엔진의 성능을 감소시킨다.

(Humidity decreases Airplane and Engine Performance.)

습도는 항공기 성능에 중요한 영향을 미친다. 공기는 산소, 질소 등의 무거운 가스 분자로 구성되어 있다. 그러나 습도가 높아지면, 이들 무거운 가스 분자는 상대적으로 가벼운 수증기 분자로 대체되어 공기의 밀도가 감소하게 된다. 따라서, 습도가 높아질수록 공기의 밀도는 수증기 분자가 차지하는 비율만큼 희박해진다.

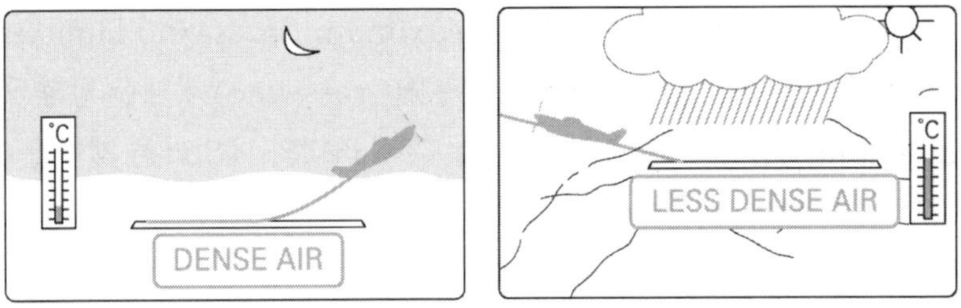

그림 4-22 고온, 고고도, 다습은 성능의 감소를 의미한다.

(5) 바람(Wind)에 의해 이륙거리가 달라진다.

정풍(Headwind)은 이륙거리를 축소하는 효과를 가진다. 항공기가 대기 중으로 비행하기 위해서는 일정 속도의 상대적인 바람이 필요하다. 예를 들어, 항공기가 이륙 시 20Knots의 정풍을 맞고 있다면, 바람이 불지 않는 상황에 비해 20Knots의 이점을 얻게 된다. 이는 낮은 대지 속도(Ground Speed, GS)로도 부양 속도(Lift-Off Speed)에 도달할 수 있으므로, 더 짧은 이륙거리를 필요로 하게 된다. 또한, 정풍을 맞고 이륙하게 되면 상승각이 커져, 장애물이 있는 경우에도 통과할 수 있게 된다.

반면, 배풍(Tailwind)의 경우 이륙거리가 늘어나고, 상승각이 줄어들어 장애물을 피할 수 없게 될 수 있다. 이러한 이유로 항공기는 이륙 시 바람을 맞고 이륙해야 한다. 또한, Windshear는 과거에 크게 주목받지 않았으나, 이는 항공기 착륙 시에 중요한 요소이다. Windshear는 풍향이나 풍속이 위치에 따라 변화하는 현상을 의미하며, 이에 대한 지식이 없다면 항공기 사고로 이어질 수 있다.

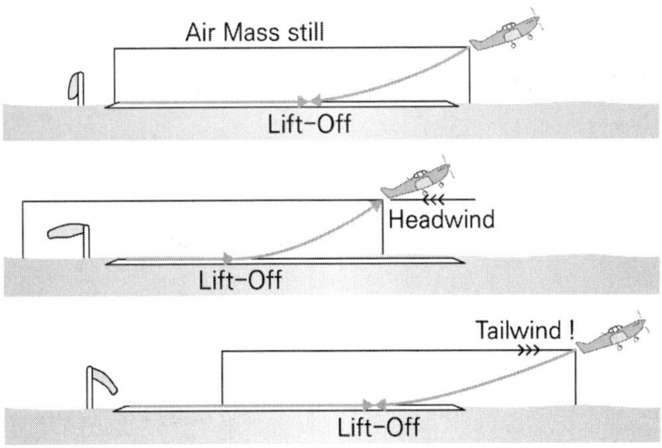

그림 4-23 정풍은 이륙필요거리를 감소시킨다.

마지막으로, 항공기는 최대 측풍 제한치(Maximum Crosswind Limitation)를 초과하는 측풍에서는 이륙할 수 없다. 항공기는 측풍(Crosswind)에 대한 방향 및 횡축 안정성(Lateral Stability)을 유지해야 하며, 이를 위해 러더와 에일러론 제어를 잘 수행해야 한다.

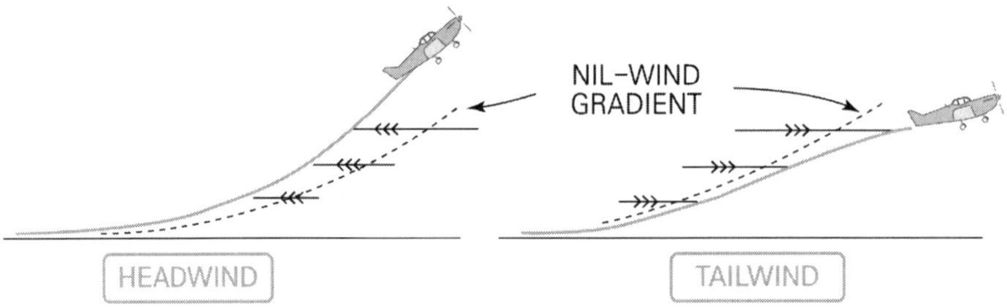

그림 4-24 정풍의 증가는 성능을 향상시킨다.

측풍 성분의 강도를 계산하는 방법은 다음과 같다.

- 바람이 30˚방향에서 활주로로 불어올 경우, 측풍 성분의 강도는 전체 바람의 강도인 10Knots의 절반인 5Knots로 계산된다.
- 만약 바람의 방향이 45˚방향에서 활주로로 불어올 경우, 측풍 성분의 강도는 전체 바람의 강도의 2/3로 계산된다.
- 60˚의 경우, 측풍 성분의 강도는 전체 바람의 강도의 9/10로 계산된다.
- 90˚의 경우, 전체 바람의 강도가 측풍 성분의 강도로 계산된다.

참고로, 항공기 내비게이션에는 이러한 측풍 성분을 계산하는 기능이 포함되어 있다.

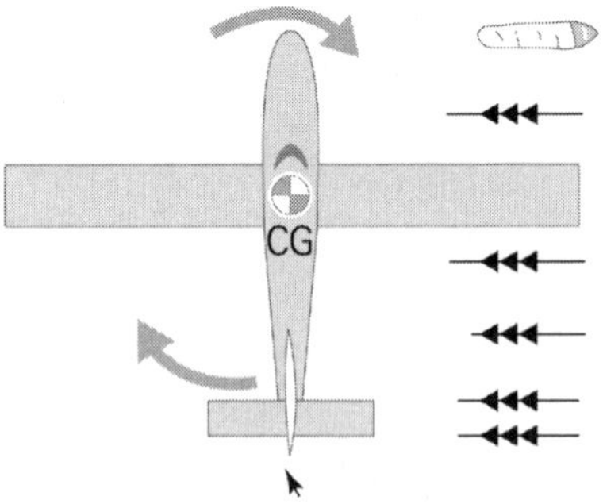

그림 4-25 측풍 이륙

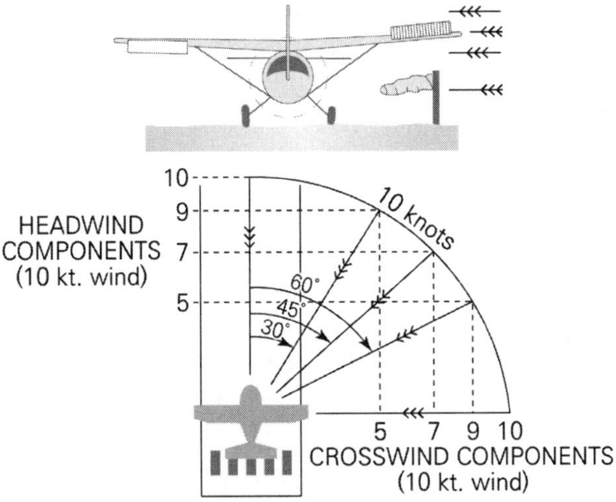

그림 4-26 측풍과 정풍 성분의 산정(Estimating)

(6) 활주로 표면(Runway Surface)

특정한 중량을 가진 항공기의 이륙에 필요한 활주로 거리는 이륙 시 활주로 표면과의 상호작용에서 발생하는 마찰력(Retarding Force(friction))에 따라 변화한다. 건조하고 경화된 활주로(Dry Hard sealed Runway)에서는 마찰력이 최소화되며, 이는 항공기 이륙 성능 차트에서의 기준값이나 참조 표면으로 사용된다.

반면에, 습한 잔디 표면(Wet Long Grass Surface)에서는 참조 표면(Reference Surface)에 비해 마찰력이 더 크게 발생하며, 진흙이나 모래 표면에서의 이륙은 불가능할 수도 있다.

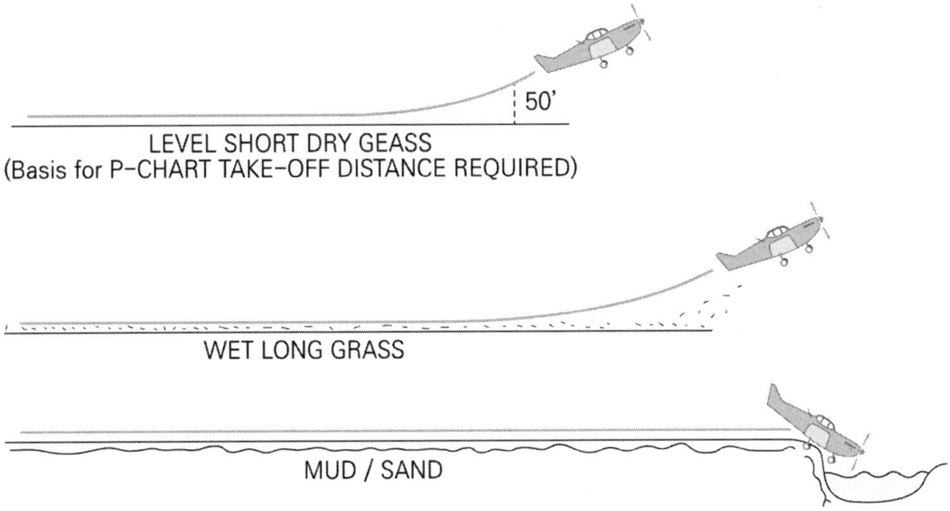

그림 4-27 불충분한 표면(Poor Surface)은 이륙필요거리를 증가시킬 수 있다.

이륙에 작은 플랩 설정을 사용하면 필요이륙활주거리(Take-Off Run Required)를 줄일 수 있다. 플랩을 사용하면 실속 속도가 감소하며, 이는 결과적으로 이륙 속도와 이륙 안전 속도를 감소시키는 데 도움이 된다. 작은 각도의 플랩을 사용하여 이륙하면, 항력의 증가가 크지 않기 때문에 짧은 이륙 활주 후에도 이륙 속도에 도달할 수 있다. 이러한 작은 플랩 설정은 주로 활주로의 길이가 짧은 경우에 사용된다. 또한, 지표면이 거친 경우에는 이륙 시 작은 플랩을 사용하여 빠르게 지면에서 벗어날 수 있다.

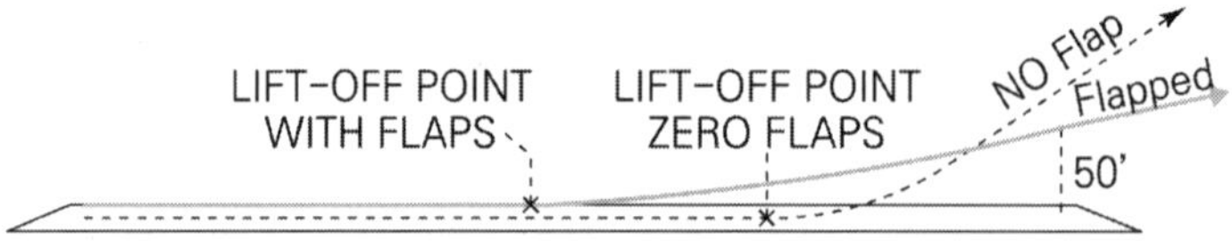

그림 4-28 Flaps는 이륙활주를 감소시킨다.

지금까지 우리는 주로 '이륙활주거리'라는 용어를 사용해 왔다. 이는 플랩 사용 시 지상 활주 거리가 줄어들지만, 활주로 상공 50ft까지의 수평 거리인 '이륙거리'는 크게 변하지 않기 때문이다. 이는 플랩이 사용되면 양력이 증가함과 동시에 항력도 증가하여 양항비(Lift/Drag Ratio)가 감소하고, 결과적으로 상승률(ROC)이나 상승각(AOC)도 감소하기 때문이다.

(7) 활주로 경사도(Runway Slope)

이륙거리는 평평한 활주로를 기준으로 산정된다. 만약 활주로가 2%의 하향경사(Down Slope)를 가지고 있다면, 항공기의 가속도가 증가하여 이륙거리가 감소하게 될 것이다. 반대로, 2%(2/100)의 상향경사(Up Slope)는 가속도를 저하시켜 더 긴 이륙거리를 필요로 하게 된다.

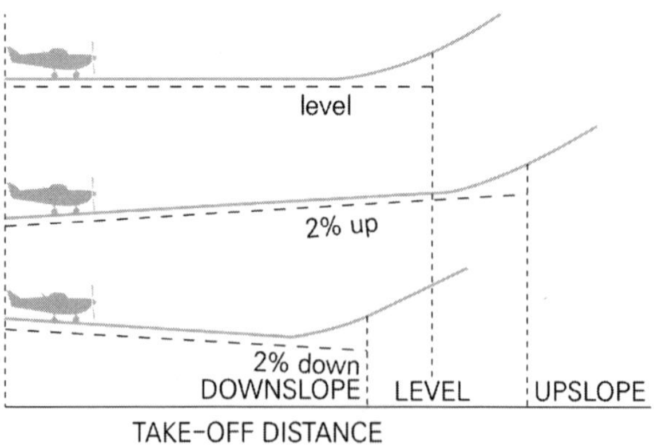

그림 4-29 오르막 경사 활주로(Upward Sloping Runway)는 이륙거리를 증가시킨다.

※ 가속정지거리(Accelerate Stop Distance)와 가속진행거리(Accelerate Go Distance)

- 가속정지거리(ASD)는 이륙을 시작하는 지점에서 이륙 속도(V_{LOF})에 도달하기까지의 거리를 의미한다. 이는 엔진이 고장날 경우 즉각적인 판단과 조치가 필요한 2~3초의 지체 시간을 고려한 것이다. 이 거리는 모든 엔진이 공회전 상태(Idle)로 전환되고, 완전히 브레이크가 작동할 때까지의 거리를 포함한다.
- 가속진행거리(AGD)는 이륙을 시작한 지점에서 이륙 속도(V_{LOF})에 도달했을 때, 엔진 고장을 가정하고 그대로 이륙하여 50ft에 도달하는 수평거리를 의미한다.

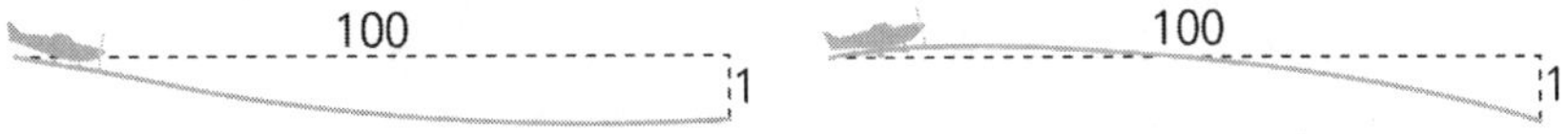

그림 4-30 위 활주로는 모두 1%의 내리막 경사이다.

그림 4-31 이용 가능한 이륙 활주

(8) Flap각이 커지면 이륙필요거리는 감소한다.

FLAPS UP TAKEOFF PERFORMANCE

ASSOCIATED CONDITIONS:
Power: FULL THROTTLE BEFORE BRAKE RELEASE
Air Conditioner: OFF
Runway: PAVED, LEVEL, & DRY
Airspeed: REFER TO TABLE AT RIGHT
Propeller: SENSENICH 76EM8S14-0-62
Flaps: UP

TAKEOFF WT	SPEEDS LIFTOFF	KIAS 50 FT
2,550	60	65
2,450	58	64
2,350	57	63
2,250	56	61

EXAMPLE:
Depart Airport Pressure Alt: 2,000 FL
Temperature: 23° C
Gross Weight: 2,400 Lb.
Headwind: 8 Kt
Takeoff Distance: 1907 Ft

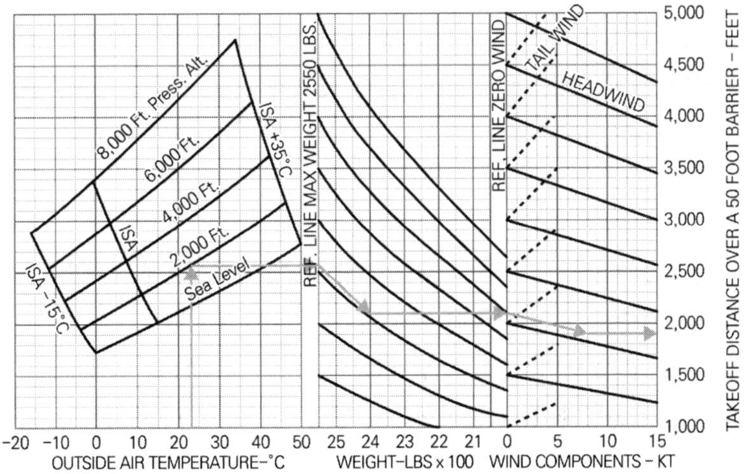

FLAPS 25° TAKEOFF PERFORMANCE

ASSOCIATED CONDITIONS:
Power: FULL THROTTLE BEFORE BRAKE RELEASE
Air Conditioner: OFF
Runway: PAVED, LEVEL, & DRY
Airspeed: REFER TO TABLE AT RIGHT
Propeller: SENSENICH 76EM8S14-0-62
Flaps: 25°

TAKEOFF WT	SPEEDS LIFTOFF	KIAS 50 FT
2,550	55	60
2,450	55	58
2,350	53	56
2,250	50	54

EXAMPLE:

Depart Airport Pressure Alt:	2,000 FL
Temperature:	23° C
Gross Weight:	2,400 Lb.
Headwind:	8 Kt
Takeoff Distance:	1674 Ft.

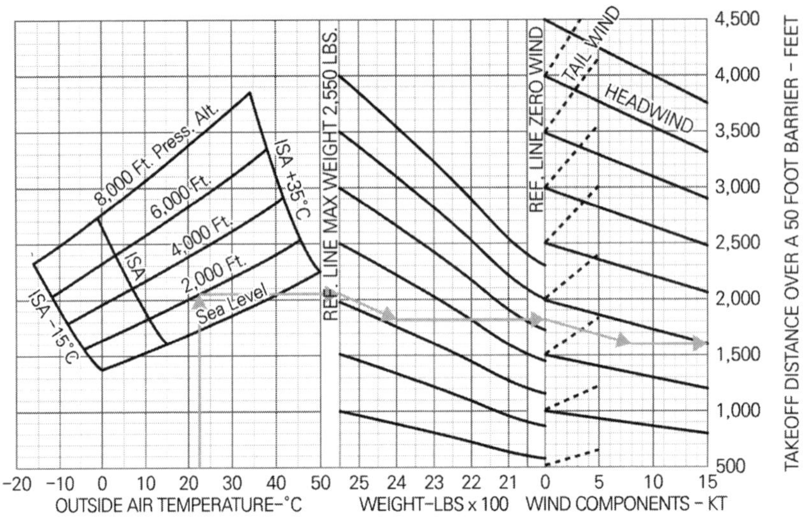

그림 4-32 Flap 사용에 따른 이륙필요거리의 변화

4.3.2 착륙 성능(Airplane Landing Performance)

착륙거리는 항공기가 실속 속도의 1.3배 이상의 속도로 활주로 상공 50ft 지점에 도달했을 때부터 시작한다. 이는 플랩을 완전히 내린 상태에서 파워를 제거하고 접근하여 착륙하고, 최대 브레이크를 사용하여 완전히 정지할 때까지의 거리를 의미한다. 착륙 시 실속 속도에 30%의 여유를 두는 이유는 지면 근처의 돌풍이 착륙 중인 항공기의 자세를 방해할 위험이 있기 때문이다. 예를 들어, 실속 속도가 50Knots라면 최소 접근 속도는 이보다 30% 더 높은 65Knots여야 한다.

1) 착륙 관련 용어 정의

- 개방구역(Clearway)은 활주로 중심선의 연장 부분에 위치하며, 활주로 끝에서 500ft 이상, 활주로 길이의 절반 이하의 영역에 해당한다. 이 영역은 1.25% 이상의 기울기를 가지고 있으며, 별도의 장애물이 없다.
- 정지로(Stopway)는 활주로 중심선의 연장을 기준으로 하며, 활주로와 같은 폭을 가

진다. 이는 이륙을 중단하고 감속하는 동안 항공기를 손상 없이 지지할 수 있는 충분한 강도를 갖추고 있다.

그림 4-33 개방구역(Clearway)

2) 필요착륙거리(Landing Distance Required)는 많은 요소에 의해서 영향을 받는다.

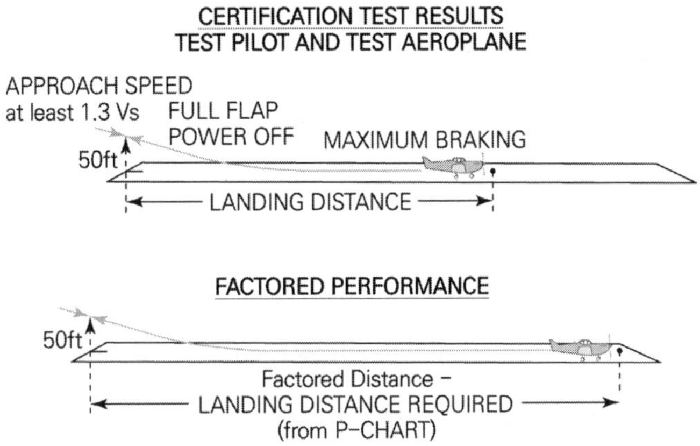

그림 4-34 필요착륙거리(Landing Distance Required)

(1) 중량이 증가하면 필요착륙거리가 길어진다.

항공기의 중량이 증가하면 실속 속도가 증가하며, 따라서 최소 접근 속도도 증가한다. 속도의 증가로 인해 착륙하고 완전히 정지하는 데 필요한 거리도 늘어나게 된다. 중량의 증가는 운동 에너지$(1/2mV^2)$를 높이게 되며, 이로 인해 브레이크는 더 많은 에너지를 흡수해야 한다. 이러한 요인들은 착륙활주거리의 증가를 초래한다. 또한, 바퀴에 가해지는 증가된 중량으로 인해 마찰력도 약간 증가할 가능성이 있다.

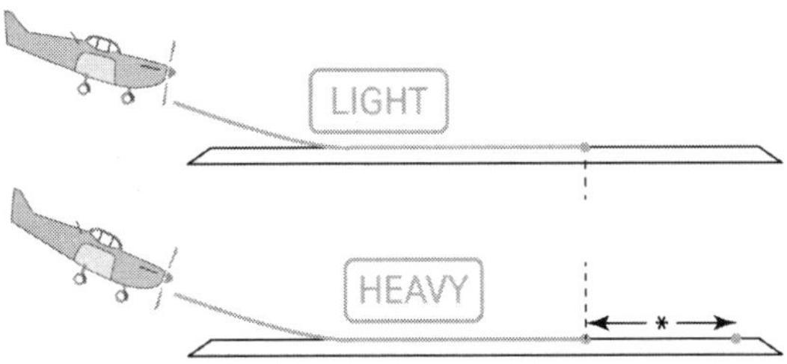

그림 4-35 무거운 비행기일수록 더 많은 착륙거리가 필요하다.

(2) 밀도 고도가 증가하면 필요착륙거리도 더 길어진다.

낮은 외부 기압, 고지대, 그리고 높은 외부 온도는 대기 밀도를 감소시키며, 이는 필요착륙거리를 증가시킨다. 대기 밀도의 감소는 양력을 유지하기 위해 속도를 증가시켜야 하는 상황을 초래한다. 조종사가 조종실에서 동일한 지시 속도를 유지하더라도, 실제 속도는 밀도가 낮은 지역에서 더 높게 나타난다. 따라서 높은 밀도 고도에서의 실제 속도는 밀도 고도가 낮은 지역보다 더 커지며, 이는 접지 속도의 증가를 가져와서 정지할 때 소멸해야 하는 운동 에너지의 양을 증가시킨다. 결과적으로, 이는 더 긴 착륙 거리를 필요로 하게 된다.

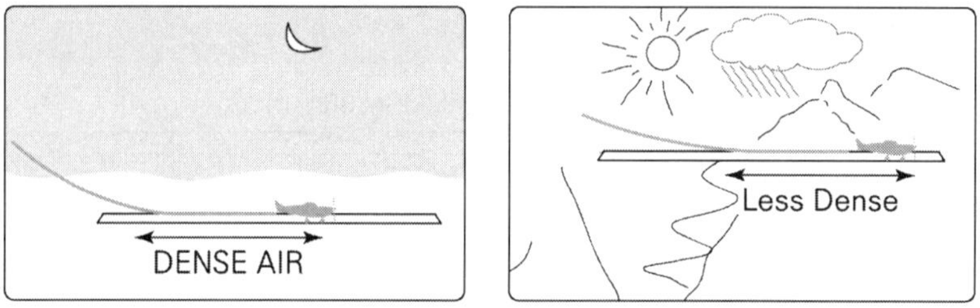

그림 4-36 고온과 고고도는 더 많은 착륙 거리를 필요하다.

(3) 바람(Wind)에 의해 착륙거리가 달라진다.

정풍은 필요한 착륙거리를 감소시킨다. 이는 대지 속도가 실제 속도와 동일하다는 가정하에 정풍으로 인해 대지 속도가 감소하기 때문이다. 반면에, 배풍은 대지속도가 실제 속도를 초과하게 됨을 의미한다. 이로 인해 지표면에서의 접지 속도가 증가하게 되며, 결과적으로 더 긴 착륙 거리가 필요하게 된다.

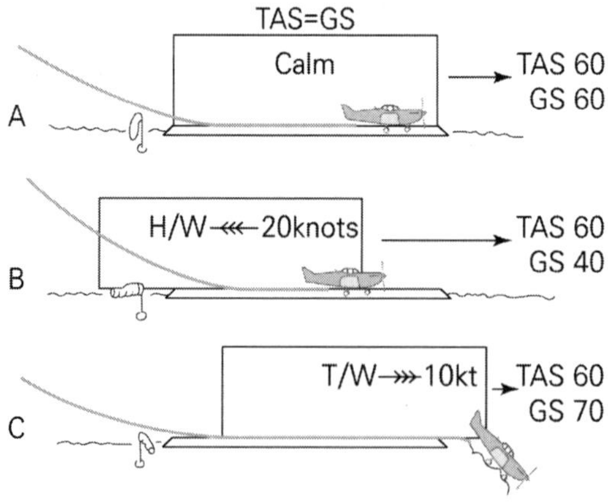

그림 4-37 정풍은 착륙거리를 감소시킨다.

바람의 또 다른 영향 요소는 wind shear이다. 정풍 요소가 증가하면 항공기의 성능은 일시적으로 향상된다. 이는 바람 방향으로 접근할 때(더 낮은 대지 속도와 더 짧은 착륙 거리가 필요한 상황)에 이점이 있다. 그러나, 지표면 근처에서 정풍이 감소하면, 항공기의 성능은 감소하게 되며, 비행기는 가라앉는 경향이 있으므로, 목표 지점에 도달하지 못할 수 있다.

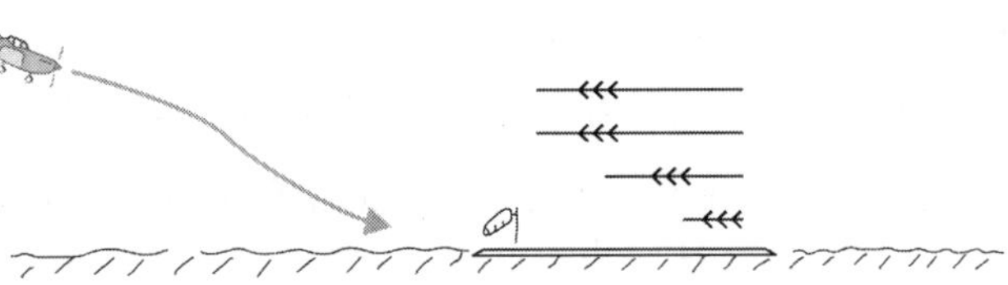

그림 4-38 최종 접근(Final Approach)에서 방심하지 말아라.

배풍 조건에서는 약간의 불리한 요소가 존재한다. 이는 배풍이 더 높은 접지 속도와 더 긴 착륙거리를 요구하기 때문이다. 지표면에 접근하는 동안 배풍이 감소하면, 이는 정풍이 증가하는 것과 같은 효과를 발생시킨다. 즉, 항공기는 성능이 증가하는 경험을 하게 되며, 이로 인해 활주로의 접지 지점을 지나칠 수도 있다.

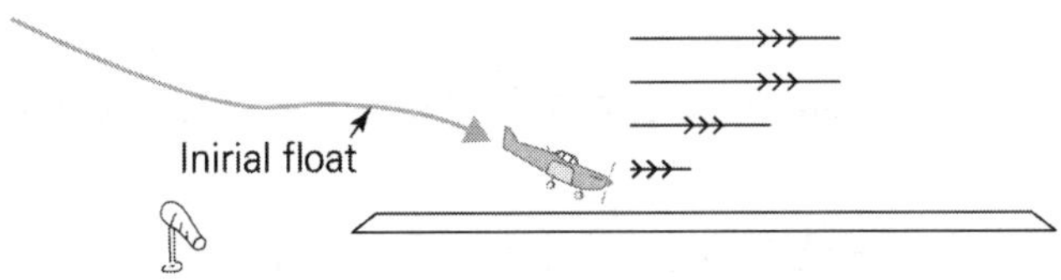

그림 4-39 배풍(Downwind) 착륙은 일반적으로 추천되지 않는다.

착륙 시에는 진입 경로가 활주로 중심선과 일치하며, 동시에 날개가 수평인 자세를 유지해야 한다. 활주로 중심선과 비행경로(Flight Path)를 일치시키는 기본적인 방법에는 'Wing Low' 방식과 'Crab' 방식이 있다.

- Wing Low 방식: 이는 Wing Down 방식이라고도 하는데 [그림 4-40] (a)와 같이 Aileron과 Rudder에 의해 희망하는 비행 방향에 기수(Heading) 방향을 맞춰 기체를 Bank줌으로써 측풍에 의해 생기는 가로 방향의 힘(Side Force)을 제거하여 비행방향을 확보하는 방식이다. 이 방식은 활주로와 최종경로(Flight Path)가 일치하므로 접지(Touch Down) 후에 Main Landing Gear가 옆 미끄럼을 하지 않는 점에서는 좋으

나, 기체를 Bank시킨 채로 착지하면 프로펠러(특히 다발기의 경우)나 Wing Tip을 접지시킬 위험성이 있다. 따라서 대형기에서는 이 방법을 취하면 위험할 수도 있다.

- Crab 방식: 이 방식은 아래 그림 (b)와 같이 날개를 수평으로 하면서 기수 방향을 상대 흐름 방향으로 향하게 함으로써 측풍 성분을 제거하여 비행 결로를 유지하는 방법이다. 측풍이 너무 강할 때는 비행경로와 기수 방향이 이루는 각(이를 Crab Angle이라 함)이 너무 커서 접지 시에 활주로에 직진하기 위해서는 크게 기수 방향을 바꿀 필요가 있다. 일반적으로 대형 항공기에서는 이 방식으로 진입 착륙하지만, 접지 시의 기수 방향이 적절하지 않으면 활주로에서 튀어 오르거나 활주로에 대해 옆 미끄럼 상태로 접지하게 되어 Landing Gear에 측 방향의 하중이 걸리고 이로 인해 Landing Gear를 파손할 위험성이 있다.

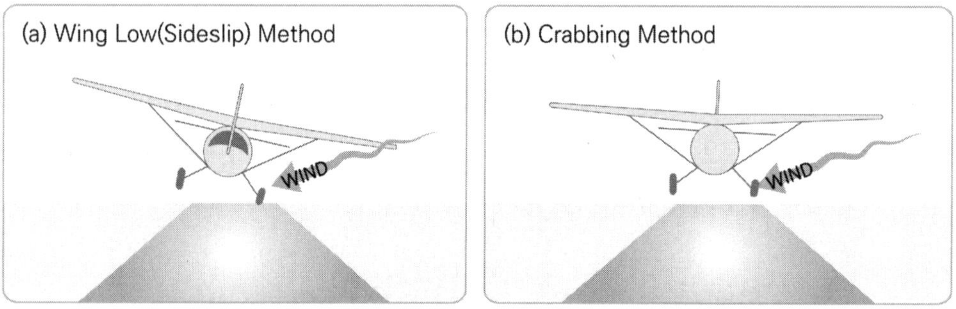

그림 4-40 Wing Low 측풍 착륙방식(a), Crab 측풍 착륙방식(b)

어떤 방식이라도 강한 측풍을 받는 착륙은 위험하므로 진입 착륙의 속도를 얼마간 크게 취하여 편류각이나 Bank Angle을 감소시켜서 안전상의 여유를 갖게 할 필요가 있으며, 또 운용상 비행기마다 허용 최대 측풍 성분에 대한 제한을 두고 있다.

(4) 활주로 표면(Runway Surface)

적은 마찰력을 가진 활주로 표면(습한, 매끄러운, 얼음이 형성된 등)은 브레이크 효과가 제대로 발휘되지 않아 필요한 착륙거리가 더 길어질 수 있다. 습한 표면에서는 수면 위를 미끄러지는 현상이 발생하고, 이는 정지거리가 크게 증가할 수 있는 요인이다. 이 현상은 타이어가 물의 얇은 막 위를 미끄러지며 회전하지 않는 현상으로, 이때 바퀴의 브레이크는 별다른 효과를 발휘하지 못하며, 실질적인 마찰력은 거의 없다. 이런 수면 위를 미끄러지는 현상은 더 높은 대지 속도에서 더 쉽게 발생하며, 이는 습한 활주로에서 정풍을 맞으면서 착륙할 때 대지 속도를 최소로 유지해야 하는 또 다른 이유이다.

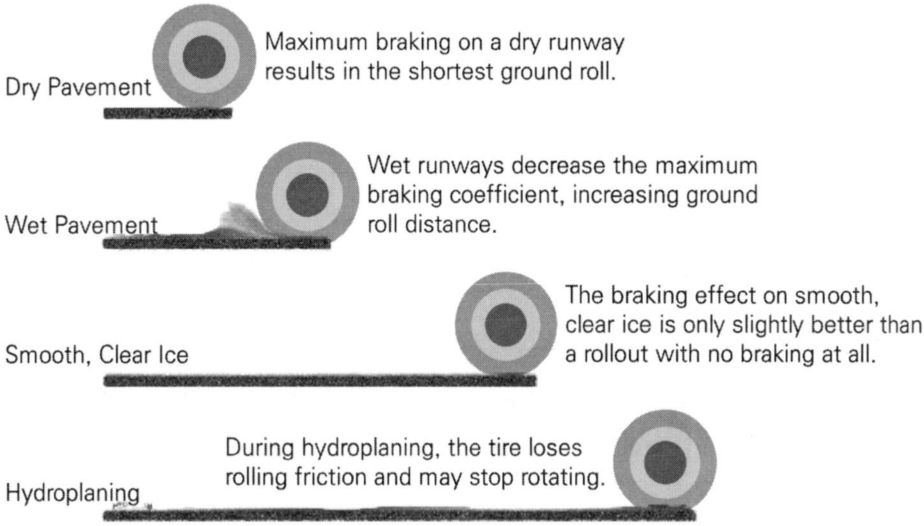

그림 4-41 활주로 표면 상태에 따른 착륙 거리의 변화

(5) 활주로 경사(Runway Slope)

아래쪽으로 경사진 활주로는 더 긴 착륙거리를 필요로 한다. 활주로가 내리막 경사를 이루고 있을 경우, 브레이크의 사용이 평평한 활주로나 상향경사를 이루는 활주로에서의 브레이크 사용만큼 효과적이지 않다.

(6) Flap각을 크게 하면 필요착륙거리는 줄어든다.

큰 플랩 각도는 실속 속도를 감소시키며, 이로 인해 접근 속도(V_S의 1.3배)는 더욱 감소한다. 큰 플랩 각도는 또한 항공기가 착륙 활주의 초기 단계에서 속도를 줄일 수 있도록 도와주는 추가적인 공기역학적 항력을 생성한다.

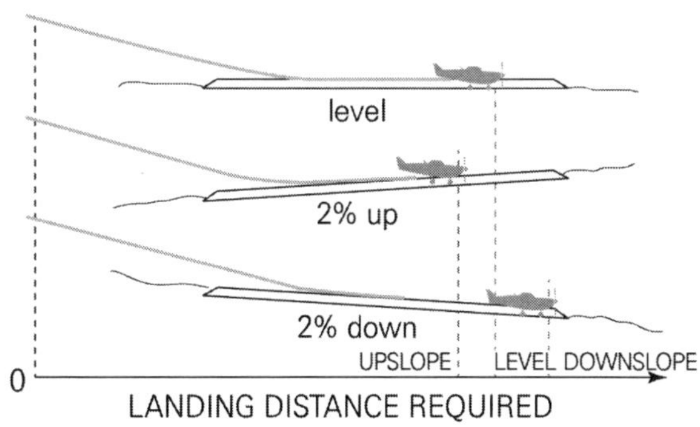

그림 4-42 내리막 경사는 착륙거리를 증가시킨다.

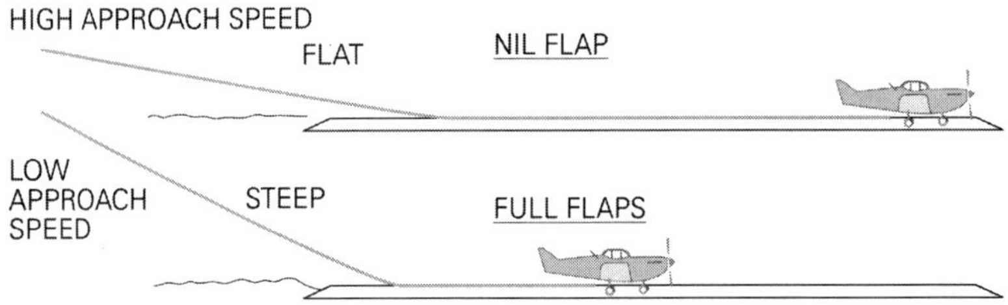

그림 4-43 증가된 Flap - 더 느리게(Slower) 더 깊게(Steeper)

(7) 빠른 접근 속도(Fast Approach Speed)

빠른 접근 속도는 착륙거리(Landing Distance)의 증가 요인이 된다. 이러한 상황에서는 지면효과(Ground Effect)의 영향도 무시할 수 없는 중요한 요인이 된다.

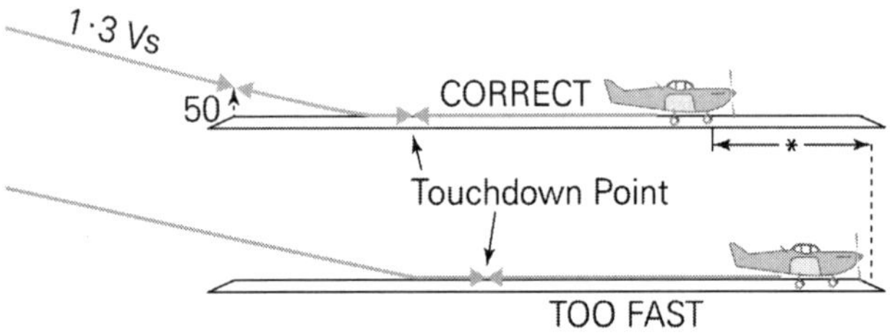

그림 4-44 빠른 접근 속도는 착륙거리를 증가시킨다.

CHAPTER

05

대기의 특성

5.1 대기(Atmosphere)

5.1.1 대기의 영향

비행기의 안정적인 이륙을 위해서는 조종사가 비행기를 절차에 맞게 정확히 조작하는 기술을 습득하는 것이 우선적으로 필요하다. 그 다음 단계로, 조종사는 지상에서 항공기를 공중으로 띄우는 기술을 학습해야 한다. 비록 항공기가 지상에 있을 때에도 대기의 영향을 받지만, 실제로 공중에서 비행하는 동안에는 대기의 영향을 훨씬 더 크게 받게 된다.

대기압과 온도는 항공기의 성능에 큰 영향을 미친다. 이는 항공기의 구조적 성능과 엔진성능 모두에 영향을 준다. 이 중에서도 공기밀도(ρ)는 가장 중요한 요소로, 대기압의 감소나 온도 상승이 공기밀도를 감소시킨다. 따라서 매우 더운 날에는 공기밀도가 낮아져 항공기의 성능이 감소하게 된다. 또한, 고도가 높은 지역에서 이륙하는 경우처럼 대기압이 낮을 때에도 공기밀도가 낮아져 항공기의 성능은 저하된다.

엔진의 출력 또한 공기의 양, 즉 공기밀도에 의해 결정된다. 공기밀도가 낮아지면 엔진에서 발생하는 출력도 줄어든다. 동시에, 항공기의 항공역학적 특성 역시 공기밀도에 의해 좌우된다. 동압(Dynamic Pressure)은 $1/2\rho v^2$로, 이는 항공역학에서 중요한 관계식에 사용되는 값이다.

$$L = \frac{1}{2}\rho v^2 \times CL \times S$$

공기밀도의 감소는 항공기의 항공역학적 성능에 부정적인 영향을 미친다. 특히, 온도가 높고 기압이 낮은 고도에서는 공기밀도가 감소하게 되며, 이는 공기의 습도 증가를 수반한다. 이러한 조건들은 항공기의 항공역학적 성능을 저하시키는 요인으로 작용하며, 이는 특히 항공기의 이륙과 착륙, 그리고 고도 유지 등의 중요한 비행단계에서 문제를 일으킬 수 있다. 이러한 이유로, 조종사들은 항상 이러한 환경요소를 고려하여 안전한 비행을 유지하도록 교육받는다.

5.1.2 항공기 성능요소들(Aircraft Performance Factor)

지구를 둘러싸고 있는 대기는 다양한 가스들의 혼합체로 이루어져 있고, 중력의 작용으로 지표면에 가까울수록 밀도가 높다. 이러한 대기의 밀도 변화는 고도가 증가함에 따라 엔진과 항공기의 성능에 중대한 영향을 미친다.

특정 위치에서 공기가 가하는 압력은 그 위에 존재하는 공기의 중량에 의해 결정된다. 따라서 고도가 증가함에 따라 기압은 감소하며, 이에 따라 공기는 팽창하고 밀도가 줄어들게 된다. 이러한 원리로 인해, 고도가 높아짐에 따라 항공기의 성능은 저하된다. 공기는 가열되면 팽창하고 밀도가 감소하는데, 이는 엔진과 항공기의 성능 저하를 가져온다. 즉, 고온의 환경에서는 항공기의 성능이 떨어진다. 고도가 증가하면서 대기온도는 감소하는데, 이의 표준감소율은 2℃/1000ft이다. 고도가 상승함에 따라 대기온도는 떨어지지만, 이 감소율은 기압의 감소율에 비해 상대적으로 작다. 결과적으로, 고도가 증가함에 따라 대기의 밀도는 감소하게 된다. 대기는 주로 질소(78%), 산소(21%), 수증기로 구성되어 있으며, 나머지 1%는 아르곤, 이산화탄소 등의 다른 가스들로 이루어져 있다.

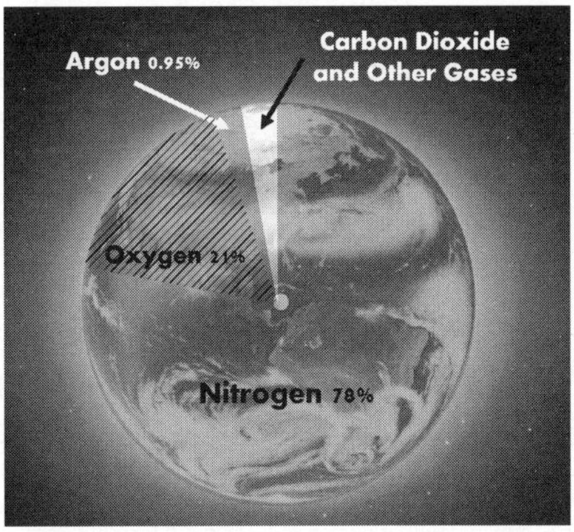

그림 5-1 대기의 구성

습도는 공기 중에 포함된 수증기의 양을 말한다. 물 분자는 가벼워서 습도가 높으면 공기의 밀도가 약간 감소하게 된다. 그러나 이러한 효과는 성능 차트에서는 고려하지 않는다.

공기가 얼마나 많은 수증기를 수용할 수 있는지는 온도에 따라 달라진다. 따뜻한 공기는 차가운 공기보다 더 많은 수증기를 포함할 수 있다. 만약 공기가 최대로 수용가능한 수증기의 70%를 가지고 있다면, 해당 공기의 상대습도는 70%가 된다. 공기의 온도가 떨어지면 수증기를 수용할 수 있는 능력이 감소하므로, 상대습도가 증가하게 된다.

공기가 자신이 수용할 수 있는 최대 수증기양과 같은 양의 수증기를 가질 때까지 냉각되면, 그 공기의 상대습도는 100%가 된다. 이렇게 되면 공기는 포화상태에 이르게 되며, 이 상태에서 공기의 온도가 더 낮아지면 수증기는 응결하여 물방울이 되거나 구름, 안개, 이슬 등을 형성하게 된다.

상대습도는 같은 온도에서 공기가 수용할 수 있는 최대 수증기양에 대한 실제 수증기양의 비로 정의된다. 습도를 간략하게 측정하는 방법 중 하나는 발한작용을 통해 알 수 있다. 땀이 증발하면 공기는 건조하다는 것을 의미하며(상대습도가 낮다), 더 많은 수증기를 흡수할 수 있다. 반면, 땀이 증발하지 않고 땀방울로 남아있다면, 공기의 상대습도가 높아서 더 이상 수증기를 흡수할 수 없다는 것을 의미한다.

5.1.3 국제표준대기(International Standard Atmosphere, ISA)

실제 대기의 기압과 온도는 계속 변화하기 때문에 국제민간항공기구(ICAO)는 이러한 변동성을 고려하여 이론적인 기준을 '국제표준대기(ISA)'로 정해 놓았다.

> **NOTE**
>
> 앞서 언급한 것처럼 한국에서 사용하는 항공용 기압 단위는 ICAO의 표준인 헥토파스칼(hPa)이다. 한편, 영국 등 일부 국가들은 여전히 초기에 사용하던 밀리바(millibar)를 사용한다. 1millibar는 1hectoPascal과 동일하다. ICAO가 정한 표준단위를 사용하지 않는 국가들도 있으며, 미국은 대표적으로 항공용 기압 단위로 수은주의 높이를 사용한다.

국제표준대기는 평균 해수면에서의 기압을 1,013hPa(또는 mb), 온도를 15℃로 정하고 있다. 고도가 상승함에 따라 온도와 기압은 정해진 비율로 감소하게 된다. 실제 대기의 변화는 국제표준대기와 다를 수 있으며, 특정 지점에서의 실제 대기 상태를 국제표준대기와 비교하여 파악할 수 있다.

5.1.4 기압고도(Pressure Height)

국제표준대기에서 기본적으로 해수면 기압은 1,013hPa로 설정되어 있으며, 고도가 30ft 상승할 때마다 기압은 대략 1hPa씩 감소한다. 따라서, 국제표준대기에서 600ft의 고도에서는 기압이 약 20hPa 감소하여 1,013hPa에서 993hPa이 된다.

비행기가 있는 곳의 기압이 993hPa인 경우, 이 위치의 기압고도는 600ft이다. 이는 국제표준대기 조건에서의 1,013hPa 기압고도보다 600ft 더 높다고 해석할 수 있다. 기압고도란, 국제표준대기에서 특정 지점 또는 비행기의 기압이 1,013hPa 기압고도와 동일한 고도를 의미한다.

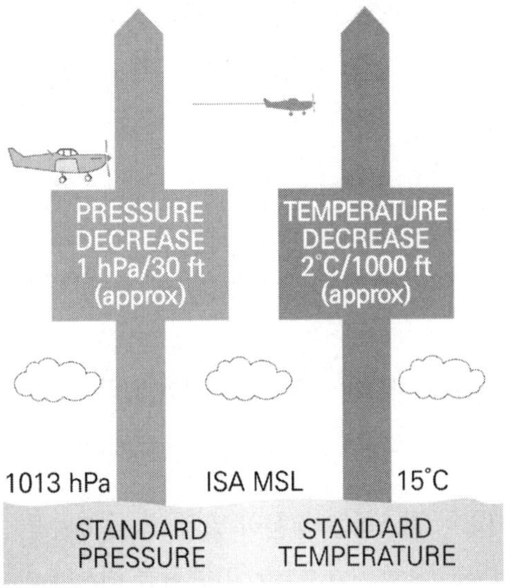

그림 5-2 국제표준대기(International Standard Atmosphere)

조종실 내에서 기압고도를 가장 간편하게 확인하는 방법은 기압계를 1,013hPa로 설정하는 것이다. 이를 통해 기압계는 기압고도를 표시하게 되며, 이를 통해 항공기의 성능을 기준치와 비교할 수 있다.

기압고도는 수학적인 계산을 통해 구할 수 있으며, 이때 고도가 30ft 증가할 때마다 1hPa 감소한다는 원칙을 이용한다. 또는 항법컴퓨터를 활용하여 기압고도를 파악할 수 있다.

예제 1

QNH가 1,005hPa이고 비행기가 20ft 고도의 공항에 있다. 기압고도를 구하라.

풀이

고도가 상승함에 따라 기압이 감소하므로, 1,013hPa의 표준기압고도는 이론적으로 해수면 고도 아래에 위치하게 된다. 1,013hPa 기압고도 위의 실제 기압고도를 파악하기 위해서는 평균 해수면 고도(QNH)와 1,013hPa 사이의 고도 차이를 알아야 한다. 8hPa의 기압 차이는 약 240ft에 해당한다. 항공기는 이보다 20ft 높은 곳에 있으므로, 실제 기압고도는 1,013hPa 기압고도보다 260ft 높은 곳, 즉 260ft라고 할 수 있다.

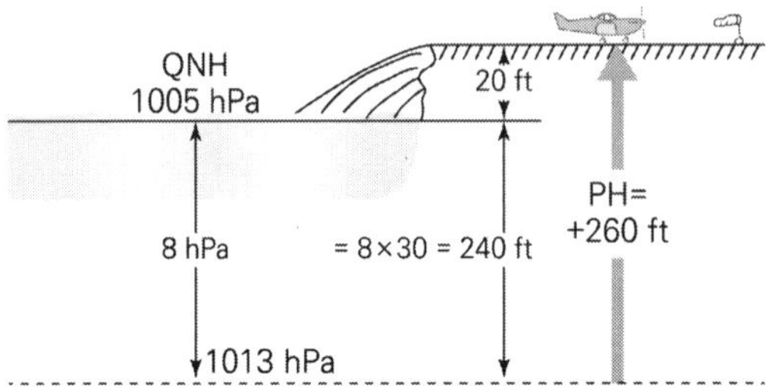

그림 5-3 보기 1

예제 2

QNH가 1,030hPa이고 비행기가 20ft 고도의 공항에 있다. 기압고도를 구하라.

풀이

고도가 상승함에 따라 기압은 감소하는 경향이 있다. 평균 해수면 기압이 1,030hPa일 경우, 1,013hPa의 표준기압고도는 평균 해발고도보다 더 높은 위치에 존재하게 된다. 이때 17hPa의 기압 차이는 대략 510ft의 고도 차이를 나타낸다. 아래의 그림에서는 항공기가 표준 1,013hPa 기압고도보다 약 490ft 낮은 위치에 있다는 것을 알 수 있다. 따라서 이 항공기의 기압고도는 -490ft, 즉 평균 해발고도보다 490ft 낮은 곳에 있다고 수치화할 수 있다.

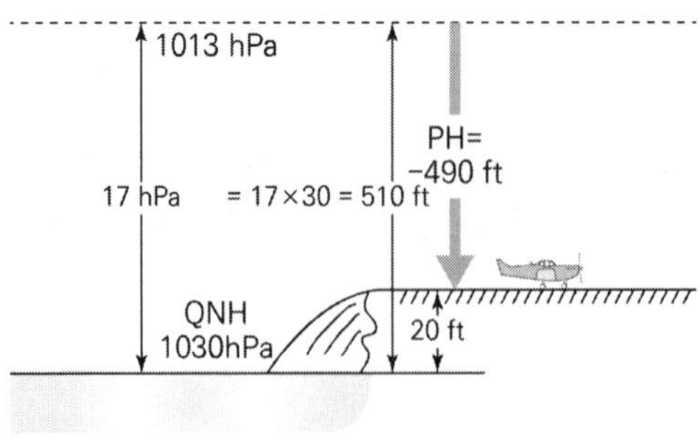

그림 5-4 보기 2

예제 3

비행기가 5,000ft 상공을 날고 있고 QNH(실제 평균 해발고도 기압)는 1,027hPa로 맞추어져 있다. 기압고도를 구하라.

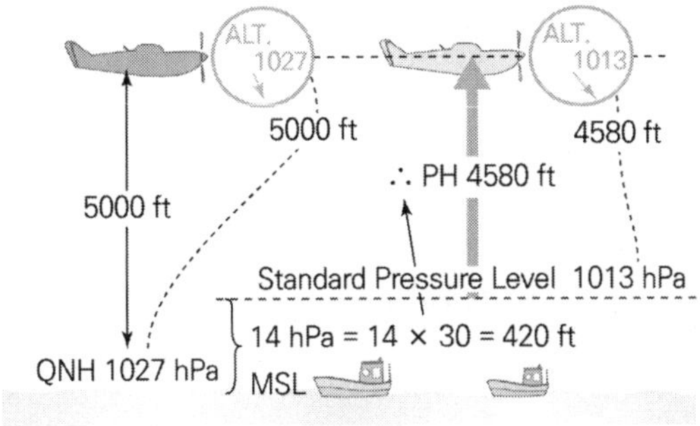

그림 5-5 보기 3

풀이

고도계는 설정된 기압에 따른 기압고도를 측정한다. 이때 기압고도란, 표준대기조건에서의 1,013hPa 기압고도를 기준으로 한 고도를 말한다. 기압고도를 측정하는 방법은 고도계의 설정을 조정하여 1,013hPa로 맞추는 것이다.

위에서 언급한 예제에서 보여주듯이, 기압과 고도는 고도계의 설정을 조정함으로써 맞춘다.

5.1.5 온도(Temperature)

온도가 높아질수록 공기의 밀도는 감소하며, 이에 따라 항공기의 성능도 저하된다. 온도 측정의 기준은 국제표준대기이다. 국제표준대기에서의 표준 해수면 온도는 +15℃로 설정되어 있으며, 이후 고도가 1,000ft 증가할 때마다 온도는 약 2℃씩 감소한다.

- 국제표준대기 1,000ft에서의 온도는 +13℃로 낮아진다.
- 국제표준대기 2,000ft에서의 온도는 +11℃로 낮아진다.
- 국제표준대기 3,000ft에서의 온도는 +9℃로 낮아진다.

하지만, 예를 들어 3,000ft 고도에서 실제 온도가 +16℃인 경우, 이는 국제표준대기보다 7℃ 더 높은 온도이므로 'ISA+7'로 표기하며, 국제표준대기와의 온도 편차는 +7로 나타낼 수 있다. 반면에, 2,000ft에서의 실제 온도가 +7℃인 경우(국제표준대기보다 4℃ 낮은 경우), 'ISA -4'로 표기하고 국제표준대기와의 편차는 -4로 나타낸다.

항공기와 엔진의 성능은 공기밀도에 큰 영향을 받는다. 실제로 조종사가 밀도를 직접 측정하는 장비를 가지고 다니는 것은 불편하고 비실용적이므로, 조종실에서는 기압고도와 온도라는 두 가지 정보를 통해 공기밀도를 알 수 있다.

5.1.6 밀도고도(Density Height)

기압고도(국제표준대기에서의 고도를 기준으로 한)와 온도를 고려하면 공기의 밀도를 알 수 있다. 대부분의 성능 차트에서는 기압고도와 온도를 제공하므로, 밀도를 직접 계산할 필요는 없다. 하지만 가끔 밀도를 직접 계산해야 하는 상황에서도 이는 간단하게 수행할 수 있다.

국제표준대기에서 평균 해수면 고도에서의 온도는 +15℃(즉, 기압고도는 0ft)이며, 고도가 1,000ft 상승할 때마다 온도는 2℃씩 감소한다. 그러므로 기압고도가 3,000ft인 경우, 국제표준대기에서의 온도는 6℃ 감소하여 +9℃가 된다.

만약 기압고도가 3,000ft인 곳에서의 실제 온도가 국제표준대기 온도보다 높다면(예를 들어, +13℃라고 가정하면), 공기밀도는 국제표준대기보다 낮게 된다. 이 경우, 항공기는 국제표준대기에서의 3,000ft보다 더 높은 고도에서 비행하는 것처럼 작용한다. 이때, 국제표준대기 온도에서 1℃의 차이가 발생하면 고도에서 약 120ft의 오차가 생긴다.

따라서 이러한 경우에서 실제 온도는 국제표준대기보다 4℃ 높으므로, 항공기는 기압고도 3,000ft보다 480ft(4×120=480) 높은 곳에서 비행하는 것처럼 작용한다. 이 경우를 밀도고도가 3,480ft라고 표현하며, 이에 따라 항공기의 성능은 저하된다.

5.1.7 섭씨를 화씨로 변환(Convert Between Celsius And Fahrenheit)

현재 다양한 온도 표시방법이 사용되고 있으며, 특히 다른 나라의 상공을 비행할 때는 온도의 표시방법을 변경해야 할 필요가 있을 수 있다. 섭씨(Celsius 또는 Centigrade)

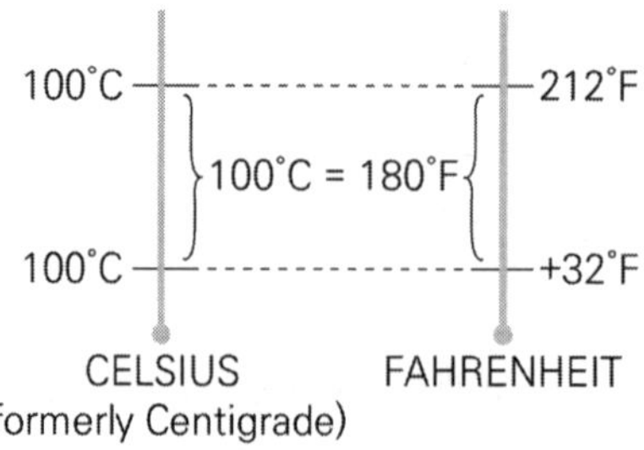

그림 5-6 섭씨와 화씨 비교(Comparing the Celsius and Fahrenheit Temperature Scales)

와 화씨(Fahrenheit)는 둘 다 물의 끓는점과 어는점을 기준으로 한다. 물의 끓는점과 어는점 사이의 차이는 100℃ 또는 180℉로 나타낸다.

1℃는 1℉보다 크며, 이는 180/100 또는 9/5의 비율을 가진다. 두 척도의 시작점은 물의 어는점인 0℃ 또는 32℉이다. 화씨와 섭씨 간의 변환공식은 다음과 같다:

$$℉ = \frac{9}{5} \times ℃ + 32$$

예제 4

20℃를 ℉로 변환하라.

풀이

$℉ = \frac{9}{5} \times 20℃ + 32 = 36 + 32 = 68℉$

이 관계식을 섭씨로 변환하려면, 먼저 양변에서 32를 빼고, 그다음에 양변에 5/9를 곱하면 된다. 그 결과는 다음과 같다:

$℃ = \frac{5}{9} \times ℉ - 32$

예제 5

68℉를 ℃로 변환하라.

풀이

$℃ = \frac{5}{9} \times (68℉ - 32) = \frac{5}{9} \times 36 = 20℃$

> **NOTE**
>
> 시험에서 이 공식을 사용할 수도 있지만, 온도를 변환하는 가장 간편한 방법은 항법컴퓨터(E-6B)를 이용하는 것이다.

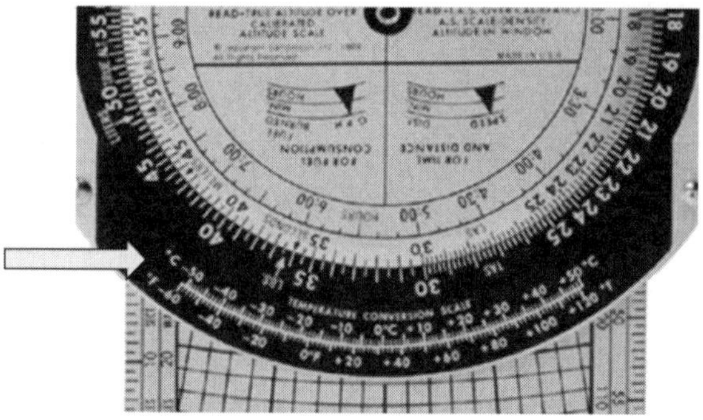

그림 5-7 항법계산기의 온도환산표(Temperature Conversion Scale on a Navigation computer)

5.2 대기의 이동(Atmospheric Circulation)

대류는 기본적으로 지구 표면에 대한 공기의 상대적 이동을 의미한다. 중력의 영향으로 공기는 지구 표면에 끌려 당겨지며, 특별한 외부요인이 없다면 대기는 균형 상태를 유지하게 된다. 그러나 지표면의 불균일한 가열로 인해 대류 현상이 발생하게 되며, 이는 대기 중에서 활발한 에너지 전달을 주도한다.

5.2.1 온도(Temperature)

지구는 태양 주변을 공전하는 동안 태양에서 방출되는 에너지가 지구 표면에 도달하는 각도와 면적이 변하게 된다. 이 변화는 계절의 주요 원인이다. 일반적으로 적도 지역에서

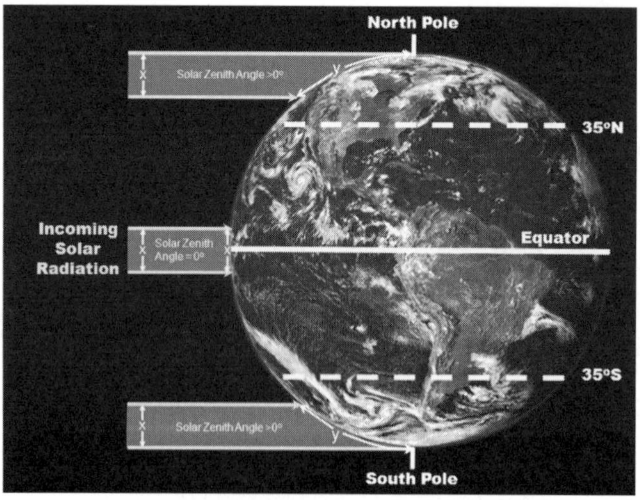

그림 5-8 적도와 극지방의 태양에너지 입사각

는 가장 많은 태양에너지를 받아들이며, 이는 태양광선이 지표면에 대해 거의 수직으로 도달하기 때문이다. 반면 극지방에서는 태양에서 방출되는 에너지의 수용량이 상대적으로 적다. 이는 태양광선이 지표면에 대해 낮은 각도로 도달하기 때문으로, 이러한 현상은 극지방의 기온이 상대적으로 낮게 유지되는 주요 원인 중 하나이다.

5.2.2 대류(Convection)

대류는 열의 이동방식 중 하나로, 특히 부등가열된 지구 표면에서 발생한다. 대기 중에서 열이 한 위도에서 다른 위도로 이동하거나 순환하는 것이 필요한 이유는 이를 통해 기온 차이를 보정하고 효율적인 에너지 분배를 유지하기 위함이다.

공기가 가열되면 그 부피는 팽창하고 밀도는 감소한다. 이로 인해 가벼워진 공기는 상승하게 된다. 반대로, 공기가 냉각되면 그 입자들이 더욱 밀집되며, 이로 인해 밀도가 증가하고 무거워지게 된다. 이렇게 무거워진 차가운 공기는 하강하게 되며, 이런 과정을 통해 대기 중에서의 열 순환이 이루어지게 된다. 이러한 과정을 대류(Convection)라고 한다.

태양 에너지는 적도 지역에서 가장 집중적으로 받아들여지기 때문에 이 지역의 기온은 극지방에 비해 월등히 높게 된다. 이로 인해 극지방에서의 차가운 고밀도 공기가 적도지방으로 내려오게 되고, 이에 따라 적도지방의 가벼운 따뜻한 공기가 상승하게 된다. 이렇게 대류를 통해 열이 극과 적도를 오가며 지구의 기온 분포를 조절하는 역할을 수행한다.

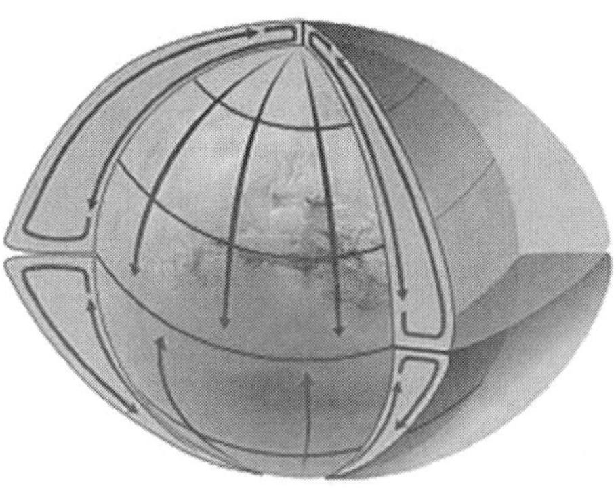

그림 5-9 지구의 자전 효과를 반영하지 않은 대류 현상 패턴

5.2.3 세 가지 대류순환 셀 패턴(Three Cell Circulation Pattern)

지구는 축을 중심으로 자전하며, 이러한 움직임은 대기 내의 순환이 복잡하게 나뉘게 한다. 이를 통해 하나의 큰 대류순환 대신 세 개의 주요 대류순환 셀이 형성된다.

첫 번째 순환 셀은 '해들리셀(Hadley Cell)'이라 불린다. 이는 적도에서 상승한 공기가 극 방향으로 이동하다가 위도 30° 지점에서 하강하는 현상을 의미한다. 이 용어는 18세기에 이러한 순환 패턴을 처음으로 제안한 과학자 해들리의 이름을 딴 것이다. 두 번째 순환 셀은 '페렐셀(Ferrel Cell)'이다. 이는 위도 30°에서 60° 사이의 공기 순환을 설명하며, 대류를 연구한 학자 페렐의 이름을 딴 것이다. 세 번째 순환 셀은 '극셀(Polar Cell)'로, 적도와 위도 60° 사이의 공기 순환을 나타낸다. 이렇게 세 가지 대류순환 셀은 지구의 북반구와 남반구에서 각기 다른 방향으로 움직이며, 이는 지구의 자전 방향과 관련이 있다.

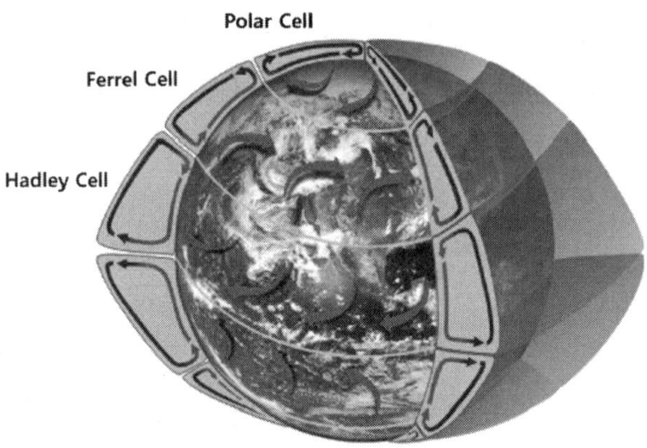

그림 5-10 Three Cell Circulation Pattern

5.2.4 기압경도력(Pressure Gradient Force)

지구 표면의 부등가열은 기온뿐만 아니라 기압에도 영향을 미친다. 이로 인해 각기 다른 위치에서의 기상보고는 종종 서로 다른 기압값을 나타내게 된다. 이러한 기압 차이는 기상학에서 중요한 연구대상이며, 같은 기압값을 가진 지역을 연결한 선을 '등압선(Isobars)'이라고 부른다.

등압선은 기압의 단위인 헥터파스칼(hPa)로 표시되며, 일반적으로 4hPa 간격으로 그려진다. 등압선이 밀집되어 있는 경우, 이는 강한 기압경도(Pressure Gradient)를 나타내며, 반대로 등압선이 넓게 퍼져있는 경우에는 약한 기압경도를 나타낸다.

등압선은 고기압(High), 저기압(Low), 고기압 능선(Ridges), 저기압 골짜기(Trough), 그리고 안장부(Col) 등의 기압시스템을 구별하는 데 도움을 준다. 고기압 지역은 상대적으로 주변보다 기압이 높은 지역을, 저기압 지역은 그 반대를 나타낸다. 고기압 능선은 연장된 고기압 지역을, 저기압 골짜기는 연장된 저기압 지역을 의미한다. 안장부는 두 고기압 지역과 두 저기압 지역 사이에 위치한 지역을 가리킨다.

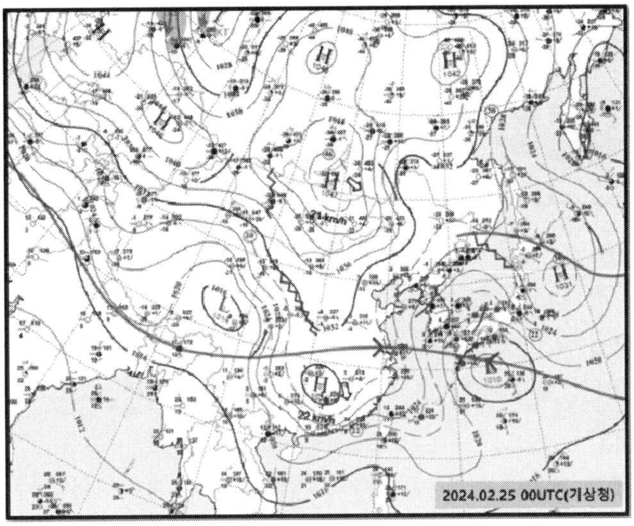

그림 5-11 일기도에 나타난 고기압과 저기압

공기의 흐름은 기본적으로 기압의 차이에 의해 결정된다. 일반적으로, 차가운 고밀도 고기압 지역에서 따뜻한 저밀도 저기압 지역으로 공기가 이동하게 된다. 바람의 세기는 이러한 기압 차이, 즉 기압경도의 크기에 의해 결정된다. 이때, 기압경도가 뚜렷할수록 바람의 세기는 강해지며, 반대로 기압경도가 약할수록 바람의 세기는 약해진다. 이러한 원리를 기압경도력(Pressure Gradient Force)이라고 부른다.

기압경도력이 공기의 움직임에 작용하는 유일한 힘이라면, 바람은 고기압에서 저기압으로 직선으로만 불게 될 것이다. 하지만 실제로는, 바람이 불 때에는 전향력(Coriolis Force) 등의 다른 힘들이 함께 작용하게 된다. 전향력은 지구의 자전에 의해 발생하는 힘으로, 이 힘은 바람의 방향을 휘게 만들어준다. 이로 인해, 공기의 흐름은 직선이 아닌 곡선의 형태를 보이게 된다.

5.2.5 전향력(Coriolis Force)

전향력은 1835년에 이 힘을 처음으로 설명한 프랑스 과학자 코리올리스의 이름에서 유래되었다. 이 힘은 지구 표면 위를 이동하는 모든 물체에 작용하며, 대류나 비행기의 이동 경로를 휘게 만든다. 전향력이 없다면, 이들은 지구의 자전에 의해 영향을 받지 않고 직선으로 이동하게 될 것이다.

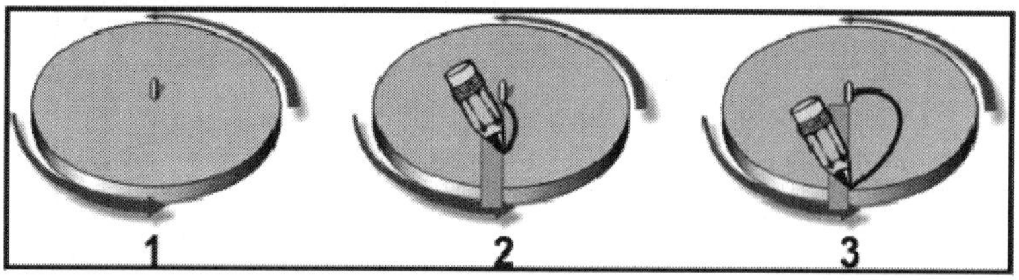

그림 5-12 Illustration Coriolis Force

전향력은 기단과 같이 큰 거리를 이동하는 물체에 더 큰 영향을 미치며, 그 크기는 위도에 따라 변화한다. 극지방에서는 이 힘이 최대로 작용하며, 적도 방향으로 가까워질수록 이 힘은 감소한다.

전향력은 물체가 이동하는 방향에 따라 변화하는데, 북반구에서는 물체의 진행 방향에서 오른쪽으로, 남반구에서는 왼쪽으로 휘게 된다. 또한, 이 힘의 크기는 물체의 속도와 비례한다. 이러한 특성 때문에 전향력은 항공기의 비행경로 계획 및 예보에 중요한 요소로 작용된다.

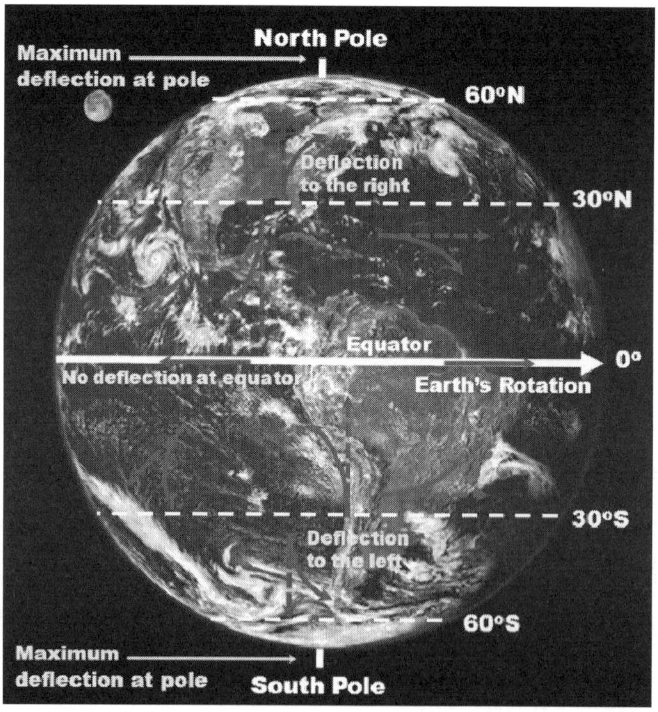

그림 5-13 지구를 가로지르는 전향력의 변화

[그림 5-13]에서 적도지방에서 동쪽이나 서쪽으로 비행하는 항공기는 전향력의 영향을 받지 않을 것이다. 극에 더 가까워질수록 전향력의 힘이 더 확연히 드러난다.

5.2.6 마찰력(Frictional Force)

기압경도력과 전향력이 바람의 발생과 방향을 결정한다. 기압경도력은 공기를 고기압 지역에서 저기압 지역으로 이동시키는 동력을 제공하며, 공기가 이동을 시작하면 전향력이 그 이동을 북반구에서는 오른쪽, 남반구에서는 왼쪽으로 굽히게 한다. 이로 인해 고기압 지역 주변에는 시계방향의 공기 흐름이 생겨나게 된다.

이러한 공기의 틀어짐 현상은 기압경도력과 전향력이 균형을 이루게 되면 멈추게 되며, 이때 바람은 등압선과 거의 평행하게 불게 된다. 반면, 공기가 저기압 지역으로 향할 때에는 반시계방향의 흐름이 나타나게 된다. 이런 현상은 주로 상층 대기에서 관찰된다. 그러나 지상 가까이, 대략 2,000ft 이하의 고도에서는 지면마찰력이 공기의 이동을 느리게 하며, 이로 인해 전향력이 감소한다. 이 때문에 기압경도력은 전향력보다 상대적으로 커지게 되어 바람은 고기압 지역에서 저기압 지역으로 직접 이동하며, 이때의 바람은 등압선과 거의 수직에 가까운 방향으로 불게 된다.

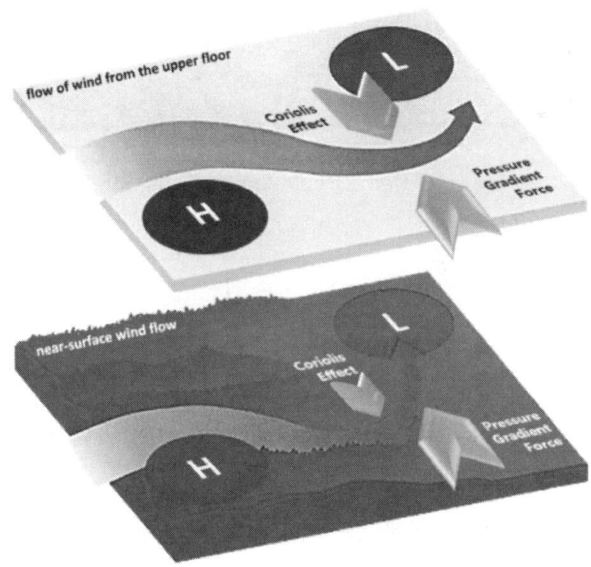

그림 5-14 지면마찰력에 의한 바람 방향의 변화

5.2.7 Global Wind Patterns

열대 지방에서 공기가 상승하고 북쪽으로 이동함에 따라 전향력의 영향으로 오른쪽으로 굽히게 된다. 이 흐름은 대략 북위 30° 지역에서 동쪽 방향으로 전환되며, 이 위도에서 공기가 수렴하게 되어 반영구적인 고기압 지역을 형성하게 된다. 그 결과, 지상에서는 상대적으로 저기압인 적도를 향해 공기가 이동하고, 이 공기는 서쪽으로 굽히게 되어 북동무역풍(Northeast Trade Winds)을 형성하게 된다.

북위 30° 지역에서 북쪽으로 이동하는 저층 공기는 전향력의 영향으로 오른쪽으로 굽히게 되어서 풍을 발생시킨다. 이것은 중위도 지역에서 편서풍(Prevailing Westerlies)을 형성하는 원인이 된다. 극지방에서 남하하는 바람은 오른쪽으로 굽히게 되어 극동풍(Polar Easterlies)을 발생시킨다. 이 극동풍이 상대적으로 따뜻한 편서풍과 만나 반영구적인 저기압대를 북위 60° 지역에 형성하게 된다. 이 지역을 극전선(Polar front)이라 부른다.

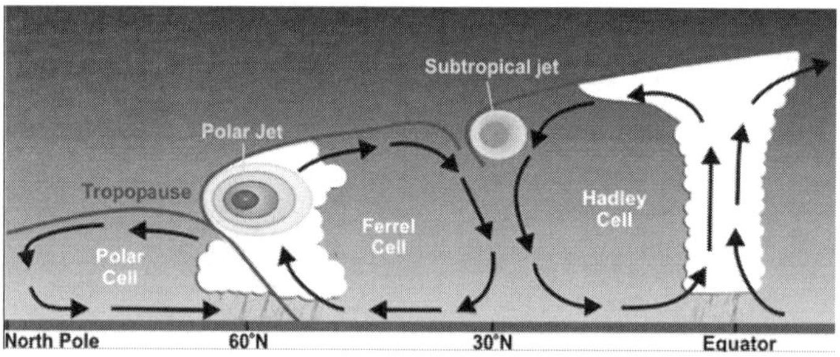

그림 5-15 Three Cell Circulation and Jet Stream Location

5.2.8 대기의 국지적 이동

1) 해풍(Sea Breeze)

해풍(Sea Breeze)은 대기 중의 열 물질 이동에 따른 현상으로, 주로 낮에 관찰된다. 이 현상은 육지와 바다 간의 온도 차이로 인해 발생하며, 이러한 온도 차이는 일간 온도 변동의 결과이다.

일반적으로, 육지는 바다보다 빠르게 가열되고 빠르게 냉각된다. 따라서 낮 동안 육지는 바다보다 상대적으로 따뜻해진다. 이로 인해 육지 위의 공기는 상승하게 되며, 이러한 공기 상승은 바다로부터 냉각된 공기가 육지로 이동하게 되는 공기 흐름, 즉 '해풍'을 생성한다.

해풍은 일반적으로 10Knots에서 20Knots의 속도로 불며, 이는 지역적인 요인과 기상조건에 따라 다소 변할 수 있다. 이러한 해풍은 해안 지역의 기상패턴에 중요한 영향을 미치며, 특히 해안 지역의 온도를 낮추는 데 중요한 역할을 한다.

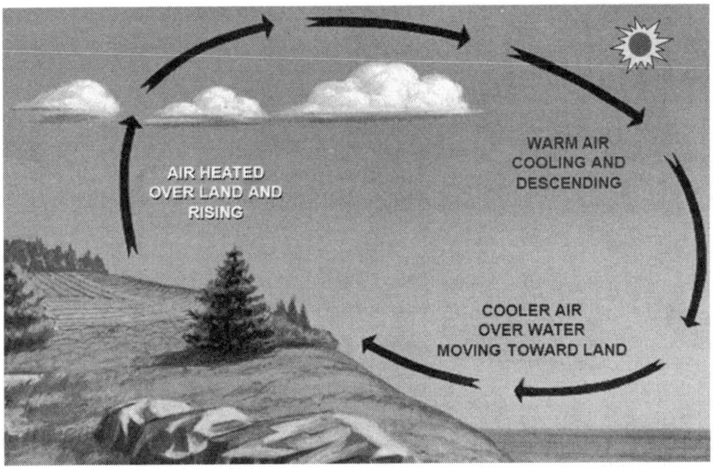

그림 5-16 낮에 부는 해풍

2) 육풍(Land Breeze)

육풍(Land Breeze)은 대기 중의 열 물질 이동에 따른 현상으로, 주로 밤에 발생한다. 이 현상은 육지와 바다 간의 온도 차이로 인해 발생하며, 이는 일(Day) 온도 변동의 결과이다.

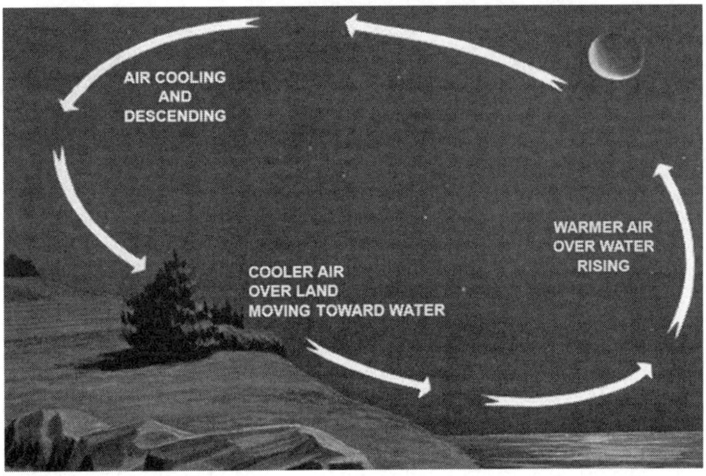

그림 5-17 밤에 부는 육풍

일반적으로, 육지는 바다보다 빠르게 가열되고 빠르게 냉각된다. 따라서 밤 동안 육지는 바다보다 상대적으로 더 차갑다. 이로 인해 육지 위의 공기는 냉각되어 밀도가 증가하며, 이 공기는 바다로 향하게 된다. 이러한 공기의 이동은 바다로부터 따뜻한 공기가 육지로 이동하게 되는 바람, 즉 '육풍'을 생성한다. 육풍은 일반적으로 해풍보다 약하며, 이는 온도 차이가 낮보다 작기 때문이다.

3) 곡풍(Valley Breeze)

곡풍(Valley Breeze)은 산과 골짜기 지역에서 관찰되는 대기 중의 열 물질 이동에 따른 현상이다. 이 현상은 주로 낮에 발생하며, 산과 골짜기의 지형적인 특성과 일간 온도 변동에 의해 발생한다. 낮 동안 산의 경사면은 주변 지역보다 빠르게 가열된다. 이로 인해 산의 경사면에 위치한 공기는 가열되어 밀도가 감소한다. 이러한 밀도 감소는 가열된 공기가 상승하게 되는 공기 흐름, 즉 '곡풍'을 생성한다. 이 곡풍은 골짜기 바닥에서 산의 정상을 향해 불게 된다. 곡풍은 일반적으로 지표면 상단 수백 미터의 고도에서 관찰되며, 풍속은 대략 5Knots에서 20Knots 사이이다.

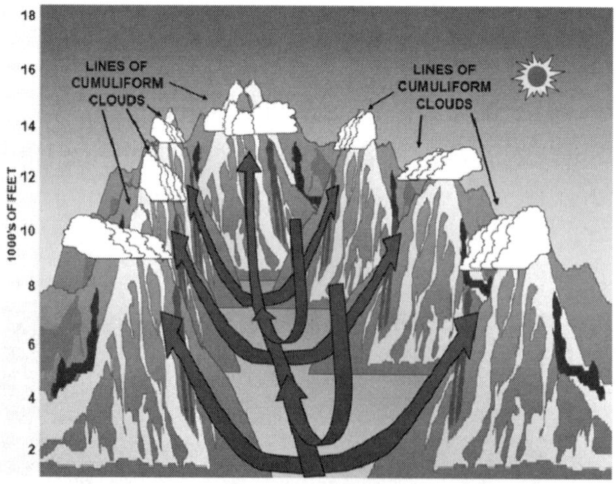

그림 5-18 곡풍

4) 산풍(Mountain Breeze)

산풍(Mountain Breeze)은 밤 동안 발생하는 대기 중의 열 물질 이동 현상이다. 이는 높은 지형이 먼저 냉각되면서 골짜기의 공기보다 더 차갑게 되어, 산을 따라 내려오는 기류를 형성한다.

산풍의 속도는 일반적으로 5Knots에서 15Knots 사이이며, 이는 골짜기의 형태와 크기, 그리고 대기 상태에 따라 다르게 나타난다. 특히, 골짜기의 입구 부분에서는 강한 산풍이 발생하여 때로는 25Knots 이상의 속도로 바람이 불기도 한다.

그림 5-19 산풍

5) 활강풍(Katabatic Winds)

기본적으로 모든 하강 기류는 활강풍(Katabatic Winds)으로 분류될 수 있다. 그러나 일반적으로 활강풍은 산풍보다 강한 바람을 나타낸다. 활강풍은 따뜻한 활강풍과 차가운 활강풍으로 구분되며, 바람의 강도가 매우 강할 경우에는 특별한 이름을 가지기도 한다.

차가운 활강풍(Cold Downslope Winds)은 산에 눈이나 얼음이 쌓여있을 때, 그 지역의 공기가 매우 차갑게 되어 국지적인 고기압을 형성한다. 이 고기압은 기압경도력을 발생시키며, 이 힘이 차가운 공기를 산의 아래로 끌어당긴다. 이 공기는 주변의 공기보다 더 차가워져 중력의 영향을 받아 계속해서 내려간다. 이 공기가 좁은 협곡을 통과하게 되면 속도는 때때로 100Knots를 초과하기도 한다.

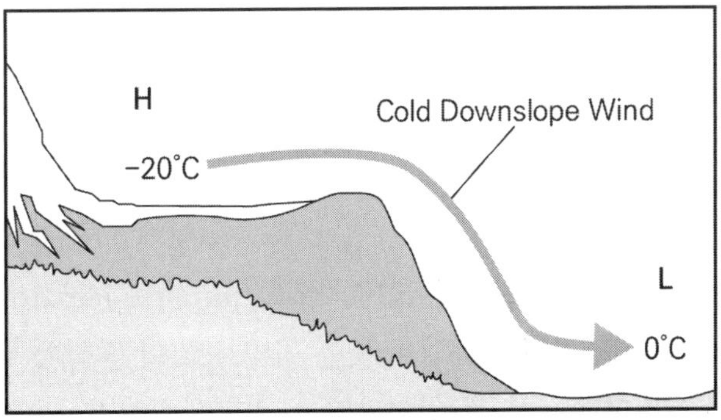

그림 5-20 차가운 활강풍

따뜻한 활강풍(Warm Downslope Winds)은 고도가 높은 지역에서 따뜻한 바람이 산을 가로질러 내려올 때 발생한다. 이 바람은 산의 경사면에 저기압을 형성하며, 이 현상이 바로 활강풍을 발생시킨다. 따뜻한 바람은 기온을 시간당 20℃ 이상 올릴 수 있다. 이러한 따뜻한 활강풍의 속도는 일반적으로 20Knots에서 50Knots 사이이다. 그러나 특별한 상황에서는 속도가 100Knots에 이를 수도 있다.

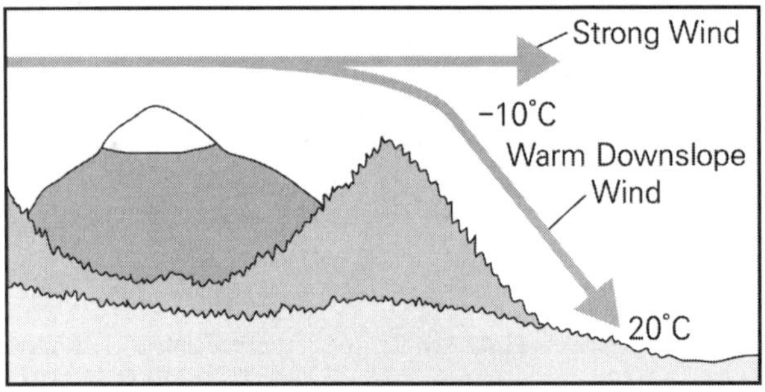

그림 5-21 따뜻한 활강풍

5.3 기상현상(Weather Patterns)

5.3.1 대기안정성

안정성은 공기의 수직 운동에 대한 저항을 의미한다. 안정된 공기는 수직 방향으로 움직이는 것이 어렵다는 것을 나타내며, 이는 공기가 수직으로 완전히 움직이지 않는 것이 아니다. 대부분의 경우 안정된 공기에서의 수직 운동은 매우 제한적이어서 부드러운 공기 흐름이 나타난다. 반면, 불안정한 공기에서는 대류 현상이 활발하게 일어난다. 공기가 주변보다 따뜻하기 때문에 상승하게 되며, 이로 인해 불안정한 공기에서의 수직 운동은 많아지고 공기 흐름이 급격히 변화하게 된다. 이러한 불안정성은 구름 생성, 난류 발생, 그리고 위험한 기상 현상을 유발할 수 있다.

상승하는 공기는 팽창하므로 기압이 낮아진다. 반면, 공기가 하강하면 주변의 증가된 기압으로 압축되게 된다. 이러한 기압의 변화에 따라 기온도 변화하게 되며, 이는 건조한 공기의 팽창과 수축에 의한 단열가열 또는 단열냉각 현상에 의해 발생한다.

단열냉각(Adiabatic Cooling) 또는 단열가열(Adiabatic Heating)은 공기가 상승하거나 하강할 때 발생한다. 공기가 기압이 낮은 지역으로 이동하면, 부피가 커지게 되고, 이에 따라 기온이 감소한다. 이처럼 일정량의 공기가 상승하면서 기압이 감소하고 부피가 증가하면 기온은 감소하게 된다. 반대로 공기가 하강할 때는 반대의 현상이 일어난다. 이러한 기온 변화의 비율을 감률(Lapse Rate)이라고 부르며, 공기가 상승할 때의 평균 감률은 1,000ft당 약 2℃이다.

습한 공기는 상승하면서 주변 공기의 온도보다 더 늦게 기온이 떨어지므로, 건조한 공기보다 불안정하다. 건조 공기의 체감률(불포화 공기)은 1,000ft당 약 3℃이며, 습한 공기의 체감률은 1,000ft당 약 1.1℃에서 2.8℃이다. 이처럼 수분은 공기의 밀도를 낮추어 공기를 상승시키는 반면, 수분이 감소하면 공기의 밀도가 증가하여 공기를 하강시킨다.

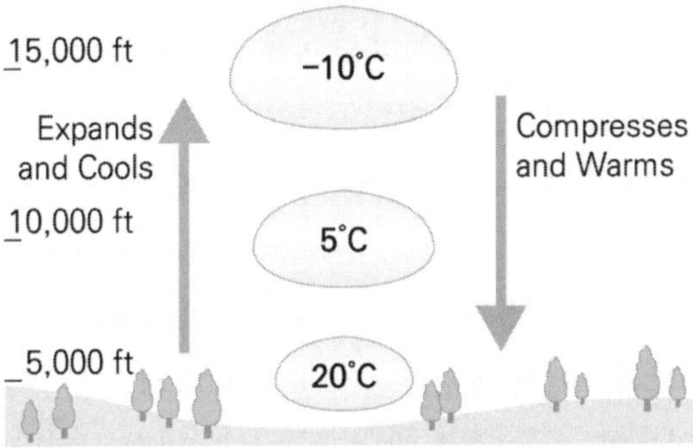

그림 5-22 1,000ft에 3°C씩 줄어드는 불포화 공기

온도와 습도의 복합적인 영향으로 공기의 안정성과 기상 현상이 결정된다. 가장 불안정한 상태의 공기는 공기가 따뜻하고 습도가 높을 때 발생한다. 이런 상황에서는 열대 지역에서 매일 발생하는 뇌우와 같은 기상 현상이 대표적으로 나타나게 된다. 반면에, 차가우면서도 건조한 공기에서는 공기의 수직 운동이 제한되므로 매우 안정적인 상태를 유지한다.

5.3.2 기온역전층

일반적으로 고도가 높아질수록 기온은 감소하지만 때때로 그 반대의 현상이 발생하기도 한다. 고도가 높아짐에 따라 기온이 증가하는 현상을 '기온역전'이라고 한다. 기온역전층은 주로 얇은 층으로, 지표면 근처에서 발생한다. 이 층은 공해 물질이나 기상 현상을 가두는 역할을 하며, 기온역전층 아래에서는 안개나 연기, 낮은 구름으로 인해 시정이 제한되는 경우가 많다.

기온역전은 대체로 안정된 공기 상태에서 바람이 거의 불지 않을 때 발생한다. 바람이 불지 않고 하늘이 맑은 날 밤에는 지표면이 냉각되면서 주변의 공기도 함께 냉각된다. 이로 인해 지표면에서 수백 ft 위의 공기가 그 위쪽의 공기보다 더 차갑게 된다. 또한, 기온 역전은 차가운 공기가 따뜻한 공기의 아래쪽을 밀어내며 들어올 때도 발생한다.

5.3.3 습기

열대 우림 지역의 습도는 전체 대기 중에서도 작은 부분을 차지하고 있음에도 불구하고, 그것이 항공에 위험 기상 현상을 만드는 결정적인 요소가 된다. 일반적으로, 공기가 습해질수록 위험 기상 현상이 발생하고, 반면에 공기가 건조하면 날씨는 좋아진다.

물은 고체, 액체, 기체의 세 가지 상태로 존재하며, 이 세 가지 상태는 대기 내에서 모두 존재하고 다른 상태로 변화한다. 이 변화 과정은 증발, 응축, 승화, 용해, 결빙을 통해 이루어지며, 각 과정에서는 열이 교환된다.

증발(Evaporation)은 물이 액체 상태에서 보이지 않는 기체인 수증기 상태로 변하는 과정이며, 이때 주변에서 열을 흡수한다. 이러한 열 교환 현상은 증발잠열(Latent Heat)로 알려져 있다. 증발의 반대과정인 응축(Condensation)은 수증기가 액체 상태로 변할 때 발생하며, 이때 증발과정에서 흡수했던 열을 방출하게 된다. 이때 방출되는 열은 응축잠열이라고 알려져 있으며, 이는 구름 발달에 중요한 역할을 한다.

승화(Sublimation)는 직접적으로 고체인 얼음이 증기 상태가 되는 과정을 의미하며, 이와 반대로 증기가 직접 얼음 상태가 되는 과정을 역승화(Deposition)라고 한다. 이 두 과정에서는 액체 상태를 건너뛴다.

얼음이 물로, 또는 물이 얼음으로 변하는 과정은 각각 용해와 결빙이라고 하며, 이 과정에서의 열 교환은 매우 미미하여 기상에 큰 영향을 미치지 않는다.

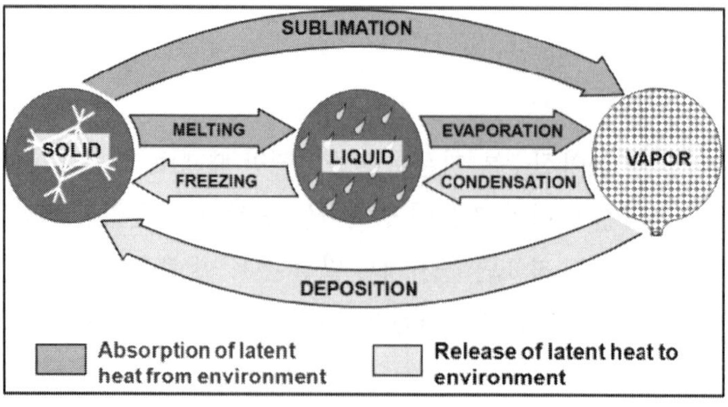

그림 5-23 물의 상태 변화

5.3.4 상대습도(Relative Humidity)

습도는 공기 속에 포함된 수분의 양을 나타낸다. 상대습도(Relative Humidity)는 특정 온도에서 공기가 최대로 수용할 수 있는 수분량에 대한 현재 수분량의 비율이다. 따라서 상대습도는 공기 중의 현재 수증기의 양을 직접적으로 반영하는 것은 아니다.

예를 들어, 알래스카에서의 온도가 -4℉이고 상대습도가 100%라면, 이는 해당 온도에서 공기가 수용할 수 있는 최대 수분량을 모두 포함하고 있다는 것을 의미한다. 그러나 이 수분량은 플로리다에서의 68℉에서의 공기가 수용할 수 있는 수분량의 1/4에 불과하다. 이는 온도가 높을수록 공기가 더 많은 수분을 수용할 수 있기 때문이다.

5.3.5 이슬점(Dew Point)

이슬점은 공기가 더 이상 수분을 수용할 수 없게 되는 특정 온도를 의미한다. 이슬점에 이르면 공기는 해당 온도에서 수용가능한 수분의 최대치, 즉 100%를 담게 되며, 이를 포화 상태라고 한다. 상대습도와 이슬점은 모두 수분과 온도와 관련이 있다.

대류 현상으로 인해 따뜻하고 습한 공기가 상승하면 공기의 기온이 이슬점에 도달하는 지점에서 구름이 형성된다. 공기가 상승하면서 불포화 상태의 공기의 온도는 대략 1,000ft당 5.4℉ 감소하고, 이슬점은 1,000ft당 1℉씩 떨어진다. 따라서 온도와 이슬점 간의 감소량은 약 1,000ft당 4.4℉이다.

이 값은 구름의 하부 경계를 추정하는 데 사용될 수 있다. 예를 들어, 지상의 온도가 80℉이고 이슬점이 62℉라면, 두 값의 차이는 18℉이다. 이 차이를 4.4℉로 나누면 약 4가 되므로, 구름의 하부 경계가 대략 4,000ft 위치에 형성됨을 알 수 있다.

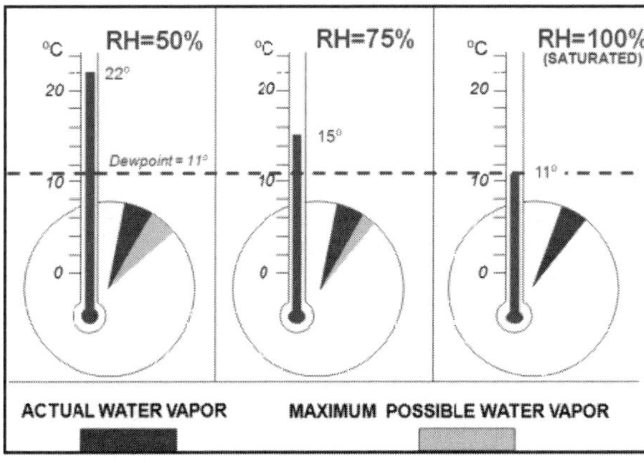

그림 5-24 이슬점과 상대습도

5.3.6 이슬(Dew)과 서리(Frost)

서늘하고 바람이 불지 않는 밤에는 지상의 물체 표면이 주변 공기의 이슬점보다 낮은 온도로 냉각될 수 있다. 이때, 공기 중의 수증기는 직접 물체의 표면에 응축되어, 우리가 아침에 풀잎에서 볼 수 있는 이슬을 형성한다.

서리는 물 입자가 물체의 표면 온도가 어는점보다 낮을 때 발생한다. 늦가을에서 초봄 사이 이른 아침에 비행기 표면에서 서리를 쉽게 발견할 수 있다.

서리는 비행에 부정적인 영향을 미친다. 이는 서리가 날개 위의 공기 흐름을 방해하고, 이로 인해 공기가 날개에서 일찍 이탈하게 되어 항력을 증가시키고, 양력을 감소시키기 때문이다. 따라서, 비행 전에는 반드시 서리를 제거해야 한다.

5.3.7 구름(Clouds)

공기가 포화 상태에 이르면 승화나 응축 과정을 통해 보이지 않던 수증기가 눈에 보이는 상태로 변화한다. 이렇게 변화된 수분들이 구름이나 안개를 형성하는 것이다. 구름은 아주 작은 물방울 또는 매우 낮은 기온에서는 얼음결정(Ice Crystals)으로 구성된다. 이 작은 물방울들은 공기 중의 미세한 입자(particle)들에 응축되거나 승화하게 된다.

이런 미세입자들을 우리는 응축핵(Condensation Nuclei)이라고 부른다. 이 응축핵에는 먼지, 바다에서 날아온 소금 입자, 연소 과정에서 남은 물질 등이 포함된다. 구름이 지표면 부근에서 형성되면, 우리는 이를 안개라고 부른다.

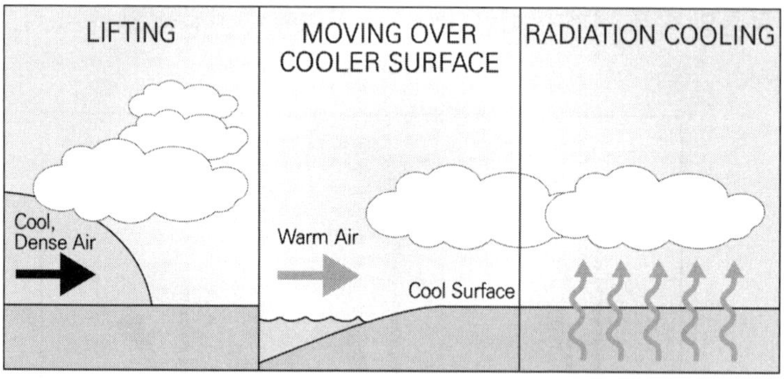

그림 5-25 구름의 생성

구름은 공기가 포화 상태에 이르면서 생성된다. 지표면의 기온과 이슬점 사이의 차이(Temperature/Dew point spread)를 관찰함으로써, 저고도의 구름이나 안개 발생을 예측할 수 있다. 이 차이가 4 이하일 경우, 공기는 포화 상태에 가까워져 저고도에 구름이나 안개가 발생할 가능성이 높아진다.

5.3.8 구름의 종류

구름은 하늘의 기상예보이다. 기상관측자들은 구름의 특성을 통해 현재와 미래의 기상정보를 파악할 수 있다. 구름은 그 성질과 발생 고도에 따라 크게 상층운(High clouds), 중층운(Middle clouds), 하층운(Low clouds), 수직운(Clouds with vertical development) 등 네 가지 유형으로 분류한다.

일반적으로, 구름의 유형은 라틴어 용어로 표현한다. 예를 들어, 'Stratus'라는 이름의 구름은 이불처럼 펼쳐진 층을 형성하며, 이는 '층'이라는 뜻이다. 'Cumulus'는 '누적'을 의미하며, 이는 볼록볼록한 모양의 구름을 나타낸다. 'Cirrus'는 '작은고리'를 의미하며, 이는 가늘고 희미한 구름을 가리킨다. 비를 동반한 구름의 이름에는 'nimbus'라는 접두어나 접미어가 붙는데, 이는 '맹렬한 비'를 의미한다.

1) 하층운(Low Clouds)

하층운은 지상으로부터 약 2,000m(6,500ft) 높이까지 분포하는 구름이다. 이러한 구름은 주로 물방울로 이루어져 있지만, 때때로 비행에 위험을 줄 수 있는 과냉각된 물방울을 포함하고 있다. 하층운에는 'Stratus', 'Stratocumulus', 'Nimbostratus'의 3가지 종류가 있다. 이들 각각은 구름의 모양과 특성에 따라 이름이 붙여져 있다.

그림 5-26 여러 종류의 하층운들

층운(Stratus, St)은 지상 부근에서 냉각되는 안정한 공기 중에서 형성되는 저층구름이다. 이 구름은 회색으로 일정한 형태를 띠며, 범위가 넓다. 난류의 발생가능성은 낮지만, 저시정과 낮은 구름 높이 때문에 시야를 제한할 수 있다. 온도가 어는점에 가깝거나 이보다 낮을 경우 착빙의 위험도 존재한다. 층적운(Stratocumulus, Sc)은 흰색의 뭉텅이 모양의 구름으로, 안정한 공기가 상승하면서 형성된다. 층운층이 깨어지거나 적운(Cumulus)이 넓게 퍼질 때 주로 발생한다. 난층운(Nimbostratus, Ns)은 어두운 회색 색상의 구름으로, 수천 ft의 두께를 가진다. 이 구름은 많은 양의 수분을 함유하고 있으며, 넓은 지역에 비나 눈을 내린다. 기온이 어는점에 가깝거나 이보다 낮을 때는 상당한 착빙을 유발할 수 있다.

원칙적으로, 안개는 지상에서 15m(50ft) 이하 높이에 존재하는 하층운이다. 안개가 6 m(20ft) 이하의 두께를 가지면 땅안개라고 부른다. 안개는 형성되는 방식에 따라 분류된다.

복사안개(Radiation Fog)는 맑고, 바람이 없으며, 습도가 높은 밤에 평평한 지역에서 발생한다. 지표면이 복사에 의해 냉각되면서 주변 공기도 냉각되어 이슬점에 이르면 복사안개가 형성된다. 복사안개는 대체로 고기압 상의 안정한 공기에서 주로 발생한다. 아침에 기온이 상승하면 복사안개는 상승하여 사라진다. 복사안개 위에 구름층이 존재할 경우 시정이 상대적으로 늦게 개선될 수 있다.

그림 5-27 복사안개(Radiation Fog)

이류안개(Advection Fog)는 따뜻하고 습한 공기가 더 차가운 육지 위로 이동할 때 발생한다. 특히 바람이 따뜻한 바다에서 차가운 육지로 불어오는 해안 지역에서는 이류안개가 쉽게 형성된다. 약 15Knots의 바람은 안개 현상을 악화시키며, 15Knots를 초과하는 바람은 안개를 들어올려 하층운을 형성하게 한다.

활승안개(Upslope Fog)는 습하고 안정된 공기가 경사면을 따라 상승하면서 발생한다. 이류안개와 마찬가지로 구름이 많은 날씨에 일정 수준 이상의 바람이 불어야 형성된다.

증기안개(Steam Fog)는 차가우면서도 건조한 공기가 따뜻한 수면 위로 이동할 때 발생한다. 따뜻한 물은 증발하여 공기 중으로 상승하며, 이는 연기와 비슷하게 보인다. 증기안개는 주로 물방울로 이루어져 있지만, 때로는 얼어서 물로 떨어지기도 한다. 이로 인해 항공기에 착빙이 발생하여 위험을 초래할 수 있다. 또한, 증기안개 지역에서 항공기는 하층난류를 만날 수 있다. 이는 증기안개가 대체로 불안정한 공기 중에서 형성되기 때문이다.

그림 5-28 증기안개(Steam Fog)

2) 중층운(Middle Clouds)

중층운은 대략 2,000m(6,500ft)에서 7,000m(23,000ft) 사이의 고도에 위치한다. 이 구름은 물방울, 얼음결정, 그리고 과냉각된 물방울 등으로 이루어져 있으며, 중 정도의 난류와 심한 착빙 현상을 동반할 수 있다. 중층운에는 주로 'Altostratus'와 'Altocumulus'가 포함된다.

고층운(Altostratus, As)은 평평하고 밀집된 구름으로, 넓은 범위를 덮는다. 이 구름은 회색 또는 옅은 회색을 띠며, 난류는 약하지만 상당한 착빙 현상을 유발할 수 있다.

고적운(Altocumulus, Ac)은 회색 또는 흰색을 띠는 구름으로, 'Altostratus'가 해체되기 시작할 때 일정한 패치 형태를 보인다. 이 구름은 넓은 범위를 덮으며, 약간의 난류와 과냉각된 물방울을 포함할 수 있다.

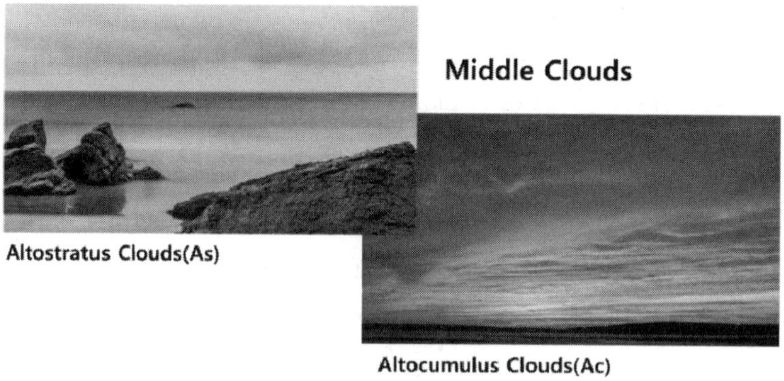

그림 5-29 중층운은 6,500ft부터 23,000ft 사이에 생긴다.

3) 상층운(High Clouds)

상층운은 대략 7,000m(23,000ft) 이상의 고도에서 형성된다. 이 구름은 대체로 흰색 또는 옅은 회색을 띠며, 안정된 공기 조건에서 발생한다. 상층운은 주로 얼음결정으로 구성되어 있으며, 일반적으로는 난류나 착빙 현상을 유발하지 않는다. 상층운에는 'Cirrus', 'Cirrostratus', 그리고 'Cirrocumulus'로 세 가지 유형이 있다.

그림 5-30 여러 종류의 상층운

권운(Cirrus, Ci)은 고고도의 안정된 공기 중에서 형성된다. 이 구름은 작고 희미하며, 대략 9,000m(30,000ft) 이상의 고도에서 발생한다. 희미한 회색 또는 흰색을 띠며, 패치나 좁은 밴드 형태로 나타난다. 때때로 뇌우의 꼭대기 부분에서 분리되어 내려오는 경우가 있어 이는 종종 악화되는 기상조건의 전조로 간주된다.

권층운(Cirrostratus, Cs)은 얇고 흰색의 구름으로 긴 밴드 형태를 띠고 있다. 이 구름은 수천 ft의 두께를 가질 수 있지만, 수분 함량이 상대적으로 적어 착빙 위험은 거의 없다.

권적운(Cirrocumulus, Cc)은 솜털처럼 생긴 흰색의 패치 형태의 구름이다. 이 구름은 고고도에서 발생하는 얕은 대류 현상에 의해 형성되며, 약간의 난류를 유발할 수 있다.

4) 수직운(Clouds with Vertical Development)

수직운(Clouds with Vertical Development)은 평평한 운저(Cloud Base)를 가진 패치 형태의 흰 구름인 'Cumulus'에서 시작하여, '격상 Cumulus' 또는 심지어 'Cumulonimbus'로 발전하는 구름을 말한다. 이러한 구름의 운저는 일반적으로 하층 구름이나 중층 구름의 운저와 같은 고도에서 발견되며, 꼭대기는 상층 구름의 고도에 달할 수 있다. 수직운은 종종 다른 형태의 구름과 겹치는 경우가 있는데, 이와 같은 상황을 'Embedded'라고 부른다.

적운(Cumulus, Cu)은 지표면의 대류 현상에 의해 형성된다. 이 구름의 운저는 평평하고 돔 모양을 띠며, 맑은 날에는 넓은 범위에 걸쳐 발생한다. 이러한 적운은 얇은 층의 난류를 보여주며, 난류는 존재하지만 착빙 현상이나 강우는 거의 발생하지 않는다.

탑적운(Towering Cumulus, TCu)은 엄청난 양의 솜과 양배추 모양의 꼭대기를 가진 것처럼 보인다. 색상은 꼭대기 부분이 희고 운저 부분이 회색이다. 상당한 두께의 불안정층이 존재하여 심한 난류와 착빙 현상이 발생하며, 대부분은 뇌우로 발전한다.

적난운(Cumulonimbus, Cb)은 뇌우로 불리며, 엄청난 규모의 불안정층이다. 이 구름은 엄청난 양의 수분을 함유하고 있으며, 비행과 관련된 많은 위험요소를 포함하고 있다.

그림 5-31 여러 종류의 수직운

5.3.9 강우(Precipitation)

강우는 하늘에서 떨어지는 고체 또는 액체 상태의 입자들을 의미한다. 이는 땅까지 도달하거나 떨어지는 도중에 증발하는 경우에도 마찬가지이다. 강우는 항공기상에 큰영향을 미치며, 시정을 감소시키고 엔진 성능에 영향을 미치는 등 항공기의 운용에 다양한 영향을 미친다. 또한, 강우는 제동거리를 증가시키며, 비행기의 속도와 방향에도 큰 영향을 미친다. 특히, 일부 경우에서는 강우가 비행기에 닿는 순간 얼어붙어 날개의 공기 흐름에 영향을 미치는 경우도 있다.

1) 강우의 요인들

강우는 공기가 포화 상태에 이를 때 발생하지만, 모든 구름이 강우를 생성하는 것은 아니다. 강우가 발생하려면 물이나 얼음 입자가 공기 중에서 더 이상 지탱될 수 없을 만큼 커져야 한다. 이런 강우가 일어날 수 있는 크기로 커지는 세 가지 방법이 있다.

첫 번째는 수증기가 응축하거나 고체로 승화하는 과정에서 물방울이나 얼음결정이 생성되고, 이들이 계속해서 커져 구름에서 떨어질 정도로 커진다.

두 번째는 '융합(Coalescence)'이라는 과정으로, 이는 초기 구름 입자의 크기가 다를 때 일반적으로 발생한다. 큰 물방울은 더 빨리 떨어지며, 작은 물방울과 충돌하면서 커진다.

하지만 위 두 가지 방법은 구름이 일반적으로 지닌 수명 동안에 많은 양의 강수를 생성하기에는 너무 느린 방법이다. 따라서 '얼음결정과정(Ice crystal process)'이라는 효율적인 세 번째 방법이 주로 사용된다. 이 방법은 구름이 어는점 이하의 온도에서 존재하는 중위도와 고위도에서 발생한다. 이러한 구름은 얼음결정뿐만 아니라 물방울도 함유하고 있다. 놀랍게도, 물방울은 어는점 이하에서도 존재할 수 있다. 실제 연구에서는 특정 조건하에서 물방울이 -40°C에서도 존재할 수 있음을 밝혔다. '얼음결정과정'에서는 증발하는 물방울에서 나온 수증기가 얼음결정이 상대적으로 짧은 시간에 강우를 생성할 수 있는 크기로 자라도록 돕는다.

2) 강우의 종류

강우가 떨어질 때 구름 밑의 조건에 따라서 여러 가지 다른 형태로 변화한다. 눈이나 비 이외에도 이슬비(Drizzle), 싸락눈(Ice pellets), 우박(Hail) 등이 있다.

(1) 이슬비(Drizzle, DZ)와 비(Rain, RA)

이슬비는 직경이 0.5mm 이하인 매우 작은 물방울로 구성되어 있다. 주로 안개나 하층운과 관련이 있다. 물방울의 직경이 0.5mm 이상이 되면, 이를 '비'라고 분류한다. 비는 일반적으로 일정한 속도로 떨어지며, 점차적으로 멈춘다.

이슬비로 인한 강수량은 1시간에 1mm 이상이 되는 일은 드물다. 시정은 비가 내릴 때보다 더욱 나쁜 것이 특징이다. 그러나 고층운이나 난층운에서 내리는 가는 비를 이슬비로 취급해서는 안 된다.

소나기는 비가 갑자기 강하게 내리다가 빠르게 멈추는 현상을 말한다. 소나기는 물방울이 크고 강도가 높으며, 짧은 시간 동안에 내리는 특성이 있다. 이는 주로 적운 또는 뇌우와 연관이 있다.

일부 경우에서는 강우가 땅에 도달하기 전에 급격히 증발하는 경우도 있다. 이러한 현상에서는 빗줄기가 마치 하늘에 매달린 것처럼 보이며, 이를 'Virga'라고 부른다.

그림 5-32 비가 땅에 닿기 전에 증발해버리는 Virga

따뜻한 비나 가랑비가 지표면 근처의 차가운 공기를 통과하면서 강우로부터 증발한 수증기가 차가운 공기를 포화시켜 'Precipitation-Induced Fog'를 발생시킬 수 있다. 이런 안개는 농도가 높고, 비가 그치기 전까지는 해소되지 않는다.

과냉각 물방울은 비행기, 나무, 전선 등의 물체에 닿으면 얼어붙는 것을 제외하고는 일반 강우와 유사한 특성을 가지고 있다. 과냉각 물방울은 도로에 '살얼음'을 형성할 수 있는데, 이는 검은 포장도로 위에 투명한 얼음(Black ice: Clear Ice on Black Pavement)이 형성되는 현상을 말한다. 이는 항공기의 지상 운영에 위험요소를 초래할 수 있다.

(2) 얼음싸라기(Ice Pellets, PL)와 우박(Hail, GR)

비가 기온역전층을 통과하면서 저층의 차가운 공기를 통과할 때 얼어서 '싸락눈'이 될 수 있다. 이는 비가 떨어지는 도중에 얼음공으로 변하는 현상을 말한다.

어떤 경우에는 구름 속에서 이미 얼어있는 물방울이 강한 상승 기류에 의해 더 높이 상승하게 된다. 이때, 다른 물방울들과 충돌하면서 점점 커지게 된다. 결국에는 이 얼음공이 너무 커져서 상승 기류로는 더 이상 지탱할 수 없게 되어, '우박'이 되어 떨어지게 된다. 우박은 직경이 최대 5mm이며, 중량은 최대 700g까지 증가할 수 있다.

(3) 눈(Snow)

눈은 얼음결정으로 구성되어 있다. 눈과 '소낙눈'은 강수량과 강도에 따라 소나기와 같은 방식으로 구분된다.

'싸락눈(Snow Grains, SG)'은 이슬비가 얼어 형성된 것으로, 작고 희며 불투명한 특성을 가진다. 이는 싸락눈과는 달리 평평한 모양을 가지며, 땅에 닿았을 때 튀지 않는다.

권운에서 떨어지는 얼음결정은 'Fallstreaks'라고 불린다. 이는 'Virga'와 비슷한 현상으로, 얼음결정이 떨어지면서 땅에 닿기 전에 승화하는 과정을 말한다.

그림 5-33 얼음결정이 땅에 닿기 전에 승화되는 Fallstreaks

5.3.10 기단(Airmasses)

기단은 기상학적으로 동질성의 특성을 가진 대기의 대규모 덩어리를 정의한다. 이는 온도, 습도, 수증기 함량 등의 특성이 수백에서 수천 킬로미터에 걸쳐 상당히 균일하게 유지된다. 이러한 기단은 공기가 일정 기간 동안 특정 지역에서 정체되면서 그 지역의 지표면 특성을 흡수할 때 형성된다. 대기가 해당 지역의 지표면 온도와 습도를 취하게 되면, 기단은 그 지역의 기후 특성을 반영하게 된다. 이러한 과정을 통해 기단은 특정 지역의 기후 조건을 다른 지역으로 전달하는 매개체 역할을 수행한다.

1) 기단의 발원지

기단의 발원지는 그 특성을 결정하는 지역으로 이해할 수 있다. 이상적인 기단의 기원지는 일정한 지질학적 특성과 온도를 가진 광대한 지역이며, 이곳에서 기단은 그 온도와 습도 특성을 획득한다. 기단이 기원지에서 머무는 동안, 그곳의 특성을 반영하는 기상 조건을 취하게 된다.

기단 생성에 가장 유리한 지역은 공기 순환이 반영구적인 고기압을 형성하는 지역이다. 이러한 지역에는 극지방(빙하가 덮인 지역), 열대 지역, 사막 지역 등이 포함된다. 반면, 중위도 지역은 발원지로서는 적합하지 않다. 이는 중위도 지역에서는 편서풍의 영향으로 열대기단과 극기단이 혼합되는 경향이 있기 때문이다.

2) 기단의 분류

기단의 분류는 그 발원지에 따라 결정된다. 일반적으로 기단은 기온 특성에 따라 극(Polar)과 열대(Tropical)로, 수분 함량에 따라 대륙성(Continental)과 해양성(Maritime)으로 구분된다.

대륙성 극기단은 극지방에서 발생하며, 이는 차가우면서도 건조하고 안정적인 공기를 특징으로 한다. 안정된 공기는 대체로 층운(Stratus) 형태의 구름을 형성하며, 시정이 낮고 공기의 흐름이 부드럽다. 이러한 기단은 지속적인 강우를 동반하는 경우가 많다.

반면, 해양성 열대 기단은 바다 위에서 발생하며, 이는 따뜻하고 습도가 높으며 불안정한 공기를 특징으로 한다. 이러한 따뜻한 공기의 불안정성은 적운형(Cumuliform) 구름의 발달을 촉진하며, 소나기와 난류를 수반한다. 또한, 이러한 기단은 일반적으로 시정이 좋다.

3) 기반의 성질 변화

기단이 기원지를 떠나 이동하면서 그 이동 경로에 위치한 지역의 온도 및 습도 조건에 영향을 받아 그 특성이 변화한다. 이러한 기단의 변화 정도는 여러 요인에 의해 결정되는데, 이에는 기단의 이동 속도, 통과하는 지역의 특성, 기단의 두께, 기단과 그 기단이 통과하는 지역 간의 온도차 등이 포함된다.

4) 하층으로부터 가열

기단이 상대적으로 따뜻한 표면을 통과하게 되면, 기단의 하층 부분이 가열되어 수직 대류가 활발해진다. 이에 따라 기단의 상태는 주변 온도와 습도 조건에 따라 매우 불안정해질 수 있다.

그림 5-34 하층으로부터의 가열

예를 들어([그림 5-34]), 캐나다로부터 남하하는 대륙성 한랭 기단이 상대적으로 따뜻한 오대호를 통과하게 되면, 이 기단은 호수로부터 열과 습기를 받아 매우 불안정한 상태로 변화하게 된다. 이렇게 변화한 기단은 '호수 효과(Lake Effect)'를 일으키며, 이로 인해 호수의 반대편 지역에 많은 양의 눈을 떨어뜨리게 된다.

5) 하층으로부터 냉각

기단이 상대적으로 차가운 지역을 통과하게 되면, 기단의 하층 부분이 냉각되어 수직 대류가 억제된다. 이로 인해 공기의 안정성이 증가하게 된다. 만약 공기가 이슬점까지 냉각되면, 기온 역전층이 생기고 이는 안개나 저층운의 발생을 촉진한다.

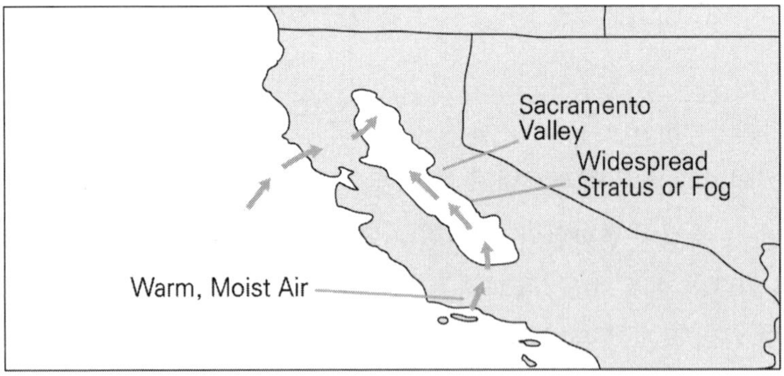

그림 5-35 하층으로부터의 냉각

또한, 하층에서의 냉각은 기온 역전층을 형성하게 되며, 이로 인해 낮은 운고와 낮은 시정이 장기간 지속될 수 있다. 이러한 현상은 겨울철에 따뜻하고 습윤한 태평양 공기가 캘리포니아의 세크라멘토 계곡을 통과할 때 잘 관측된다. 이 공기는 하층에서 냉각되며, 이슬점에 도달해 넓은 범위의 구름이나 안개를 발생시키고, 이는 몇 주 동안 지속될 수 있다. 이는 공기의 안정성을 더욱 증가시킨다.

5.3.11 전선(Fronts)

기단이 그 발원지를 떠나면 다른 성질을 가진 기단과 조우하게 된다. 기단 간의 경계선을 전선(Fronts)이라고 한다. 전선은 기단 간의 상호작용이 일어나는 지역으로, 이곳에서는 기상 현상이 빠르게 변화하며 종종 극심한 기상 조건을 초래한다. 전선 주위의 기상은 비행에 위험하므로 연관된 날씨에 대한 정확한 이해가 필요하다.

1) 전선의 종류

기상학에서 전선은 두 기단의 경계를 지칭하며, 그 특성은 주로 기단 간의 온도 차이에 의해 결정된다.

한랭전선(Cold Front)은 상대적으로 차가운 공기가 따뜻한 공기를 대체하며 형성되는 전선이다. 이 과정에서 따뜻한 공기는 위로 올라가게 되고, 이로 인해 구름이 형성되거나 강수가 발생하는 경우가 많다.

반면에 온난전선(Warm Front)은 상대적으로 따뜻한 공기가 차가운 공기를 대체하는 전선이다. 여기서는 따뜻한 공기가 차가운 공기 위로 부유하며, 이로 인해 고도가 높은 구름이 형성되거나 장기간에 걸쳐 이어지는 비가 내리는 경우가 있다.

정체전선(Stationary Front)은 두 기단이 서로 대체하지 않고 일정한 위치에 머무는 전선을 의미한다. 이 경우, 기상 현상은 전선이 위치한 지역에 오랫동안 머무를 수 있다.

마지막으로, 폐색전선(Occluded Front)은 한랭전선과 온난전선이 만나 합쳐진 형태를 말한다. 이는 한랭전선이 빠른 속도로 이동하여 천천히 이동하던 온난전선을 따라잡았을 때 발생한다.

2) 전선의 불연속성(Frontal Discontinues)

기상학적 용어로서의 ‘기단의 불연속성’은 한 기단의 기상학적 특성이 다른 기단으로 급격하게 변화하는 것을 지칭한다. 이러한 변화는 주로 전선을 통과하며 발생하며, 이 변화의 강도는 전선의 너비를 나타낸다. 즉, 변화가 급격할수록 전선 지역이 좁고, 변화가 점진적일수록 전선 지역이 넓다는 것을 의미한다. 이러한 변화의 강도는 전선의 위치와 강도를 판별하는 중요한 지표가 된다.

전선을 통과할 때 가장 명확하게 관찰되는 변화는 온도이다. 특히, 빠르게 이동하는 기단이 지나가면 지표면의 온도 변화는 매우 급격하게 일어나므로 쉽게 인지할 수 있다. 반면, 천천히 이동하는 기단의 경우 온도 변화는 상대적으로 완만하다. 고고도 또는 중고도에서 전선을 통과할 때는 외부 온도계를 통해 온도 변화를 감지할 수 있다. 단, 이 경우 저고도에서의 변화보다는 상대적으로 완만할 수 있다.

전선을 통과하는 것을 가장 확실하게 알 수 있는 신호는 바람의 방향 변화이다. 또한, 바람의 세기 변화를 통해서도 전선 통과를 어느 정도 예측할 수 있다. 북반구에서는 바람이 항상 오른쪽으로 이동하므로, 저고도나 중고도에서 전선을 통과하면 항로 유지를 위해 오른쪽으로 조정해야 한다.

전선이 접근하면 기압이 일반적으로 감소하며, 전선상에서는 기압이 가장 낮다. 전선의 따뜻한 쪽에서는 기압 변화가 차가운 쪽보다 더 느리다. 따라서 차가운 쪽으로 접근할 때는 기압이 천천히 떨어지다가 전선을 통과하면 급격하게 증가한다. 반면, 따뜻한 쪽으로 접근할 때는 전선을 통과하면서 기압이 떨어지며, 통과 후에는 천천히 증가한다. 이에 따라 전선 통과 후에는 고도계를 반드시 조정해야 한다.

3) 전선의 날씨(Frontal Weather)

전선에서의 기상 조건은 여러 요소에 의해 영향을 받는다. 이 중 주요한 것은 공기 중 수분 함량, 대기의 안정도, 전선의 이동 속도이다. 또한, 전선면의 기울기, 수분의 존재, 그리고 인접한 두 기단 간의 온도 차이도 중요한 역할을 한다. 이러한 변수들은 전선에서 발생하는 기상 현상의 성질과 강도를 결정하는 주요 요인이다.

4) 한랭전선(Cold Front)

한랭전선은 더 차가우며 밀도가 높은 안정된 공기 질량이 더 따뜻하고 가벼우며 불안정한 공기 질량을 밀어내는 기상 현상이다. 이러한 과정은 한랭전선의 고유한 이동 패턴을 생성하며, 이는 전선이 지표면을 따라 이동하고, 상대적으로 낮은 밀도를 가진 따뜻한 공기를 위로 밀어올리는 형태로 나타난다.

북반구에서 한랭전선은 대체로 북동에서 남서 방향으로 연장선을 형성하며, 이는 수백 마일에 걸쳐 이어질 수 있다. 한랭전선의 움직임은 주로 동쪽 방향으로 이루어지는 특징을 가지고 있다.

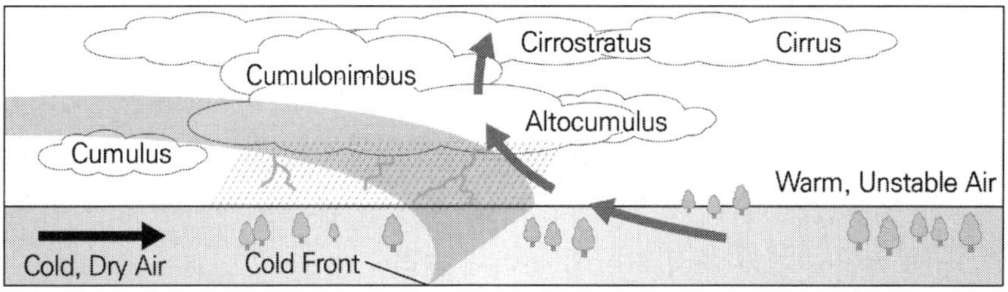

TYPICAL COLD FRONT WEATHER

	Prior to Passage	During Passage	After Passage
Clouds	• Cirriform • Towering cumulus and/or cumulonimbus	• Towering cumulus and/or cumulonimbus	• Cumulus
Precipitation	• Showers	• Heavy showers • Possible hail, lightning, and thunder	• Slowly decreasing showers
Visibility	• Fair in haze	• Poor	• Good
Wind	• SSW	• Variable and gusty	• WNW
Temperature	• Warm	• Suddenly cooler	• Continued cooler
Dewpoint	• High	• Rapidly dropping	• Continued drop
Pressure	• Falling	• Bottoms out, then rises rapidly	• Rising

그림 5-36 한랭전선

(1) 빠른 한랭전선(Fast Moving Cold Front): 빠른 한랭전선은 뒤쪽에 위치한 강한 고기압에 의해 발생하는 기상 현상으로, 지표면의 마찰력이 전선의 전진을 지연시키는 역할을 한다. 이 지연은 전선 앞부분의 공기를 상승시키며, 이로 인해 전선의 경사도가 가파르게 된다. 이러한 한랭전선은 가파른 경사와 습도 및 온도의 급격한 변화로 인해 특히 위험성이 높아진다. 이는 강한 폭풍, 강수 및 기타 극심한 기상 조건을 초래할 수 있다.

(2) 느린 한랭전선(Slow Moving Cold Front): 느린 한랭전선의 전방 부분은 빠른 한랭전선에 비해 상대적으로 얇은 특징을 가지며, 이는 전선 뒤로 긴 구름 띠를 만들어낸다. 느린 한랭전선이 안정된 공기 질량을 만날 경우, 넓은 범위에 걸쳐 층운형 구름을 전선 뒤에 형성하게 된다. 반면, 느린 한랭전선이 불안정한 공기 질량을 만났을 때는, 수직운의 대량 생성이 전선 바로 뒤에서 일어난다. 이러한 현상은 특히 날씨가 좋은 경우, 전선 뒤의 차가운 공기에서 적운형 구름이 자주 발생하게 된다.

5) 온난전선(Warm Front)

따뜻한 전선은 따뜻한 공기가 차가운 공기를 대체하는 현상을 기반으로 생성된다. 이러한 전선은 한랭전선에 비해 상대적으로 느리게 이동하는 특징을 가지며, 따뜻한 전선의 경사도는 매우 완만하다. 이 완만한 경사는 따뜻한 공기가 차가운 공기 위로 타고 올라가며, 수백 마일에 걸쳐 전선 전방에 놓이게 된다.

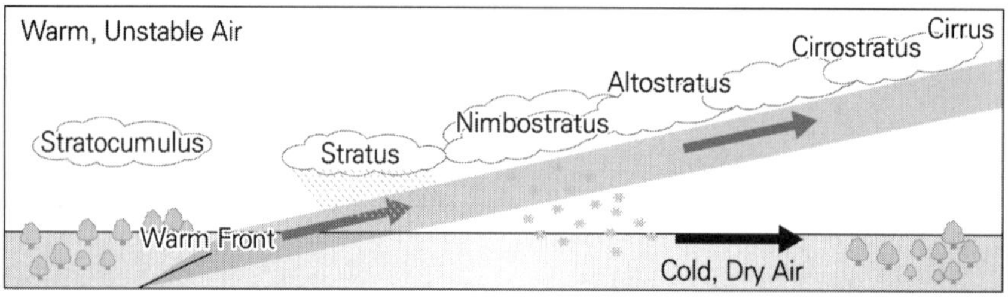

TYPICAL WARM FRONT WEATHER

	Prior to Passage	During Passage	After Passage
Clouds	• Cirriform • Stratiform • Fog • Possible cumulonimbus in the summer	• Stratiform	• Stratocumulus • Possible cumulonimbus in the summer
Precipitation	• Light-to-moderate rain, drizzle, sleet, or snow	• Drizzle, if any	• Rain or showers, if any
Visibility	• Poor	• Poor, but improving	• Fair in haze
Wind	• SSE	• Variable	• SSW
Temperature	• Cold to cool	• Rising steadily	• Warming, then steady
Dewpoint	• Rising steadily	• Steady	• Rising, then steady
Pressure	• Falling	• Becoming steady	• Slight rise, then falling

그림 5-37 온난전선

6) 정체전선(Stationary Front)

두 개의 전선이 상호 균형을 이루게 되면, 해당 전선은 정체 상태에 이르게 되며, 이로 인해 일정 기간 동안 특정 지역에 영향을 미치게 된다. 이러한 정체전선에서 나타나는 기상 현상은 한랭전선과 온난전선에서 관찰되는 다양한 현상들이 복합적으로 표현되는 특징을 보인다.

7) 폐색전선(Occluded Front)

전선의 폐색은 빠르게 이동하는 한랭전선이 상대적으로 느리게 이동하는 온난전선을 추월하는 과정에서 발생한다. 이러한 과정에서 각 전선 간의 온도 차이는 전선의 종류와 그에 따른 기상 조건 형성의 주요한 원인이 된다.

한랭 폐색전선(Cold front occlusion)은 한랭전선이 느린 온난전선 앞부분의 공기보다 더 차가울 때 형성된다. 이 상황에서 한랭전선의 차가운 공기가 온난전선 앞부분의 상대적으로 덜 차가운 공기를 대체하며, 따뜻한 공기를 상승시킨다.

반면, 온난 폐색전선(Warm front occlusion)은 온난전선의 앞부분 공기가 빠르게 이동하는 한랭전선 내부의 공기보다 더 차가울 때 발생한다. 이 경우에는 한랭전선이 온난전선 위로 상승하게 되어, 한랭전선이 상승하는 현상이 발생한다.

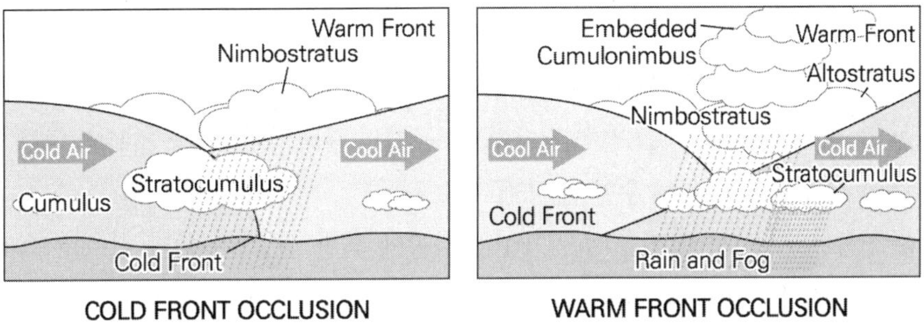

TYPICAL OCCLUDED FRONT WEATHER

	Prior to Passage	During Passage	After Passage
Clouds	• Cirriform • Stratiform	• Nimbostratus • Possible towering cumulus and/or cumulonimbus	• Nimbostratus • Altostratus • Possible cumulus
Precipitation	• Light-to-heavy precipitation	• Light-to-heavy precipitation	• Light-to-moderate precipitation, then clearing
Visibility	• Poor	• Poor	• Improving
Wind	• SE to S	• Variable	• W to NW
Temperature	• Cold Occlusion: Cold to Cool • Warm Occlusion: Cold	• Cold Occlusion: Falling • Warm Occlusion: Rising	• Cold Occlusion: Colder • Warm Occlusion: Milder
Dewpoint	• Steady	• Slight drop	• Rising, then steady
Pressure	• Falling	• Becoming steady	• Slight drop; however, may rise after passage of warm occlusion

그림 5-38 폐색전선

[그림 5-38]에서 한랭 폐색전선에 의해 상승된 공기는 일반적으로 습윤하고 안정적인

특성을 가지며, 이로 인해 한랭전선과 온난전선에서 발생하는 다양한 기상 현상이 동시에 관찰될 수 있다. 이러한 현상은 대기의 온도와 습도, 그리고 대기압의 변화에 따라 다양하게 나타난다.

반면에, 온난 폐색전선에 의해 상승된 공기는 습윤하지만 불안정한 특성을 보이는 경향이 있다. 이로 인해 한랭 폐색전선에서 발생하는 기상 현상보다 더욱 심각한 기상 현상이 발생할 수 있다. 이러한 현상은 온도와 습도의 변화, 대기압의 변화, 그리고 기타 환경적 요인에 따라 결정된다.

5.4 위험한 기상 현상들(Weather Hazards)

5.4.1 뇌우

뇌우는 항공기 운항에 중대한 위협 요소로 작용하며, 강한 돌풍, 착빙, 우박, 소나기, 번개, 토네이도 등 다양한 형태의 위험 요인을 동반한다. 이러한 뇌우가 발생하고 지속되는 데는 주로 세 가지 핵심 조건이 필요하다: 공기의 불안정성, 상승 기류의 존재, 그리고 공기 중의 상대적으로 높은 수분 함량이다.

상승 기류는 주로 Orographic Lifting(지형에 의한 상승 기류)과 같은 지형적 요인, 전선(Front)에서의 공기의 이동, 그리고 지표면의 가열(Convection)에 의한 대류 현상에 의해 발생한다. 이러한 요소들의 복합적인 작용에 의해 뇌우가 발생하며, 이는 항공기의 안전한 운항에 중요한 고려 요인이 된다.

1) 뇌우의 종류

뇌우는 일반적으로 비슷한 물리적 특성을 공유하지만 그 내부에서 발생하는 조건의 강도에 따라 다른 특성을 나타낸다. 예를 들어, 여름 오후나 해안 지역의 밤에는 대기 중의 수증기 함량이 높아져 기단뇌우(Airmass Thunderstorms)가 발생하는 경우가 많다. 이러한 뇌우는 상대적으로 수명이 짧고, 돌풍이나 우박 등의 현상을 덜 발생시킨다.

반면에, 93km/h(58mph) 이상의 돌풍, 지름이 1인치 이상인 우박 또는 토네이도를 동반하는 뇌우는 Severe Thunderstorms로 분류된다(미국 기준). 캐나다에서는 50mm/h(2인치) 이상 또는 3시간에 75mm(3인치)가 넘는 강수량도 심한 뇌우를 나타내는 데 사용된다.

뇌우는 단세포(Single Cell), 슈퍼세포(Supercell), 다중세포(Multicell)의 세 가지 주요 형태로 구성될 수 있다. 단세포 뇌우는 대체로 한 시간 이상 지속되지 않으며, 슈퍼세포 뇌우는 최대 2시간 동안 지속될 수 있다. 반면, 다중세포 뇌우는 여러 개의 뇌우가 밀집한 집단을 형성하며, 이는 서로 다른 단계의 기단뇌우로 구성되어 있다. 이들 뇌우의 상호작용은 뇌우 무리의 수명을 크게 연장시킨다.

또한, 일부 경우에는 뇌우가 선형으로 길게 형성되는 스콜선(Squall Line)을 형성하기도 한다. 스콜선은 주로 빠른 한랭전선의 50~300mile 앞에서 형성되며, 이는 수백 마일의 길이를 가질 수 있다. 그러나 전선의 존재는 항상 스콜선의 형성을 의미하지는 않는다.

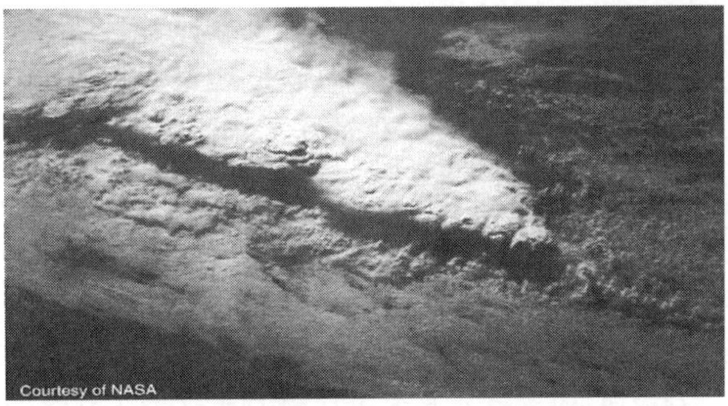

그림 5-39 Squall Line

불안정성의 정도에 따라서 Squall Line을 따라 위치한 뇌우는 다중세포, 슈퍼세포, 폭풍의 혼합(Mixture of storm)이 될 수 있다. 강한 바람, 우박, 토네이도와 같은 가장 심각한 기상 현상들은 스콜선과 연관이 있다.

전선뇌우(Frontal Thunderstorms)는 전선과 연관된 특별한 형태의 뇌우를 지칭한다. 이는 온난전선과 연계되어 발생하는 경우가 많으며, 이러한 뇌우는 대체로 층운형 구름에 의해 가려져 있다. 온난전선 주변에서 소나기성 강우가 발생한 경우, 뇌우의 가능성을 예측하고 대비해야 한다. 한편, 한랭전선에서는 적운형 구름들이 전선 지역에 평행한 연속된 선상에서 자주 발생한다. 이는 대기압이 급격히 변화하는 전선 지역에서 공기의 상승운동이 촉진되기 때문이다. 또한, 특정 상황에 따라서는 폐색전선 내부에서도 뇌우가 형성될 수 있다. 이는 두 가지 서로 다른 종류의 전선이 만나면서 발생하는 복합적인 대기 상황 때문이다.

2) 뇌우의 단계(Life Cycle)

뇌우의 생명주기는 대체로 세 단계, 발달(Cumulus), 성숙(Mature), 소멸(Dissipating)로 나뉘며, 구름의 형태와 공기의 흐름과 방향, 강우의 강도 등의 특성과 관련이 있다.

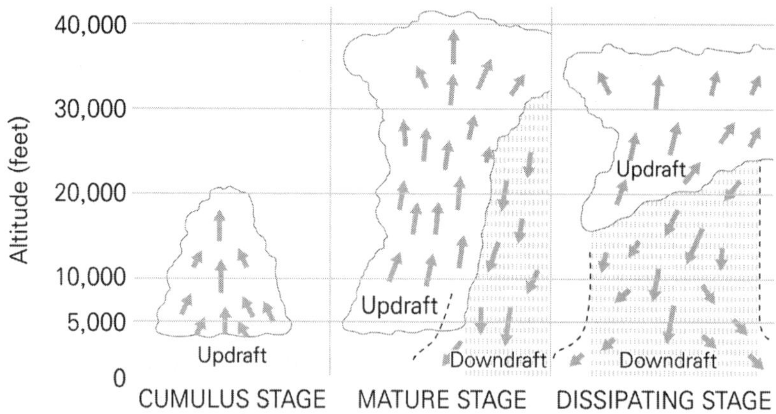

그림 5-40 뇌우의 단계

(1) 발달단계(Cumulus Stage)

이 단계에서는 초기 상승작용이 공기의 수직 이동을 촉발한다. 공기가 상승하며 냉각되고, 이슬점에 도달하면 수증기가 응축하여 작은 물방울이나 얼음 결정으로 변화한다. 만약 충분한 수분이 존재한다면, 방출된 응축열에 의해 온도가 상승하고, 지속적인 상승작용을 위한 에너지를 공급한다. 이 단계에서는 강한 상승 기류 때문에 강우가 발생하지 않는다. 대신, 물방울이나 얼음 결정은 상승하고 하강하면서 커진다. 상승 기류는 최고 3000ft/min(fpm)의 상승률을 가지고 지상에서부터 구름 최상부보다 훨씬 위까지 도달한다. 발달단계 동안에 대류작용에 의해서 지름이 3mile에서 5mile이고 높이가 20,000ft까지 자라는 TCu(Towering Cumulus)가 발달한다. 이 구름은 성숙단계(mature stage)에 약 15분 안에 도달한다.

그림 5-41 Towering Cumulus clouds

(2) **성숙단계**(Mature Stage)

이 단계에서는 구름 내부의 물방울이 상승 기류에 의해 떠있을 정도로 커지면 강우가 시작된다. 이는 주변 공기의 하강 기류를 촉발하며, 이 단계의 시작을 알린다. 이는 뇌우 내부에서 순환 현상이 발생하며, 가장 공격적이고 위험한 단계이다. 상대적으로 따뜻한 상승 기류와 강우에 의해서 유발된 하강 기류가 나란히 함께 존재하면서 심각한 난류를 형성한다. 지표면에서는 하강 기류가 바깥 방향으로 불어나가고 온도가 급격히 떨어지며 기압이 오르며 강한 돌풍이 지상에 몰아친다. 이 바람의 앞전을 Gust Front라 한다. 뇌우가 진행하면서 회전하는 난류성 구름이 구름의 아래쪽 앞전에 발달하는데 이것을 roll cloud라고 부른다. gust front와 roll cloud는 대부분 Multicell thunderstorm이나 Supercell thunderstorm과 관련 있다.

그림 5-42 Gust Front

성숙단계의 구름은 40,000ft까지 이른다. 구름의 가장 높은 부분은 매우 낮은 온도와 구름 상층 공기의 강한 안정성 때문에 권운형 구름 모양을 한다. 구름의 꼭대기 부근에서 상승작용은 둔화되지만 구름은 수평적으로 펴져서 모루 모양을 만든다. 모루 모양은 상층의 바람과 뇌우의 대략적인 이동 방향을 보여준다.

성숙단계 모델의 예외가 가끔씩 arid 지방에서 발생한다. 이 지역에서는 번개와 천둥이 발생하지만 강우는 땅에 닿기 전에 증발하여 Virga를 만든다. 이 Virga 밑에는 눈에 보이지 않는 하강 기류가 지상까지 이어진다. 돌풍과 지상에 도달하는 강우의 부족, 번개가 산불을 많이 발생시키는 원인이 된다.

그림 5-43 Cumulonimbus Cloud

(3) **소멸단계**(Dissipating Stage)

성숙단계에 도달한 뇌우는 약 15분~30분 동안 지속되고, 이후 소멸단계를 맞이한다. 뇌우가 발달하면서 상승 기류는 강우에 의해 점점 더 방해를 받게 되고, 결국 하강 기류가 뇌우 내부를 지배하게 되어 상승 기류를 약화시킨다. 이로 인해 뇌우 속의 하강 기류가 우세하게 되면 뇌우는 층운 형태로 변하면서 점차 최종적으로 뇌우가 소멸하게 된다. 모루 모양의 상층부는 얼음 입자로 구성되어 있기 때문에 다른 부분들보다 늦게까지 지속된다.

경우에 따라서는 강한 뇌우는 일반적인 방식으로 소멸하지 않는다. 만약 바람이 고도에 따라서 더 강해지면 구름의 상층부가 틀어지거나 아래쪽으로 불려 내려간다. 이 경우는 상승 기류의 작은 부분만을 지나서 낙하하거나 완전히 구름 바깥쪽을 통해서 떨어진다. 결과적으로 상승 기류가 그 힘을 유지하게 되어 성숙단계가 연장된다.

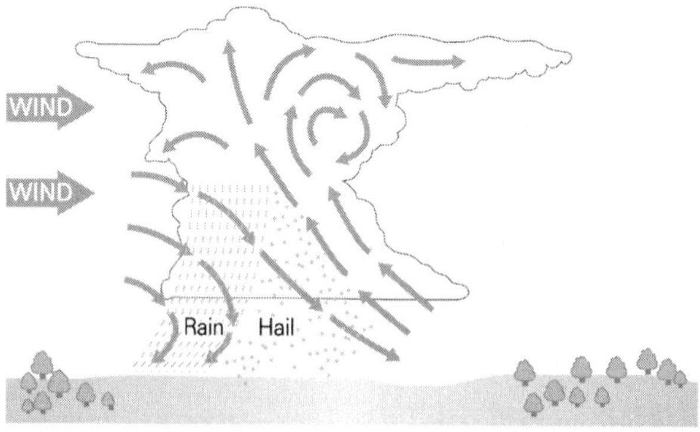

그림 5-44 장시간 지속되는 뇌우

3) 뇌우의 위험요소

뇌우와 관련된 위험요소는 단순히 구름 자체에 국한되지 않는다. 예를 들어, 뇌우로부터 20NM(NM은 해상 마일) 밖에서도 난류를 경험할 수 있다. 적란운(Cumulonimbus)은 광범위한 난류와 다른 기상 위험요소들의 가시적인 부분을 나타내며, 이러한 위험요소들의 더 넓은 분포를 의미한다.

(1) 난류(Turbulence)

뇌우의 난류는 공기의 흐름이 그 방향과 속도를 짧은 거리에서 급격하게 변화할 때 발생한다. 난류의 강도는 두 공기 흐름의 차이에 의해 결정된다. 뇌우의 적란운 내에서 가장 강한 난류는 상승 기류와 하강 기류 사이의 지역에서 발생한다. 지표면 근처에서는 하강 기류가 지표면에서 확산하면서 저층 난류 지역이 형성된다. 이로 인해 주변 공기와 하강 기류의 차가운 공기 사이에 전단 지역(Shear Zone)이 존재하게 된다. 돌풍과 난류에 영향을 받는 지역은 뇌우의 중심에서 수 마일 밖까지 확산된다.

(2) 번개(Lightning)

번개는 항상 뇌우와 관련되어 있으며, 구름 내부, 구름 간, 구름과 지면 사이, 구름과 맑은 공기 사이 등에서 발생한다. 번개의 형태와 관계없이 번개는 약 300,000볼트의 전압차를 가지며, 공기로 방전될 경우 27,000℃ 이상으로 가열되어 공기가 급속히 팽창하게 되어 천둥소리를 들을 수 있다. 이처럼 엄청난 파워에도 불구하고, 번개는 항공기의 기체에 심각한 손상을 주거나 승무원에게 부상을 입히는 경우는 드물다. 그러나 번개는 순간적인 시력 저하, 항공기 표면에 구멍을 만들거나 전자 통신 장비에 손상을 줄 수 있다. 이러한 이유로, 항공기는 가능한 한 뇌우를 피해 운항하는 것이 안전하다.

그림 5-45 일반적인 뇌우는 분당 3~4회의 번개를 발생시킨다.

(3) 우박(Hail, GR)

우박은 고도와 관계없이 뇌우의 내부 및 외부에서 발생할 수 있으며, 지상에서는 우박이 관찰되지 않더라도 비행 중에 우박을 만날 수 있다. 실제로, 뇌우의 수 마일 이외의 지역에서도 큰 우박을 경험한 사례가 있다. 우박은 투명하거나 부분 또는 전부가 불투명하고 일반적으로 5~50mm 이내의 직격을 갖는 얼음 조각을 말한다. 최대 직격이 5mm일 때 사용하며 1kg 이상의 하중을 갖는 매우 큰 우박이 관측된 적도 있다. 모든 우박이 위험성을 지니지만, 지름이 3/4인치를 초과하는 우박은 항공기에 특히 큰 위험요소로 작용한다. 이러한 이유로, 비행경로 및 기상 조건에 대한 정확한 이해와 계획이 필요하다.

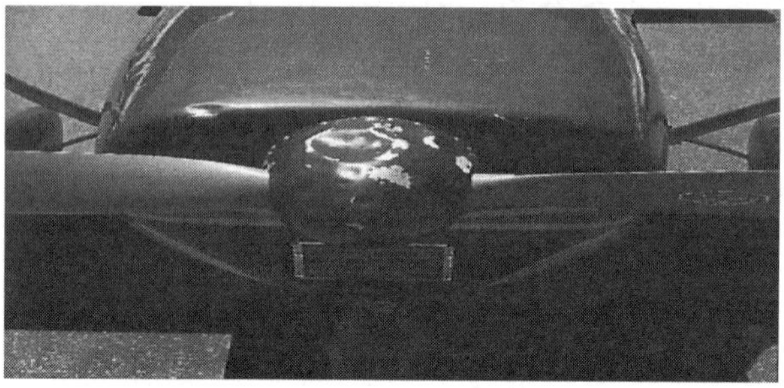

그림 5-46 우박에 의한 항공기의 손상

(4) 깔때기 구름 또는 토네이도(Funnel cloud or Tornado or Waterspout, FC)

깔때기 구름은 구름의 하부에서 형성되는 회전하는 공기 덩어리로, 그 속도는 200Knots를 초과할 수 있다. 이 회전하는 공기 덩어리가 지표면에 닿게 되면 토네이도로 분류되며, 수면에 닿으면 용오름(Water Spout)이 된다. 격렬한 토네이도는 풍속이 약 300Knots(150m/s)에 이를 수도 있다.

그림 5-47 뇌우의 회전 기류가 만든 토네이도

5.4.2 난류(Turbulence)

뇌우 주변의 난류 외에도 하층난류(Low Level Turbulence), 청천난류(Clear Air Turbulence), 산악풍(Mountain Wave Turbulence) 등 세 가지 다른 형태의 난류가 존재한다. 이러한 난류의 영향은 미세한 요동에서부터 기체 손상 및 승객 부상을 초래할 수 있는 심각한 진동에 이르기까지 다양하다. 난류와의 만남이 예상되거나 발생할 경우, 항공기의 속도를 Va 이하로 줄이고, 수평 비행 자세를 유지하며 고도 변화를 수용해야 한다. 또한, 접근 중 난류를 경험할 경우, 정상 접근 속도보다 약간 높은 속도로 비행해야 한다. 이러한 이해는 항공기의 안전한 운항을 위해 중요하다.

1) 하층난류(Low-level Turbulence)

하층난류는 15,000ft 이하의 고도에서 발생하는 난류로 정의되며, 대부분은 지표면의 가열 또는 지표면에서 수천 ft 이내의 마찰로 인해 발생한다. 이러한 하층난류에는 기계난류(Mechanical Turbulence), 대류난류(Convective Turbulence), 전선난류(Frontal Turbulence), 와류(Wake Turbulence) 등 다양한 형태가 있다.

(1) 기계난류(Mechanical Turbulence)

기계난류는 건물과 같은 장애물이 공기 흐름을 방해할 때 발생하며, 이는 주로 건물 주위나 나무, 행거 등에서 바람이 불 때 자주 발생한다. 바람의 세기가 강할수록 난류의 높이도 증가하는데, 예를 들어 지상풍이 50Knots 이상일 경우 난류는 3,000ft AGL 이상 높이까지 올라갈 수 있다.

그림 5-48 기계난류(Mechanical Turbulence)

기계난류는 가파른 언덕이나 산등성이와 같은 지형적 특성에 의해 수직으로 흐르는 바람에 의해 발생한다. 평평한 지면에 비해 상대적으로 높은 언덕은 더 많은 난류를 생성하며, 특히 가파른 경사면은 바람이 지표면에서 더 쉽게 분리되도록 하여 강한 난류를 유발한다. 이와 마찬가지로, 골짜기의 가파른 경사면도 항공기 운항에 위험한 난류를 발생시킬 수 있다. 이러한 이해는 항공기의 안전한 운항을 위해 중요하다.

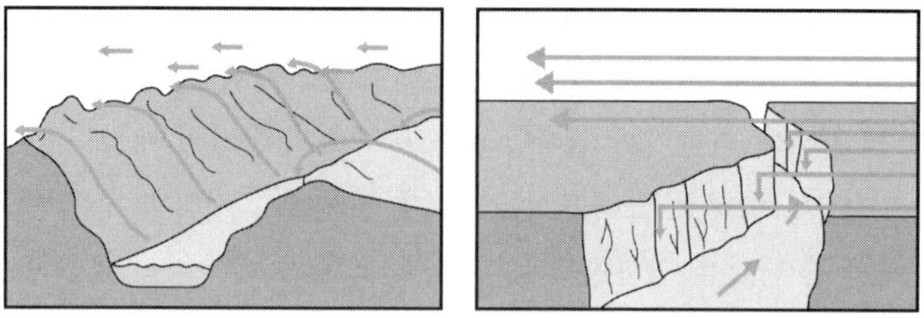

그림 5-49 기계난류(Mechanical Turbulence)

위 그림에서 완만한 경사의 계곡을 가로지르는 바람은 계곡의 등고선을 따라 흐르는 바람을 만든다(왼쪽). 좁은 계곡에 강한 바람이 불 때는 전혀 다른 현상이 일어난다(오른쪽). 이 경우에는 하강 기류와 난류가 발생하고 계곡 바닥에서도 굴곡과 협소한 지형 때문에 난류가 생긴다.

(2) **대류난류**(Convective Turbulence)

대류난류 또는 열 난류(Thermal Turbulence)는 맑은 날 낮에 주로 발생하며, 이는 대체로 따뜻한 지면으로 인한 공기의 가열에 의해 발생한다. 차가운 공기가 따뜻한 표면을 향해 이동하거나, 지면이 태양에 의해 가열될 때 발생하는 현상이다. 습한 공기의 경우, 적운형 구름 형성을 통해 난류의 존재를 확인할 수 있다.

상승률이 200fpm에서 2,000fpm 사이인 일반적인 돌풍은 글라이더 조종사들에게 고도 상승에 있어 이점을 제공하지만, 동력항공기 조종사에게는 계속적인 요동이 불편함을 준다. 경우에 따라 대류가 발생하는 층의 상단부에서 시작하는 안정층으로 이동함으로써 안정을 찾을 수 있다. 이 층은 적운형 구름이나 연무(Haze), 먼지(Dust) 등을 통해 식별될 수 있다.

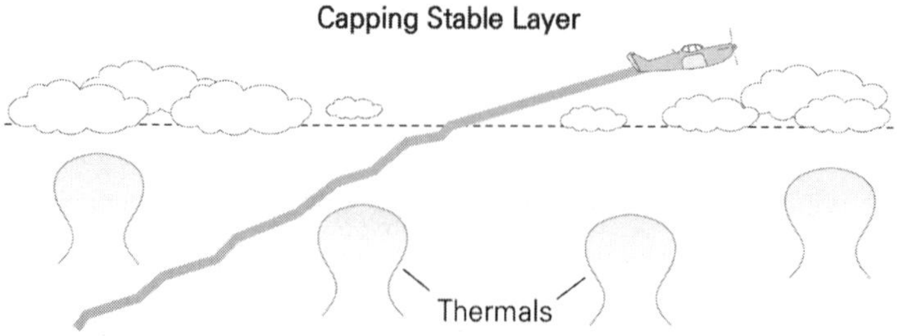

그림 5-50 대류난류(Convective Turbulence)

(3) **전선난류**(Frontal Turbulence)

전선난류는 빠르게 이동하는 한랭전선 앞부분의 좁은 지역에서 발생하며, 상승 기류는 최대 1,000fpm에 이른다. 이러한 상승 기류는 대류 현상과 전선을 가로지르는 강한 바람과 결합하여 엄청난 난류를 발생시킨다. 평평한 지면 위에서 30Knots 이상의 속도로 이동하는 전선은 적어도 중간 이상의 난류를 생성한다. 또한, 전선이 요철진 지형을 통과하면 속도와 관계없이 중간 또는 강한 난류를 발생시킨다.

(4) **와류**(Wake Turbulence)

날개가 양력을 발생시킬 때, 날개 아래의 높은 압력은 날개 팁 부근의 기류를 날개 상단의 낮은 압력 쪽으로 이동시킨다. 날개 상하면의 압력 차이가 클수록, 날개 끝(Wing Tip) 부근의 상향 기류는 강화된다.

낮은 비행 속도에서는 필요한 양력을 유지하기 위해 큰 받음각이 필요하며, 이로 인해 강력한 꼬리 소용돌이(Tailing Vortex)가 생성된다. 비행기가 전진하면서 이 꼬리 소용돌이는 날개 끝(Wing Tip) 부근에서 뒤로 밀려난다. 이 소용돌이(Vortex)는 날개 상하면의 압력차로 인한 양력 발생과 함께 발생하며, 유도 저항에 영향을 미친다. 이러한 이해는 항공기의 안전한 운항을 위해 중요하다.

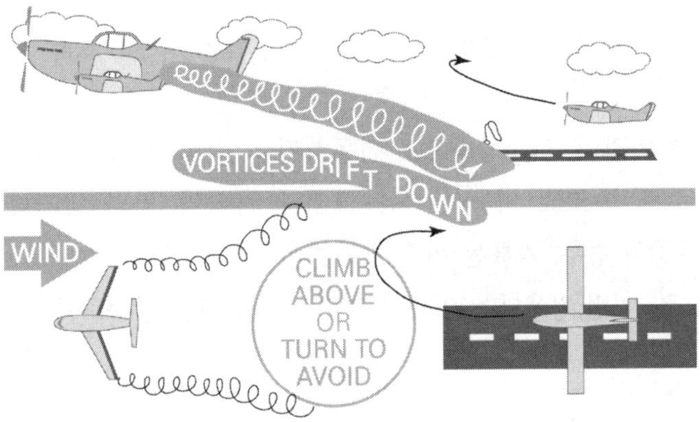

그림 5-51 와류(Wake Turbulence) 회피

대형 항공기가 이륙이나 착륙 시에는 공격각이 크게 늘어나며, 이때 발생하는 날개 끝 소용돌이(Wing Tip Vortex)에 의해 후속하는 비행기가 전복될 수 있는 강력한 와류가 형성된다. 이런 현상을 와류 혹은 'Wake Turbulence'라고 부른다.

Boeing 747과 같은 대형 항공기의 후행 와류는 엄청나게 강력하며, 예를 들어 B737

이나 A320과 같은 중형 항공기가 이 와류에 빠지게 되면 조종 불능 상태에 이를 수 있다. 이와 같은 와류 사고를 방지하기 위해 공항교통관제(ATC)는 대형 항공기 뒤의 중형 항공기 운항을 와류가 사라질 때까지 약 5분 정도 지연시키는 것이 일반적이다. 하지만 ATC가 충분한 와류 간격을 제공하지 않을 때에도 조종사는 항상 와류에 대해 인식하고 있어야 한다.

대형 항공기는 비행 중에도 와류를 생성하며, 특히 회항 구역(Circuit Area)에서 높은 받음각으로 느리게 비행할 때 와류 생성이 더욱 강화된다. 따라서 조종사는 스스로 와류 간격을 유지해야 함을 명심하고, 와류가 침하하고 바람에 따라 이동하는 것을 고려하여 그 이동 경로를 예측해야 한다.

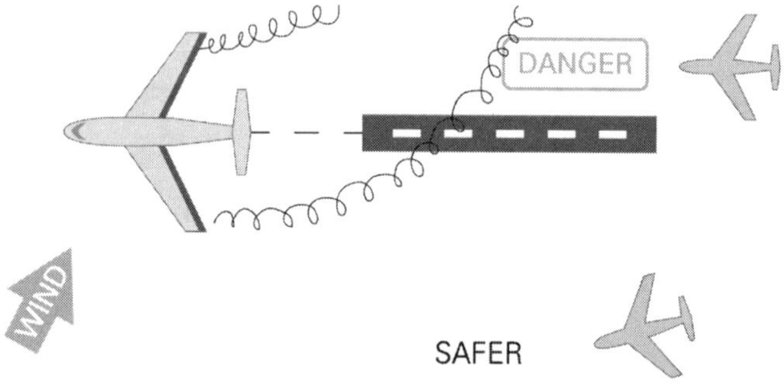

그림 5-52 측풍에서의 와류(Wake Turbulence) 회피

측풍은 와류를 바람이 부는 방향으로 이동시킨다. 반면, 정풍이나 배풍은 와류를 바람의 방향인 활주로 쪽으로 이동시킨다. 그러나 풍속이 거의 없거나 변동하는 바람(Variable Wind)의 경우, 와류는 비행기 주변에서 머무르게 된다. 이런 상황은 매우 위험할 수 있으므로, 이런 경우에는 이륙을 지연하거나 다른 활주로로 변경하는 것이 바람직하다.

① 어떻게 와류(Wake Turbulence)를 피하는가?

Wake Turbulence를 피하는 핵심은 비행 중 와류(Wake Turbulence) 지역을 전적으로 지나가지 않는 것이다.

② 이륙 시 와류(Wake Turbulence) 회피 요령

대형기 뒤에서 이륙할 경우, 선행 항공기가 발생시킨 와류를 피해야 한다. 만약 와

류를 의심한다면 이륙을 지연시켜야 한다. 교차 활주로에서 이륙할 때는 자신의 비행 경로가 대형 항공기의 와류를 회피할 수 있도록 주의해야 한다. 와류에 부딪힐 가능성이 있다고 판단되면 와류 발생 항공기의 항적(Flight Path) 아래 지역을 피하기 위하여 상승각을 높이나 와류를 우회해야 한다.

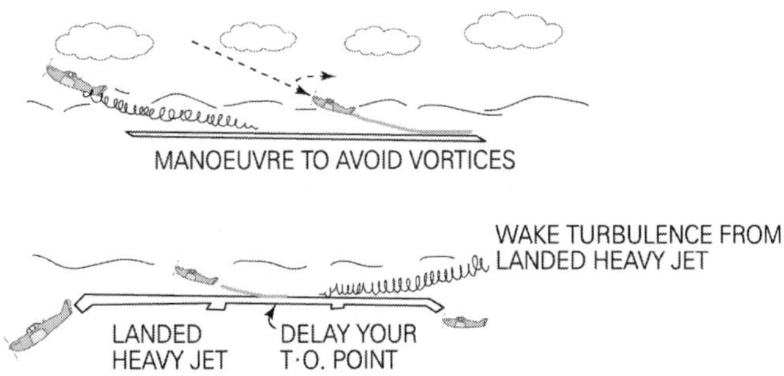

그림 5-53 이 · 착륙 시의 와류(Wake Turbulence) 회피

대형 항공기가 착륙한 후 이륙할 경우, 해당 항공기의 Flare 또는 착륙 지점을 지나서 기체를 Airborne해야 한다. 대형 항공기가 다른 활주로에서 이륙한 경우에는 교차로 이전에서 이륙해야 한다. 항상 대형 항공기에서 발생하는 와류를 피해야 하며, 특히 낮은 속도로 지면 가까이 비행할 때는 더욱 주의해야 한다.

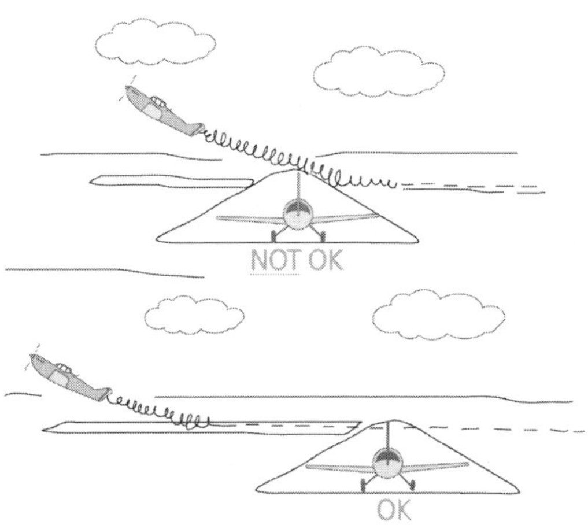

그림 5-54 이륙 시의 와류(Wake Turbulence) 인지

③ Traffic Pattern에서 Wake Turbulence 회피 요령

대형 항공기의 비행경로 아래나 뒤로 비행하는 것은 피해야 한다. 만약 비행해야 한다면, 최소한 200ft 위나 1,000ft 아래로 비행하도록 한다. 바람이 없고 맑은 날에는 눈에 보이지 않는 Turbulence가 잘 퍼지지 않아 가장 위험하다.

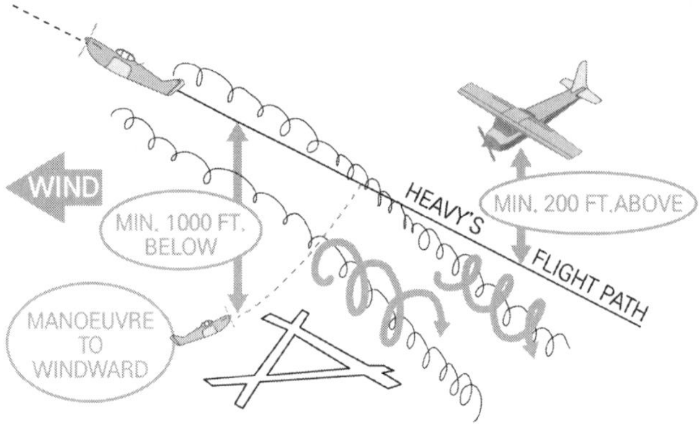

그림 5-55 와류(Wake Turbulence)의 회피

④ Approach 시 Wake Turbulence 회피 요령

선행하는 대형 항공기가 착륙하고 이를 따라갈 경우, 대형 항공기의 접근 경로(Approach Path) 상공으로 비행해야 하며, 대형 항공기의 착륙 지점보다 앞쪽에 착륙해야 한다.

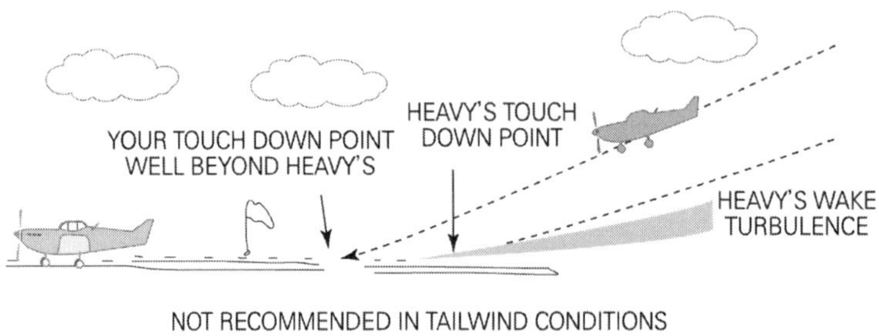

그림 5-56 경로상의 와류(Wake Turbulence) 회피

대형 항공기가 착륙하지 않고 이륙한 직후에 착륙하려는 경우, 착륙 지점은 대형 항공기의 이륙 지점보다 훨씬 앞이거나 와류가 사라졌다고 판단되는 지점이어야 한다.

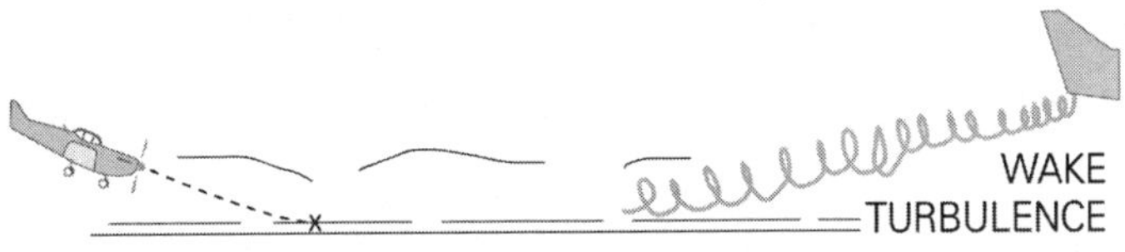

그림 5-57 이륙한 대형 항공기 뒤로 착륙 시

만약 대형 항공기가 착륙하지 않고 복행하는 경우, 대형 항공기 뒤의 와류 때문에 위험할 수 있다. 이런 상황에서는 항상 진행 경로를 변경해야 한다는 것을 명심해야 한다.

그림 5-58 복행한 대형 항공기 뒤로의 접근

⑤ Wake Turbulence는 Jet Blast와 다르다.

Wake Turbulence와 Jet Blast는 서로 다른 개념이므로 혼동해서는 안 된다. Jet Blast는 제트 엔진에서 연소 후 배출되는 고속의 연소 가스를 가리킨다. 반면 Wake Turbulence는 항공기가 날아가며 생기는 공기의 교란을 의미한다. 특히, 소형 항공기가 대형 항공기 뒤를 따르며 택시 중일 때 대형 항공기의 Jet Blast로 인해 상당한 위험에 노출될 수 있다.

2) 청천난류(Clear Air Turbulence, CAT)

청천난류는 주로 고고도에서 발생하는 현상으로, 일반적으로는 15,000ft 이상의 고도에서 조우할 수 있다. 그러나 이는 모든 고도에서 발생할 수 있으며, 시각적인 경고 없이 갑자기 나타날 수 있다. 이러한 난류는 맑은 하늘에서뿐만 아니라 대류 활동이 없는 구름 내부에서도 발생할 수 있다. 청천난류는 서로 다른 속도의 바람을 가진 공기층이 상호작용할 때 발생한다. 특히, 대류권계면의 고위도 바람의 좁은 층인 제트기류 주변에서 주로 발생한다.

청천난류는 대체로 2,000ft 이하의 얇은 층으로 형성되며, 수십 마일의 넓이와 적어도 50mile의 길이를 가진다. 항공기가 이런 얇고 경사진 난류층을 통과할 때 청천난류가 발생한다.

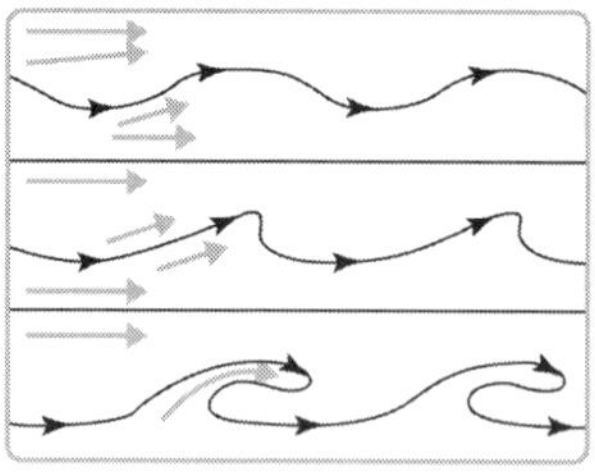

그림 5-59 청천난류의 형성

3) 산곡풍(Mountain Wave Turbulence)

안정된 공기가 산을 가로질러 흐를 때, 바람이 불어오는 쪽의 공기 흐름은 부드러워진다. 바람이 산 같은 장애물을 가로질러 흐를 때, 공기의 흐름은 층을 이루게 되고 이는 '산곡풍(Mountain Wave Turbulence)'이라는 파동을 형성한다.

산곡풍은 바람이 산봉우리를 넘어서고 그 속도가 40Knots 이상일 때 발생할 수 있다. 이 파동의 패턴은 100mile 이상으로 연장될 수 있으며, 파동의 '마루'는 가장 높은 산봉우리보다 더 높은 곳까지 이어진다.

각 파동의 마루 아래에는 '로터(rotor)'라는 회전하는 공기 흐름이 형성되는데, 이는 산봉우리보다 낮은 고도에서 발생한다. 로터와 파동 모두 강한 난류를 유발하며, 이로 인해 비행 중인 항공기에 위험을 초래할 수 있다.

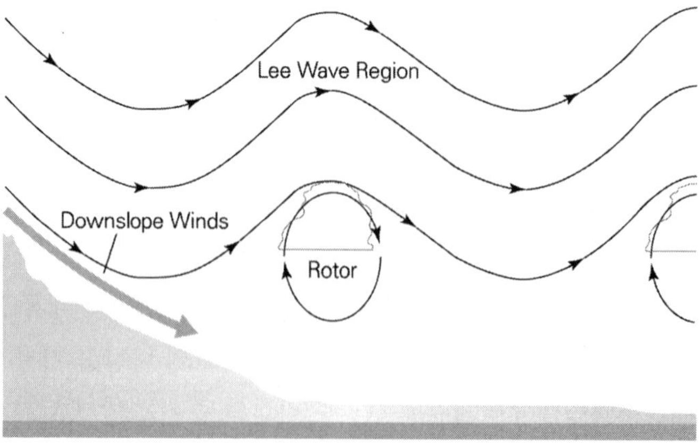

그림 5-60 산곡풍의 와류 형성

만약 충분한 수분이 존재한다면, 특정한 형태의 구름을 통해 산곡풍의 위험을 감지할 수 있다. 파동의 '마루'는 렌즈구름(Lenticular Cloud)을 통해 확인할 수 있다. 이 구름은 50Knots 이상의 바람을 포함하고 있지만, 외부에서 보기에는 정지해 있는 것처럼 보이기 때문에 때때로 '정지렌즈구름(Standing Lenticulars)'이라고도 불린다.

산곡풍의 존재를 알리는 또 다른 구름은 '모자구름(Cap Cloud)'이다. 이 구름은 때때로 산봉우리를 가리며, 이는 산곡풍이 존재할 가능성을 나타내는 중요한 신호로 간주된다.

그림 5-61 Cap cloud, Roll cloud, Lenticular cloud

바람이 25Knots 이상으로 불고, 산을 가로질러 바람이 불어올 경우, 항상 산곡풍(Mountain Wave Turbulence)을 예상해야 한다. 바람의 속도가 증가하면, 난류의 강도 역시 증가한다. 산곡풍이 예상되는 상황에서는 산 정상으로부터 최소 3,000ft에서 5,000ft의 고도를 유지하는 것이 권장된다.

항공기 성능과 바람의 상태에 따라서는, 선택한 고도로 100mile 이상 떨어진 지점에서부터 상승하도록 계획해야 한다. 만약 난류가 심하다면, 산등성을 45° 각도로 접근하는 것이 좋다.

비행고도에서의 바람 속도가 30Knots를 초과하면, 미국 연방항공청(FAA)은 소형 항공기로 산을 넘는 것을 권장하지 않는다. 지역의 조건과 항공기의 성능은 매우 다양하므로, 산악 지형을 비행할 계획이라면 인증된 교관의 철저한 검토가 필요하다.

5.4.3 윈드쉬어(Wind Shear)

윈드쉬어(Wind Shear)는 바람의 속도나 방향이 수평 혹은 수직 방향으로 갑작스럽게 변화하는 현상을 말한다. 이는 모든 고도에서 발생할 수 있으며, 갑작스럽게 상승하거나 하강하는 바람 또는 극단적인 수평 바람 성분들이 항공기의 양력을 감소시키거나, 수직 속도나 고도를 변화시키는 원인이 된다. 윈드쉬어는 대류성 강우, 제트기류, 전선 등과 연관되어 나타날 수 있으며, 기온역전층에서도 발생한다. 대부분의 경우 윈드쉬어는 대류성 강우와 관련이 있다.

모든 강우에 의해 유발된 하강 기류가 윈드쉬어와 관련이 있는 것은 아니지만, 마이크로 버스트(Microburst)라는 형태의 하강 기류는 윈드쉬어 중 가장 위험한 종류이다. 마이크로 버스트는 수평으로 1nm, 수직으로 1,000ft 이내에서 발생하며, 일반적으로 최고 속도는 평균 25Knots이며, 15분 이상 지속되지 않는다.

바람 속도는 100Knots 이상에 이를 수 있지만, 평균적인 마이크로 버스트는 대략 45Knots의 정풍 변화를 유발한다. 하강 기류의 세기는 6,000ft/min에 이른다. 강한 하강 기류 때문에 지상에 가까울 때 특히 위험하므로, 이를 피해야 한다.

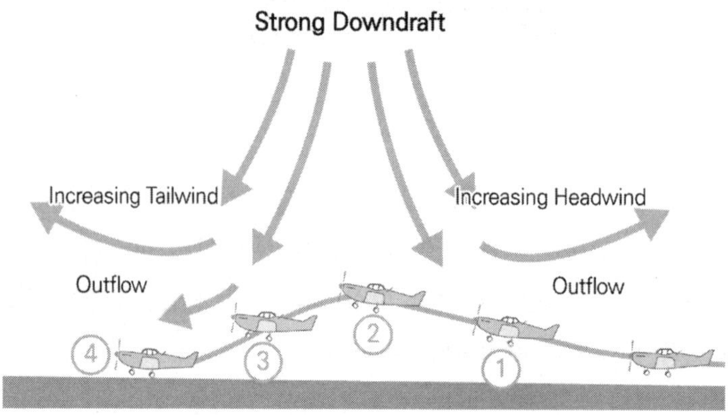

그림 5-62 마이크로 버스트의 영향

위 그림을 참조하면, 항공기가 마이크로 버스트를 향해 이륙하게 되면, 첫 번째(①) 위치에서는 정풍이 증가한다. 잠시 후, 두 번째(②) 위치에서 정풍은 줄어들고 하강기류가 증가한다. 그리고 세 번째(③) 위치에서는 배풍의 영향을 받게 된다. 두 번째와 세 번째 위치 사이에서는 배풍과 함께 하강기류가 가장 많이 발생하며, 이때 항공기는 조종 능력을 잃고 지상과 충돌할 위험이 있다(④).

마이크로 버스트와 관련된 위험한 윈드쉬어를 감지하기 위해 여러 공항에는 Low Level Wind Shear Alert System(LLWAS)이 설치되어 있다. 또한, 윈드쉬어 발생 가능성이 높은 공항에는 Terminal Doppler Weather Radar(TDWR)도 설치되어 있어 윈드쉬어를 감지하고 예측하는 데 도움을 준다.

5.4.4 착빙(Icing)

착빙은 눈에 보이는 수분이 있으며 항공기 표면의 온도가 0°C 이하일 때 발생하는 현상이다. 착빙은 항공기의 추력을 줄이고, 항력과 중량을 증가시키며, 양력을 감소시킨다. 이런 현상들이 결합하면 항공기의 실속 속도가 증가하고 성능이 감소하게 된다. 특별한 경우, 날개 앞면에 2~3인치의 얼음이 쌓이는데, 이는 5분 만에 일어날 수도 있다. 일부 항공기에서는 얼음이 1/2인치 쌓이면 양력이 50% 감소한다. 착빙에는 거친 착빙(Rime Ice), 맑은 착빙(Clear Ice), 혼합 착빙(Mixtured Ice)이 있다.

1) 거친 착빙(Rime Ice)

거친 착빙은 층운형 구름을 통과할 때 발생하며, 항공기 표면에 닿는 과냉각된 미세 수적이 순간적으로 얼어서 형성된다. 거친 착빙은 얼음 속에 공기가 포함되어 있어 불투명하며, 에어포일의 형태를 바꿔 양력을 감소시키므로 매우 위험하다. 거친 착빙은 날개의 곡률을 따라 흘러내려 얼지 않으며, 주로 -15°C ~ -20°C에서 생성된다.

2) 맑은 착빙(Clear Ice)

맑은 착빙은 적운형 구름 속의 큰 과냉각 수적이나 온난전선의 역전층 아래에 있는 동결 비에서 발생하는데, 특히 동결 비에서 잘 생성된다. 물방울이 항공기 표면을 따라 천천히 얼면서 항공기 표면을 덮게 된다. 맑은 착빙은 항공기 표면에 단단히 붙어서 잘 떨어지지 않아 심각한 문제를 일으킬 수 있다. 맑은 착빙은 온도가 0°C ~ -10°C 사이일 때 형성된다.

3) 혼합 착빙(Mixtured Ice)

혼합 착빙은 눈에 보이는 수분이 존재하고 온도가 -10°C ~ -15°C 사이일 때 발생한다.

5.4.5 시정 제한 요소(Restrictions to Visibility)

빛을 흡수하고 반사하는 물질들은 항상 공기 중에 존재하며, 이러한 입자들의 수가 변화함에 따라 시야 거리도 변화한다. 이런 시야 거리를 제한하는 주요 요인에는 대기먼지 현상으로 연무(haze), 연기(smoke), 스모그(smog), 먼지(dust) 등이 있다.

1) 연무(haze)

연무는 아주 작은 입자들이 공기 중에 집중되어 발생하는 현상이다. 이 입자들은 개별적으로는 맨눈으로 볼 수 없지만, 그 수가 많아지면 시야 거리를 제한하게 된다. 연무를 구성하는 입자에는 다양한 유형이 있으며, 소금이나 먼지 등이 포함된다. 바람이 약하고 공기가 안정된 상태에서 주로 발생하며, 일반적으로 수천 ft의 두께를 가진다. 연무가 발생한 지역 위에서는 시야 거리가 좋지만, 연무 내부에서는 시야 거리가 나빠진다. 연무는 수평 시정을 5,000m 이하로 감소시키는 유백광의 입자가 공기 중에 무수히 많은 상태이다.

2) 연기(Smoke)

연기는 공기 중에 분산된 연소 물질이다. 연기의 양, 바람의 속도, 대기의 난류 상태, 거리 등에 따라 연기의 효과가 결정된다. 연기의 존재는 하늘의 색으로 판단할 수 있다. 일출이나 일몰 시에는 붉은색을 띠며, 해가 정점에 있을 때는 주황색이다. 연기가 25nm 이상으로 넓은 지역으로 퍼져나가면 큰 입자들이 떨어지고, 연기가 고르게 분포되면서 연무와 같이 하늘이 회색 또는 파란색을 띠게 된다. 연기는 수평 시정이 5,000m 이하로 감소된다. 기상 관측 용어를 사용할 때 만약 부유하는 물방울이 없고 상대 습도가 약 90% 이하이면 수평 시정 1,000m 미만에서 연기가 사용되어야 한다.

3) 스모그(Smog)

스모그는 연기와 안개가 결합된 현상으로, 넓은 지역에서 시야 거리를 제한한다. 특정 지역에서는 안정된 공기가 산 등의 장애물에 막혀 공해 물질을 쌓아놓게 되는데, 이로 인해 스모그가 발생하며 시야 거리가 줄어든다.

4) 먼지(Dust)

먼지는 토양의 작은 입자가 공기 중에 떠다니는 현상으로 수평 시정이 5,000m 미만으로 감소한다. 바람이 강하고 대기가 불안정하며 토양이 노출된 경우, 먼지는 수백 마일을 날아갈 수 있다. 먼지는 특히 건조한 땅에서 쉽게 발생한다.

5) 화산재(Volcanic Ash)

화산의 활동은 용암이 흘러내리는 화산 주변 지역을 위협하지만, 화산재는 훨씬 더 넓은 지역에 영향을 미친다. 화산재는 화산 분출로 인해 발생하는 가스, 먼지, 재 등으로 구성되어 있으며, 전 지구에 퍼져나가 수개월 동안 성층권에 머무를 수 있다. 화산재는 그 연마성 때문에 항공기의 윈드스크린(Wind Screen)과 착륙등(Landing Light)을 사용할 수 없게 만들며, 심한 경우 화산재는 항공기의 동정압봉(Pitot Tube)과 환기구를 막고 표면을 손상시킬 수 있다. 피스톤 엔진 항공기는 제트 엔진 항공기처럼 화산재 흡입으로 인한 동력 상실은 없지만, 화산재 구름이 생성된 지 몇 시간밖에 되지 않은 경우 심각한 손상을 입을 수 있다.

화산재 구름은 멀리서 보면 일반 구름과 크게 구별되지 않는다. 그러나 화산재가 퍼져 있을 것으로 예상되는 지역이라면 바람이 불어오는 방향에 있어야 한다. 만약 화산재 구름 속으로 우발적으로 들어갔다면, 구름을 바로 통과하거나 상승하여 회피하려고 시도하지 말아라! 화산재 구름의 길이는 수백 mile에 달하고, 높이도 상당하므로, 가능한 한 고도를 낮추고 반대 방향으로 전환하여 구름에서 벗어나야 한다.

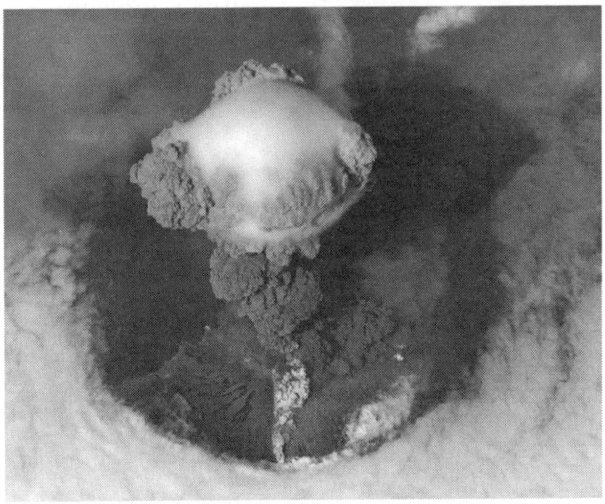

그림 5-63 화산폭발로 인한 화산재 구름 생성

ㄱ

ㄴ

찾아보기

ㄷ

ㄹ

ㅁ

ㅂ

ㅅ

찾아보기

ㅇ

ㅈ

ㅎ

저자와의
합의하에
인지를
생략합니다.

알기 쉬운 비행원리

지은이 안영태 · 장동관 · 안기준
펴낸이 조경희
펴낸곳 경문사
펴낸날 2024년 9월 2일 1판 1쇄
등 록 1979년 11월 9일 제1979-000023호
주 소 04057, 서울특별시 마포구 와우산로 174
전 화 (02)332-2004 팩스 (02)336-5193
이메일 kyungmoon@kyungmoon.com

값 22,000원

ISBN 979-11-6073-707-3